# 前言 Preface

建築師考試自民國 90 年改為分科及格制，又在民國 108 年改為滾動式款建築師考試改採「滾動式」科別及格制，各及格科目成績均可保留三年。看起來是拉長考試作戰時間，不如應該盡快考上。盡快取得建築師門票，因此考驗者每一位建築考生如何將過往所累積的知識與經驗有效的融會在考試中。

正確的考試態度應該是全力以赴、速戰速決，切莫拖泥帶水，以免夜長夢多。從古自今，考試範圍只有增加、沒有減少，而且六科考試各科環環相扣，缺一不可。尤其是設計一科，更該視為建築綜合評量的具體表現。因此，正確的準備方式，更能事半功倍、畢其功於一役！

**一、將所有書單建立主次順序**

每一個科目應該以一本書為主，進行熟讀精讀，在搭配一本其他作者的觀點書寫的書籍作為補充，以一本書為主的讀書方式，一開始比較不會太過慌張，而隨著那一本書的逐漸融會貫通，也會對自己逐漸有信心。

**二、搭配讀書進度記錄，研擬讀書計畫並隨時調整讀書計畫**

讀書計畫是時間和讀書內容的分配計畫。一方面要量力而為，另一方面要有具體目標依循。

**三、研讀理解計算熟練**

對於考試內容的研讀與理解，讀書過程中，務必釐清所有的「不確定」、「不清楚」、「不明白」，熟悉到「宛如講師授課一般的清楚明白」。所有的盲點與障礙，在進入考場前，務必全部排除！

**四、整理筆記**

好的筆記書寫架構應該是：條列式、樹狀式，流程式，以及 30 字以內的文字論述。原因有二，原因一是：以上架構通常是考試的時候的答題架構。原因二是：通常超過這個架構的字數或格式我們不容易記住，背不起來的筆記，或不易讀的筆記絕對不是好筆記。

**五、背誦記憶**

常見幫助記憶的方法有：標題或關鍵字的口訣畫、圖像化。

幫助記憶的過程還是多次地默唸或大聲朗讀。

**六、考古題練習**

將所有收集得到的考古題，依據考試規定時間，不多不少地親手自行解答，找出自己沒有準備到的弱項，加強這一部份的準備。直到熟能生巧滾瓜爛熟。

**七、進場考試：重現沙盤推演**

親自動作做，多參加考試累積經驗，107 年度題解二版出版，還是老話一句，不要光看解答，自己一定要動手親自做過每一題，東西才會是你的！

考試跟人生的每件事一樣，是經驗的累績。每次考試，都是一次進步的過程，經驗累積到一定的程度，你就會上。所以並不是說你不認真不努力，求神拜佛就會上。多參加考試。事後檢討修正再進步，你不上也難。

多做考古題，你就會知道考試重點在哪裡。九華年度題解、題型系列的書是你不可或缺最好的參考書。

九樺出版社 總編輯

# ☙感　謝❧

※　本考試相關題解，感謝諸位老師編撰與提供解答。

陳俊安　老師

陳雲專　老師

曾大器　老師

曾大妍　老師

李奇謀　老師

李彥輝　老師

陳政彥　老師

黃詣迪　老師

劉啟台　老師

※　由於每年考試次數甚多，整理資料的時間有限，題解內容如有疏漏，煩請傳真指證。我們將有專門的服務人員，儘速為您提供優質的諮詢。

※　本題解提供為參考使用，如欲詳知真正的考場答題技巧與專業知識的重點。仍請您接受我們誠摯的邀請，歡迎前來各班親身體驗現場的課程。

# 目錄 Contents

# 目錄

## 單元 4－地方特考三等



## 單元 5－地方特考四等

# 命題大綱
Propositional outline

## 壹、高等考試三級考試

### 建築結構系統

| 適用考試名稱 | 適用考試類科 |
|---|---|
| 公務人員高等考試三級考試 | 建築工程、公職建築師 |
| 公務人員升官等考試薦任升官等考試 | 建築工程 |
| 特種考試地方政府公務人員考試三等考試 | 建築工程、公職建築師 |
| 特種考試交通事業鐵路人員考試高員三級考試 | 建築工程 |

| 專業知識及核心能力 | |
|---|---|
| | 一、了解基本結構力學原理。<br>二、具桁架、樑、及簡單建築構架之內力分析之能力。<br>三、了解各類型結構系統與結構行為。<br>四、了解鋼筋混凝土、鋼骨結構的力學性能、結構概念設計。 |

| 命題大綱 |
|---|
| 一、基本結構力學原理<br>（一）包括結構靜定、靜不定、與不穩定之研判<br>（二）結構在不同荷載下之變形與內力定性研判 |
| 二、桁架、樑、及簡單建築構架之內力分析<br>（一）包括不同荷載、不均勻沈陷、溫度變化等狀況下之內力和變形分析<br>（二）彎矩圖、剪力圖、軸力圖之繪製 |
| 三、各類型結構系統與結構行為<br>（一）包括鋼結框架、空間桁架、板殼、薄膜、懸索、木造、磚石造、RC 造、鋼骨造、抗風結構、抗震結構、隔震消能結構<br>（二）各類型建築物基礎之系統構成及相關知識 |

| 四、鋼筋混凝土與鋼骨結構設計基本概念與設計研判 | |
|---|---|
| 五、結構系統與建築規劃設計之整合 | |
| 六、與時事有關之建築結構問題 | |
| 備註 | 表列命題大綱為考試命題範圍之例示，惟實際試題並不完全以此為限，仍可命擬相關之綜合性試題。 |

## 營建法規

| 適用考試名稱 | 適用考試類科 |
|---|---|
| 公務人員高等考試三級考試 | 建築工程 |
| 公務人員升官等考試薦任升官等考試 | 建築工程 |
| 特種考試地方政府公務人員考試三等考試 | 建築工程 |
| 公務人員特種考試司法人員考試三等考試 | 司法事務官營繕工程事務組、檢察事務官營繕工程組 |
| 公務人員特種考試法務部調查局調查人員考試三等考試 | 營繕工程組 |
| 特種考試交通事業鐵路人員考試高員三級考試 | 建築工程 |
| 專業知識及核心能力 | 了解國土綜合開發計畫、區域計畫、都市計畫體系及相關法規、建築法、建築技術規則、山坡地建築管制辦法、綠建築等規則之規定。 |

| 命題大綱 |
|---|
| 一、國土綜合開發計畫<br>（一）意義、內容和事項<br>（二）經營管理分區及發展許可制架構<br>（三）綜合開發許可制內容及許可程序及農地釋出方案（農業用地興建農舍辦法） |
| 二、區域計畫<br>（一）意義、功能及種類<br>（二）空間範圍及內容<br>（三）區域計畫法<br>（四）施行細則<br>（五）非都市土地使用管制規則 |
| 三、都市計畫體系及相關法規<br>（一）主管機關及職掌，擬定、變更、發布及實施<br>（二）主要計畫及細部計畫內容 |

（三）都市計畫制定程序
（四）審議
（五）都市土地使用管制
（六）都市計畫容積移轉實施辦法
（七）都市計畫事業實施內容
（八）促進民間參與公共建設相關法令
（九）都市更新條例及相關法規，都市發展管制相關法令

四、建築法
（一）立法目的及建築管理內容
（二）建築法主管建築機關
（三）建築法的適用對象
（四）建築法中「建築行為」意義內容
（五）一宗建築基地及應留設法定空地規定
（六）建築行為人權利與義務規定及限制
（七）免由建築師設計監造或營造業承造建築物
（八）建築許可、山坡地開發建築許可、工商綜合區開發許可、都市審議許可
（九）建築基地、建築界線及開發相關法規管制計畫及管制規定
（十）建築施工管理內容及相關法令
（十一）建築使用管理內容及相關法令
（十二）其他建築管理事項

五、建築技術規則
（一）架構內容
（二）建築物一般設計通則內容
（三）建築物防火設計規範
（四）綠建築標章
（五）特定建築物定義及相關規定
（六）建築容積管制的意義、目的、範圍、內容、考慮因素、收益及相關規定
（七）建築技術規則其他規定

六、山坡地建築管制辦法
（一）法令架構
（二）山坡地開發管制規定內容

<table>
<tr><td colspan="2">（三）山坡地開發及建築管理<br>（四）山坡地防災及管理</td></tr>
<tr><td colspan="2">七、綠建築<br>（一）定義<br>（二）綠建築的規範評估<br>（三）綠建築九大指標的設計評估<br>（四）綠建築的分級評估<br>（五）綠建築推動方案</td></tr>
<tr><td>備註</td><td>表列命題大綱為考試命題範圍之例示，惟實際試題並不完全以此為限，仍可命擬相關之綜合性試題。</td></tr>
</table>

## 建管行政

<table>
<tr><th>適用考試名稱</th><th>適用考試類科</th></tr>
<tr><td>公務人員高等考試三級考試</td><td>建築工程、公職建築師</td></tr>
<tr><td>特種考試地方政府公務人員考試三等考試</td><td>建築工程、公職建築師</td></tr>
<tr><td>特種考試交通事業鐵路人員考試高員三級考試</td><td>建築工程</td></tr>
<tr><td>專業知識及核心能力</td><td>一、了解建築執照審查許可、施工管理、使用管理（含變更使用）、營造業管理、公寓大廈管理及廣告物管理、違章建築處理、建築師法、未來建管發展趨勢等。<br>二、了解法規規定之處分、處罰與行政救濟等相關業務。<br>三、了解中央法規標準法、地方制度法、行政程序法、訴願法及行政訴訟法等法規之規定。</td></tr>
<tr><th colspan="2">命題大綱</th></tr>
<tr><td colspan="2">一、執行建築管理行政業務所涉之處分、處罰與行政救濟等相關業務之法規，包括中央法規標準法、地方制度法、行政程序法、行政執行法、訴願法及行政訴訟法等法規之原理原則。<br>二、營建法規的意義、位階、分類、效力、應用原則、施行、適用、解釋及常用術語。<br>三、營建法規體系層級和架構、區域計畫法體系及相關法規、都市計畫法體系及相關法規、建築法體系及相關法規。<br>四、建築師法、技師法及其相關法規。</td></tr>
</table>

| |
|---|
| 五、營造業法、公寓大廈管理條例、招牌廣告及樹立廣告管理辦法、建築物昇降設備管理辦法、違章建築管理辦法及室內裝修管理辦法等法規。<br>六、政府採購法及相關法令有關招標、審標、決標、履約管理、查驗及驗收、爭議處理（異議與申訴、調解與仲裁）等相關規定。<br>七、建築管理之歷史演變及先進國家建築管理發展趨勢，現代建築管理之發展過程、理論、目的及建築管理之核心價值。 |

| 備註 | 表列命題大綱為考試命題範圍之例示，惟實際試題並不完全以此為限，仍可命擬相關之綜合性試題。 |
|---|---|

## 建築環境控制

| 適用考試名稱 | 適用考試類科 |
|---|---|
| 公務人員高等考試三級考試 | 建築工程 |
| 特種考試地方政府公務人員考試三等考試 | 建築工程 |
| 特種考試交通事業鐵路人員考試高員三級考試 | 建築工程 |
| 專業知識及核心能力 | 一、了解建築環境控制於國際間最新趨勢與發展方向。<br>二、了解建築物理之基本原理與設計原則。<br>三、了解建築設備系統之構成與應用。<br>四、了解建築相關法系對於建築環境控制的規範。 |

| 命題大綱 |
|---|
| 一、國際新趨勢<br>（一）地球環境　（三）綠建築　（五）生態工法<br>（二）永續環境　（四）健康建築　（六）智慧生活空間 |
| 二、建築物理<br>（一）建築和自然的關係，內容包括大氣候、區域氣候、微氣候對建築設計之影響等相關知識。<br>（二）建築物溫熱之基本原理，節能設計原則，建築結構與構造之保溫、隔熱、防潮的設計，以及日照、遮陽、自然通風方面之設計。<br>（三）建築物採光及照明之基本原理，採光設計標準，室內外環境照明之控制，以及採光照明與節能之應用。<br>（四）建築音響之基本知識，內容包括環境噪音與室內噪音基準之控制，建築設計配 |

| |
|---|
| 合建築隔音與吸音材料，環境及使用性之隔音、吸音、噪音防治，音響設計規劃之音響評估指標等。 |
| 三、建築設備<br>（一）建築給排水、衛生設備之系統構成，消防設備之防火、避難、滅火、救助，雨水、排水、通氣系統及節水之基本知識與應用。<br>（二）空調系統之構成及設計需求、各空調主要設備之空間需求、通風空調系統及控制，以及空調與節能和健康之應用。<br>（三）電力供電方式、電氣配線、電氣系統的安全防護、供電設備、電氣照明設計及節能及建築避雷針設備之基本知識，以及通信、廣播、有線電視、安全防犯系統、火災警報系統及建築設備自動控制、電腦網路與綜合佈線等應用。<br>（四）建築垂直運送機械系統，交通運送量的需求、室內動線的配置關係等應用。 |
| 四、相關法令規範<br>（一）建築法規及建築技術規則中有關設計施工之日照、採光、通風、節約能源及防音等管制規範。<br>（二）建築法規及建築技術規則中有關電氣、給排水、衛生、消防、空調、昇降機等設備之設計準則。 |

| 備註 | 表列命題大綱為考試命題範圍之例示，惟實際試題並不完全以此為限，仍可命擬相關之綜合性試題。 |
|---|---|

## 建築營造與估價

| 適用考試名稱 | 適用考試類科 |
|---|---|
| 公務人員高等考試三級考試 | 建築工程 |
| 公務人員升官等考試薦任升官等考試 | 建築工程 |
| 特種考試地方政府公務人員考試三等考試 | 建築工程 |
| 特種考試交通事業鐵路人員考試高員三級考試 | 建築工程 |
| 專業知識及核心能力 | 一、了解建築施工之專業知識與應用。<br>二、了解建築估價之專業知識與應用。 |

| 命題大綱 |
|---|
| 一、綠建築材料與綠營造觀念認知與應用。<br>二、建築構法的系統、類型的認知、應用與控管等（如構造系統、基礎工程、結構體工程、 |

| 內外部裝修工程、防災工程等相關構法)。<br>三、建築工法的技術、程序、安全、勘驗、規範的認知、應用與控管等。(如安全防護措施、設備機具運用、施工程序與技法、施工監造與勘驗、內外部裝飾工法、建築廢棄物再利用工法、建築物災後之修護和補強工法等)。<br>四、建築工程的施工計畫與品質管理的項目、程序、期程、方法、安全、品管、規範的認知、應用與控管等。<br>五、建築工程預算編列與發包採購的內容、方法的認知、應用與控管及建築工程價值分析和工料分析之方法等。 | |
|---|---|
| 備註 | 表列命題大綱為考試命題範圍之例示,惟實際試題並不完全以此為限,仍可命擬相關之綜合性試題。 |

## 建築設計

| 適用考試名稱 | 適用考試類科 |
|---|---|
| 公務人員高等考試三級考試 | 建築工程 |
| 公務人員升官等考試薦任升官等考試 | 建築工程 |
| 特種考試地方政府公務人員考試三等考試 | 建築工程 |
| 特種考試交通事業鐵路人員考試高員三級考試 | 建築工程 |
| 專業知識及核心能力 | 一、了解建築設計原理。<br>二、具各類建築型態之設計能力。<br>三、具建築繪圖技術及建築表現能力。 |
| 命題大綱 | |
| 一、建築設計原理<br>(一)基本原理　(二)流程　(三)建築史知識 | |
| 二、建築設計<br>(一)將主題需求轉化為設計條件<br>(二)運用建築設計解決建築問題<br>(三)建築之經濟性、功能性、安全性、審美觀、及永續性之原理與技術<br>(四)各類建築型態之設計準則<br>(五)相關法令及規範 | |
| 三、繪圖技術及建築表現 | |

<table>
<tr><td colspan="2">（一）建築物與其基地外部及室內環境及利用<br>（二）設計說明、分析、圖解配置圖、平面圖、立面圖、剖面圖、透視圖、及鳥瞰圖等表達設計理念、構想及溝通技巧<br>（三）評估建築優劣</td></tr>
<tr><td>備註</td><td>表列命題大綱為考試命題範圍之例示，惟實際試題並不完全以此為限，仍可命擬相關之綜合性試題。</td></tr>
</table>

## 營建法規與實務

<table>
<tr><th colspan="2">適用考試名稱</th><th>適用考試類科</th></tr>
<tr><td colspan="2">公務人員高等考試三級考試</td><td>公職建築師</td></tr>
<tr><td colspan="2">特種考試地方政府公務人員考試三等考試</td><td>公職建築師</td></tr>
<tr><td>專業知識及核心能力</td><td colspan="2">了解國土規劃、區域計畫法、都市計畫法、建築法、建築技術規則等法規體系及其相關法令之規定。</td></tr>
<tr><th colspan="3">命題大綱</th></tr>
<tr><td colspan="3">一、國土規劃、區域計畫法體系及相關法規<br>（一）意義、功能及種類<br>（二）空間範圍及內容<br>（三）區域計畫法及其施行細則<br>（四）非都市土地使用管制規則<br>（五）非都市土地開發許可制度之內容及程序<br>（六）農業用地興建農舍辦法</td></tr>
<tr><td colspan="3">二、都市計畫法體系及相關法規<br>（一）主管機關及職掌，擬定、變更、發布及實施<br>（二）主要計畫及細部計畫內容<br>（三）都市計畫制定程序<br>（四）審議<br>（五）都市土地使用管制<br>（六）都市計畫容積移轉實施辦法<br>（七）都市計畫事業實施內容<br>（八）促進民間參與公共建設相關法令</td></tr>
</table>

| |
|---|
| （九）都市更新條例及相關法規，都市發展管制相關法令<br>（十）貫徹都市設計相關規定及內容 |
| 三、建築法體系及相關法規<br>（一）立法目的及建築管理內容<br>（二）建築法主管建築機關<br>（三）建築法的適用對象<br>（四）建築法中「建築行為」意義內容<br>（五）一宗建築基地及應留設法定空地規定<br>（六）建築行為人權利與義務規定及限制<br>（七）免由建築師設計監造或營造業承造建築物<br>（八）建築許可、山坡地建築許可及管理<br>（九）建築基地、建築界線及開發相關法規管制計畫及管制規定<br>（十）建築施工管理內容及相關法令<br>（十一）建築使用管理內容及相關法令<br>（十二）其他建築管理事項 |
| 四、建築技術規則<br>（一）架構內容<br>（二）建築物一般設計通則內容<br>（三）建築物防火設計規範<br>（四）特定建築物定義及相關規定<br>（五）容積設計的意義、目的、範圍、內容、考慮因素、收益及相關規定<br>（六）建築技術規則其他規定 |
| 五、綠建築<br>（一）定義<br>（二）綠建築標章<br>（三）綠建築九大指標的設計評估<br>（四）綠建築的分級評估<br>（五）智慧綠建築推動方案<br>（六）建築技術規則有關綠建築基準及相關設計技術規範 |

| 備註 | 表列命題大綱為考試命題範圍之例示，惟實際試題並不完全以此為限，仍可命擬相關之綜合性試題。 |
|---|---|

# 貳、普通考試

## 營建法規概要

| 適用考試名稱 | 適用考試類科 |
| --- | --- |
| 公務人員普通考試 | 建築工程 |
| 特種考試地方政府公務人員考試四等考試 | 建築工程 |
| 公務人員特種考試身心障礙人員考試四等考試 | 建築工程 |
| 特種考試交通事業鐵路人員考試員級考試 | 建築工程 |

| 專業知識及核心能力 | 了解營建法規、建管行政法規、營建法規體系、建築法、建築技術規則、綠建築、政府採購法。 |
| --- | --- |

**命題大綱**

一、營建法規

（一）意義、位階、分類、效力、應用原則、施行、適用、解釋及常用術語

二、建管行政法規

（一）中央法規標準法

（二）訴願法

（三）行政程序法

（四）執行法

三、營建法規體系

（一）層級和架構

（二）區域計畫法體系及相關管制法規

（三）都市計畫法體系及相關管制法規

（四）建築法體系及相關法規

（五）建築技術規則體系及相關法規

（六）營造業法

（七）公寓大廈管理條例及其子法及建築物室內裝修管理辦法

四、建築法

（一）立法目的及建築管理內容

（二）建築法主管建築機關

（三）建築法的適用對象

（四）建築法中〝建築行為〞意義內容

（五）一宗建築基地及應留設法定空地規定
（六）建築行為人權利與義務規定及限制
（七）免由建築師設計監造或營造業承造建築物
（八）建築許可、山坡地開發建築許可、工商綜合區、開發許可、都市審議許可，建築基地、建築界線及開發相關法規管制計畫及管制法規
（九）建築施工管理內容及相關法令
（十）建築使用管理內容及相關法令
（十一）其他建築管理事項

五、建築技術規則
（一）架構內容
（二）建築物一般設計通則內容
（三）建築物防火設計規範
（四）綠建築標章
（五）特定建築物定義及相關規定
（六）建築容積管制的意義、目的、範圍、內容、考慮因素、效益及相關規定
（七）建築技術規則其他規定

六、建築技術規則體系
（一）建築物防火避難安全法規
（二）建築物使用類組及變更使用辦法
（三）舊有建築物防火避難設施及消防安全設備改善辦法
（四）建築物公共安全檢查簽證及申報辦法
（五）防火避難檢討報告書申請認可要點
（六）建築物防火避難性能設計計畫書申請認可辦法

七、綠建築
（一）定義
（二）綠建築的規範評估
（三）綠建築九大指標的設計評估
（四）綠建築的分級評估
（五）綠建築推動方案

八、政府採購法
（一）政府採購法及相關法令有關招標、審標、決標，履約管理，查驗及驗收

| （二）異議與申訴<br>（三）調解及採購申訴審議委員會的規定 | |
|---|---|
| 備註 | 表列命題大綱為考試命題範圍之例示，惟實際試題並不完全以此為限，仍可命擬相關之綜合性試題。 |

## 施工與估價概要

| 適用考試名稱 | 適用考試類科 |
|---|---|
| 公務人員普通考試 | 建築工程 |
| 特種考試地方政府公務人員考試四等考試 | 建築工程 |
| 公務人員特種考試身心障礙人員考試四等考試 | 建築工程 |
| 特種考試交通事業鐵路人員考試員級考試 | 建築工程 |
| 專業知識及核心能力 | 了解建築施工的基本知識與應用。<br>了解建築估價的基本知識與應用。 |
| 命題大綱 | |
| 一、綠建築材料與綠營造施工上基本觀念認知與應用（如有關綠建材、防火材料、綠營造的基本概念）<br>二、建築構法的系統、類型在施工上的基本觀念的認知與應用（如有關構造系統各類型、基礎工程、結構體工程、內外部裝修工程、防災工程等之基本施工概念）<br>三、建築工法的技術、程序、安全、勘驗、規範在施工上的基本觀念的認知與應用。（如安全防護措施、設備機具運用、施工程序與技法、施工監造與勘驗、內外部裝飾工法、建築廢棄物再利用工法、建築物災後之修護和補強工法等在施工上基本概念）<br>四、建築工程有關施工計畫與管理的項目、程序、期程、方法、安全、品管、規範在施工上的基本觀念的認知與應用（如建築施工計畫與建築施工品質管理等基本概念）<br>五、建築工程預算編列與發包採購在施工上的基本概念與應用及建築工程工料分析方法之基本概念及應用 | |
| 備註 | 表列命題大綱為考試命題範圍之例示，惟實際試題並不完全以此為限，仍可命擬相關之綜合性試題。 |

## 工程力學概要

| 適用考試名稱 | 適用考試類科 |
|---|---|
| 公務人員普通考試 | 土木工程、建築工程 |
| 特種考試地方政府公務人員考試四等考試 | 建築工程 |
| 公務人員特種考試原住民族考試四等考試 | 土木工程 |
| 公務人員特種考試身心障礙人員考試四等考試 | 土木工程、建築工程 |
| 特種考試交通事業鐵路人員考試員級考試 | 土木工程、建築工程 |

| 專業知識及核心能力 | 了解力系及其平衡。<br>具材力及應力分析能力。<br>具樑柱在不同外力作用下的分析能力。 |
|---|---|

| 命題大綱 |
|---|
| 一、不同力系及其平衡<br>（一）平面力系　（二）空間力系 |
| 二、簡單桁架之桿件內力分析 |
| 三、簡單懸索之變形和應力分析 |
| 四、型心與面積慣性力矩<br>（一）各種幾何形狀之型心計算　（二）各種構材斷面之面積慣性力矩計算 |
| 五、受軸力構材之應力與應變概念<br>（一）虎克定律　（二）波桑比　（三）剪應變等 |
| 六、樑在不同外力作用下之分析<br>（一）變形　（二）繪製彎矩圖及剪力圖 |
| 七、柱的基本行為分析<br>（一）結構穩定性概念<br>（二）不同端部束制條件下柱之臨界載重<br>（三）同心與偏心載重下之柱行為及設計概念 |

| 備註 | 表列命題大綱為考試命題範圍之例示，惟實際試題並不完全以此為限，仍可命擬相關之綜合性試題。 |
|---|---|

## 建築圖學概要

<table>
<tr><th colspan="2">適用考試名稱</th><th>適用考試類科</th></tr>
<tr><td colspan="2">公務人員普通考試</td><td>建築工程</td></tr>
<tr><td colspan="2">特種考試地方政府公務人員考試四等考試</td><td>建築工程</td></tr>
<tr><td colspan="2">公務人員特種考試身心障礙人員考試四等考試</td><td>建築工程</td></tr>
<tr><td colspan="2">特種考試交通事業鐵路人員考試員級考試</td><td>建築工程</td></tr>
<tr><td>專業知識及核心能力</td><td colspan="2">一、了解投影幾何、光線與陰影之基本原理與應用。<br>二、了解國家標準（CNS）建築製圖符號之意義與用途。<br>三、了解建築製圖相關知識。<br>四、具備繪圖能力。</td></tr>
<tr><th colspan="3">命題大綱</th></tr>
<tr><td colspan="3">一、投影幾何之基本原理與應用<br>（一）正投影　（二）斜投影　（三）透視投影</td></tr>
<tr><td colspan="3">二、光線與陰影之基本原理與應用</td></tr>
<tr><td colspan="3">三、國家標準（CNS）建築製圖符號之意義與用途</td></tr>
<tr><td colspan="3">四、建築製圖相關知識<br>（一）建築材料　（四）建築設備<br>（二）建築構造與施工　（五）營建法規<br>（三）結構系統　（六）建築估價</td></tr>
<tr><td colspan="3">五、繪圖<br>（一）繪製建築物或物體三視圖及將二度空間圖面轉換成三度空間實體。<br>（二）運用等角圖及斜投影圖之繪法，繪出建築之示意圖。<br>（三）根據提供的草圖與資料，繪製建築圖包括：平面圖、立面圖、剖面圖及詳細圖。<br>（四）依據建築平面圖和立面圖，繪製室內或室外之一點或二點透視圖與陰影。</td></tr>
<tr><td>備註</td><td colspan="2">表列命題大綱為考試命題範圍之例示，惟實際試題並不完全以此為限，仍可命擬相關之綜合性試題。</td></tr>
</table>

# 參、專門職業及技術人員高等考試

中華民國 93 年 3 月 17 日考選部選專字第 0933300433 號公告訂定
中華民國 97 年 4 月 22 日考選部選專字第 0973300780 號公告修正
中華民國 103 年 6 月 20 日考選部選專二字第 1033301094 號公告修正
中華民國 103 年 7 月 29 日考選部選專二字第 1033301463 號公告修正
中華民國 107 年 6 月 28 日考選部選專二字第 1073301240 號公告修正

| 專業科目數 | | 共計6科目 |
|---|---|---|
| 業務範圍及核心能力 | | 建築師受委託人之委託，辦理建築物及其實質環境之調查、測量、設計、監造、估價、檢查、鑑定等各項業務，並得代委託人辦理申請建築許可、招商投標、擬定施工契約及其他工程上之接洽事項。 |
| 編號 | 科目名稱 | 命題大綱 |
| 一 | 建築計畫與設計 | 一、建築計畫：含設計問題釐清與界定、課題分析與構想，應具有綜整建築法規、環境控制及建築結構與構造、人造環境之行為及無障礙設施安全規範、人文及生態觀念、空間定性及定量之基本能力，以及設定條件之回應及預算分析等。<br>二、建築設計：利用建築設計理論與方法，將建築需求以適當的表現方式，形象地表達建築平面配置、空間組織、量體構造、交通動線、結構及構造、材料使用等滿足建築計畫的要求。 |
| 二 | 敷地計畫與都市設計 | 一、敷地計畫：敷地調查及都市設計相關理論與應用，依都市設計及景觀生態原理，進行土地使用，交通動線、建築配置、景觀設施、公共設施、水土保持等計畫。<br>二、都市設計：都市計畫之宗旨、都市更新及都市設計之理論及應用（包含都市設計與更新、景觀、保存維護、公共藝術、安全、永續發展、民眾參與及設計審議等各專業的關係）。 |
| 三 | 營建法規與實務 | 一、建築法、建築師法及其子法、建築技術規則。<br>二、都市計畫法、都市更新條例及其子法。<br>三、國土計畫法、區域計畫法及其子法有關非都市土地使用管制法規。 |

| | | |
|---|---|---|
| | | 四、公寓大廈管理條例及其子法。<br>五、營造業法及其子法。<br>六、政府採購法及其子法、契約與規範。<br>七、無障礙設施相關法規。<br>八、其他相關法規。 |
| 四 | 建築結構 | 一、建築結構系統：系統觀念與系統規畫。<br>二、建築結構行為：梁、柱、牆、版、基礎、結構穩定性、靜定、靜不定、桁架、剛性構架、鋼骨、RC、木造、磚造、抗風結構、耐震結構、消能隔震、與時事有關之結構問題。<br>三、建築結構學：桁架與剛構架之結構分析計算。<br>四、建築結構設計與判斷：鋼筋混凝土結構或鋼結構。<br>五、其他與建築結構相關實務事項：不同的系統對於施工執行性、工期、費用等整體性效益之分析、具彈性改變使用永續性綠結構等。 |
| 五 | 建築構造與施工 | 一、建築材料：構造別之材料性能、常用材料、綠建材特性。<br>二、建築構造：基礎構造，木造、RC、S、SRC 及其他造之主要構造，屋頂構造、外牆構造及室內裝修構造。<br>三、建築工法：防護措施、設備機具及其他各類工法之運用。<br>四、建築詳圖：常用之建築細部詳圖。<br>五、建築工程施工規範：常用之建築工程施工規範之認知（含無障礙設計施工規範）。<br>六、常識與觀念：建築、室內裝修及景觀之施工、構造、建材之一般常識與經驗，對永續、防災、生態等性能之運用。<br>七、不同材料對於施工執行性、工期、費用等整體性效益之了解。 |
| 六 | 建築環境控制 | 一、建築物理環境<br>（一）建築熱環境<br>（二）建築通風換氣環境<br>（三）建築光環境<br>（四）建築音環境<br>二、建築設備<br>（一）給排水衛生設備系統 |

| | | |
|---|---|---|
| | | （二）消防設備系統<br>（三）空調設備系統<br>（四）建築輸送設備系統<br>（五）電氣及照明設備系統<br>三、時代趨勢：地球環境、永續建築、綠建築、綠建材、健康建築、生態工法、智慧建築、友善環境理念、近期發生事例分析。<br>四、建築設計與環境控制之關係。 |
| 備註 | | 表列各應試科目命題大綱為考試命題範圍之例示，惟實際試題並不完全以此為限，仍可命擬相關之綜合性試題。 |

資料來源：考選部。

一、表列各應試科目命題大綱為考試命題範圍之例示，惟實際試題並不完全以此為限，仍可命擬相關之綜合性試題。

二、若應考人發現當次考試公布之測驗式試題標準答案與最新公告版本之參考書目內容如有不符之處，應依「國家考試試題疑義處理辦法」之規定。

單元

# 1

# 公務人員高考三級

## 107 年公務人員高等考試三級考試試題／建築結構系統

一、如下圖所示之外伸梁結構 ABC（B 為鉸支承，C 為滾支承），若 AB 間承受均佈載重 q = 2.0 kN/m，且 BC 之中點承受一集中彎矩 M = 15.0 kN · m，試回答下列問題：

（一）B 及 C 點之支承反力為何？（10 分）

（二）試繪此外伸梁結構之剪力與彎矩圖及其變形曲線。（15 分）

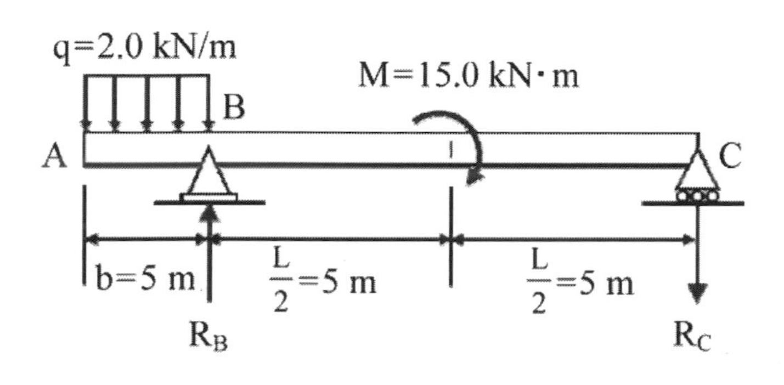


**參考題解**

（一）取 B 點力矩平衡，$\sum M_B = 0$，$R_C \times L + M = q \times b \times b/2$

$R_C \times 10 + 15 = 2 \times 5 \times 5/2$，得$R_C = 1\text{kN}(\downarrow)$

垂直力平衡，$\sum F_y = 0$，$R_B = qb + R_C = 2 \times 5 + 1 = 11\text{kN}(\uparrow)$

B 點之支承反力 $R_B = 11\text{kN}(\uparrow)$；C 點之支承反力$R_C = 1\text{kN}(\downarrow)$

（二）繪剪力、彎矩圖及變形曲線如下：

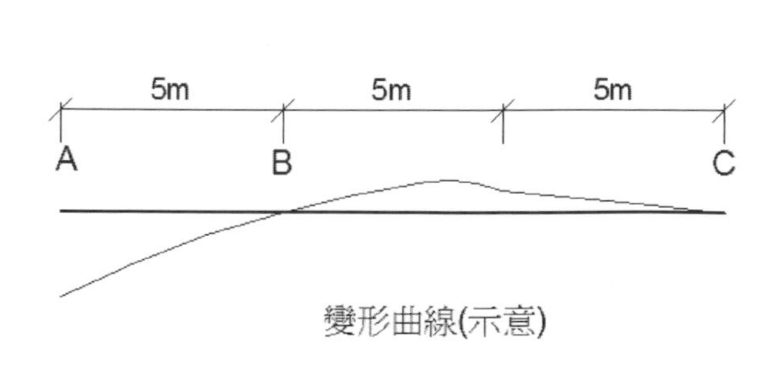

變形曲線(示意)

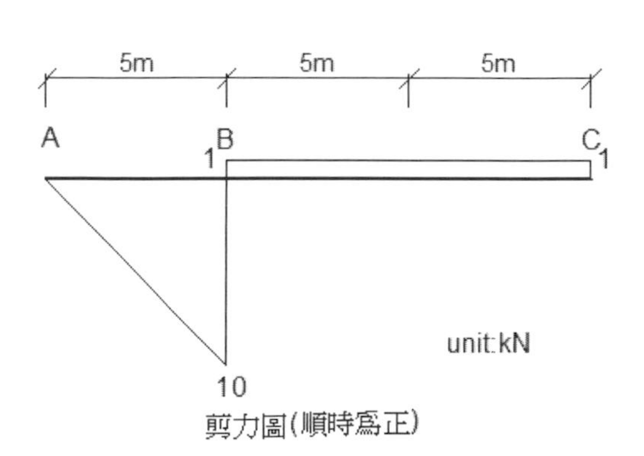

剪力圖(順時爲正)

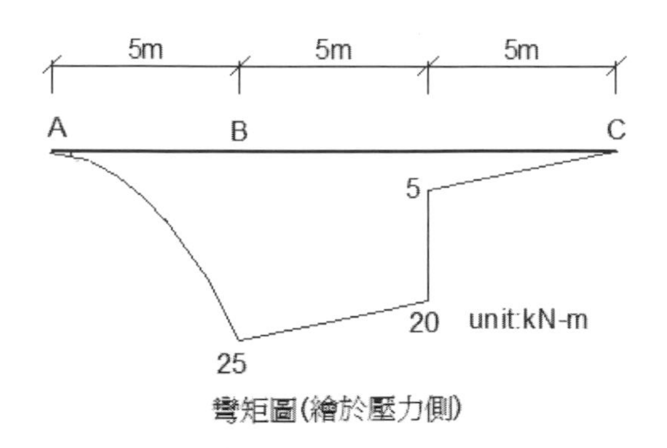

彎矩圖(繪於壓力側)

二、臺灣近年之房屋震害中多見鋼筋續接或搭接問題，並造成柱構件嚴重損害，試依內政部營建署之「混凝土結構設計規範」回答下列問題：

（一）混凝土結構設計規範中建議鋼筋續接可採用搭接、銲接及機械式續接器，試舉例說明何謂機械式續接器？（10 分）

（二）混凝土結構設計規範中有關機械式續接器之分類為何？並說明其可使用之構材位置。（15 分）

**參考題解**

（一）依 CNS15560 鋼筋機械式續接試驗法定義，「鋼筋機械式續接：以一續接器或一續接套管與可能附加的填充材料或其他元件，完成兩段鋼筋續接的完整組合體」，常用之鋼筋續接器型式有壓合續接器、螺紋式續接器、擴頭續接器、摩擦銲接續接器及摩擦壓接續接器等，概述如下：

1. 壓合續接器：套管以油壓方式加壓與鋼筋密接，以其間之握裹傳遞鋼筋應力。
2. 螺紋式續接器：在鋼筋續接端製作螺牙，再使用機械式續接器結合。
3. 擴頭續接器：鋼筋接合端經過冷擠壓或熱擠壓將斷面變大，再於已擴大之斷面上車牙，使用機械式續接器接合。
4. 摩擦焊接續接器：將續接兩端處鋼筋分別以摩擦銲接與含公螺牙及母螺牙之續接器接合，續接時將公母螺牙鎖緊即完成。
5. 摩擦壓接續接器：續接器與鋼筋間使用電腦控制的摩擦壓接機，以摩擦生熱熔接方式結合，有別於一般焊接可能產生氣孔、裂縫等問題，且續接器與鋼筋結合因加熱摩擦時間不長，可獲得與母材相同強度之接頭。

（二）機械式續接器之分類及使用之構材位置：

1. 機械式續接器之分類：

混凝土結構設計規範 15.3.6.4 規定「鋼筋採用機械式續接時，應分下列兩類：（1）第一類機械式續接應符合第 5.15.3.3 節之規定。（2）第二類機械式續接除須符合第 5.15.3.3 節之規定外，其接合強度至少應達鋼筋規定拉力強度。」

第 5.15.3.3 節規定：機械式續接器續接應發展其抗拉或抗壓強度至少達鋼筋以 $1.25f_y$計得之強度外，尚須考慮其滑動量、延展性、伸長率、實測強度、續接位置、續接器間距、保護層厚度等對構材之影響，並符合其他有關規定。

2. 使用之構材位置：依混凝土結構設計規範 15.3.6.5 規定，「第一類機械式續接不得使用於梁、柱接頭面或地震時鋼筋可能降伏處起算兩倍構材深度範圍內，第二類機械式續接則准許使用於任何位置。」

三、政府自民國 97 年起大力推動校舍耐震能力提昇工作，目前各縣市之國中小學校舍也大都完成耐震能力評估與補強工作，若以常見之低矮型鋼筋混凝土校舍而言，試說明常見之補強工法及其效益。（25 分）

**參考題解**

低矮型鋼筋混凝土校舍常見補強工法為擴柱、RC 翼牆及 RC 剪力牆，分述如下：

（一）擴柱：

以擴大原有柱斷面進行補強，雙向提高建築物耐震強度，主要可增加柱構件的剪力強度，並亦可提升其撓曲強度及軸向強度，故對韌性亦有補強效果，屬於強度及韌性同時補強的工法，惟設計時仍以強度為主要考量，擴柱後之基礎亦需加以評估考量。若既有柱不適合植筋工法（如混凝土抗壓強度低、氯離子高、品質差），較適合採用擴柱補強工法。

相對於翼牆及剪力牆補強，其對採光及通風影響較小，而因其斷面雙向擴大，可能凸出走廊而對通行動線及視覺壓力有影響。

（二）RC 翼牆：

在結構物弱向增設 RC 翼牆，以提高整體結構物在耐震能力不足方向之強度，其為將既有獨立柱附加翼牆，增加單向強度與勁度，屬於單向的補強，以提升強度為主，並可有效提高整體勁度，對於改善韌性則較不明顯。另增設翼牆可能降低梁有效長度產生剪力脆性破壞，需加以檢核。另翼牆需與原有梁、柱以植筋相接合，植筋效果及適用性不佳時不適合採用。

翼牆補強在走廊寬度不足時，因一般翼牆與既有牆面厚度相同，不影響動線，惟對於原有通風採光會有影響，另翼牆宜延續至基礎，必要時要補強原有基礎。

（三）RC 剪力牆：

RC 剪力牆具有很高的強度與勁度，為強度補強方法，增設剪力牆補強方式對於結構物抗側力強度有極佳效果，相當適用於整體梁柱構架缺少強度或缺乏韌性之老舊低矮建築物。而一般 RC 牆面內強度遠高於面外，通常僅採計面內強度貢獻，屬於單方向抗震補強構材。而當建築物具有軟弱底層或是質心與剛心具較大偏心量時，採用剪力牆經適當評估設計（如可均勻、規則配置等）可有效改善結構抗側力系統，使其排除軟弱底層破壞模式及降低偏心造成之扭轉效應。一般增設剪力牆強度高，設計時需注意與四周梁、柱、版及基礎間力量傳遞檢討。

另設置 RC 剪力牆對於通風採光及動線影響甚大，配置原則優先考量原有完整牆面置換。

RC 剪力牆如能適當配置，一般被認為是相當經濟有效的補強方法，而為因應個案需求與限制，可併同搭配其他補強方式，如以增設 RC 剪力牆為主要補強，並搭配擴柱或翼牆為次要補強。

四、桁架系統之桿件多為二力肢且節點須為鉸接或樞接，試繪圖說明目前工程實務常用之桁架節點接合方式。（25 分）

**參考題解**

桁架節點接合為鉸接，工程實務上常用以節點板（gusset plate）搭配螺栓結合及球狀接頭等方式，但其對桿件都還是會有彎矩及剪力的產生，與二力桿的假設有些許差異，而將此種接頭假設為鉸接可大為簡化結構分析且所設計出之結構物較為安全保守，故可為接受，繪圖及概述如下：

（一）節點板搭配螺栓結合：以雙角鋼為例，典型狀況如圖，以節點板配合螺栓結合各桿件，且各桿件之中心軸於結合處交會於一點，為結構分析時假設之桁架節點，此種概念可運於多數鋼桁架、木桁架的結合。

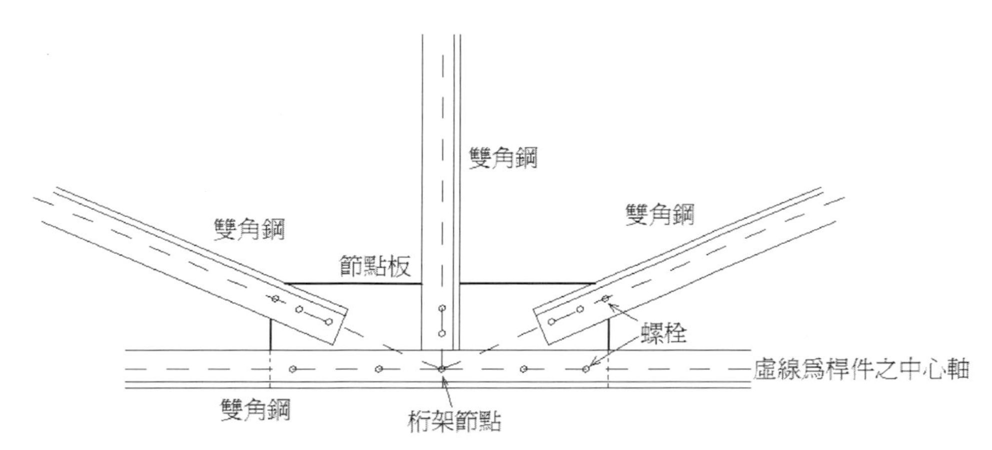


（二）球狀接頭：各桿件（常為圓管材）利用預鑄的球狀接頭結合，主要運用於空間桁架（space truss），剖面示意如圖，節點為球狀接合器，桁架構材可由各方向與其結合，依設計需求於球狀接合器事先預留位置，施工時可精準快速的結合。

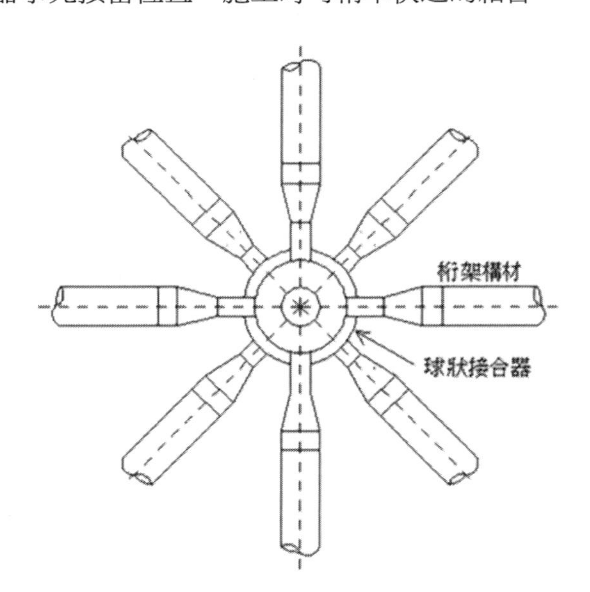

## 107 年公務人員高等考試三級考試試題／營建法規

一、試説明政府採購法規定押標金不予發還之情況有那些？（25 分）

**參考題解**

押標金：（採購法-30、押標金保證金-9）

押標金：機關辦理招標，應於招標文件中規定投標廠商須繳納押標金。（以不逾預算金額或預估採購總額之百分之五為原則；以不逾標價之百分之五為原則。但不得逾新臺幣五千萬元。）

押標金不予退還之情況：（採購法-31）

機關對於廠商所繳納之押標金，應於決標後無息發還未得標之廠商。廢標時，亦同。廠商有下列情形之一者，其所繳納之押標金，不予發還，其已發還者，並予追繳：

（一）以偽造、變造之文件投標。

（二）投標廠商另行借用他人名義或證件投標。

（三）冒用他人名義或證件投標。

（四）在報價有效期間內撤回其報價。

（五）開標後應得標者不接受決標或拒不簽約。

（六）得標後未於規定期限內，繳足保證金或提供擔保。

（七）押標金轉換為保證金。

（八）其他經主管機關認定有影響採購公正之違反法令行為者。

二、試説明營造業法規定營造業之專任工程人員應負責辦理之工作內容，包括那些事項？（25 分）

**參考題解**

專任工程人員：（營造業-3）

係指受聘於營造業之技師或建築師，擔任其所承攬工程之施工技術指導及施工安全之人員。其為技師者，應稱主任技師；其為建築師者，應稱主任建築師。

營造業之專任工程人員：（營造業-34、35）

（一）應為繼續性之從業人員，不得為定期契約勞工，並不得兼任其他業務或職務。

（二）但經中央主管機關認可之兼任教學、研究、勘災、鑑定或其他業務、職務者，不在此限。

（三）應負責辦理下列工作：

1. 查核施工計畫書，並於認可後簽名或蓋章。
2. 於開工、竣工報告文件及工程查報表簽名或蓋章。
3. 督察按圖施工、解決施工技術問題。
4. 依工地主任之通報，處理工地緊急異常狀況。
5. 查驗工程時到場說明，並於工程查驗文件簽名或蓋章。
6. 營繕工程必須勘驗部分赴現場履勘，並於申報勘驗文件簽名或蓋章。
7. 主管機關勘驗工程時，在場說明，並於相關文件簽名或蓋章。
8. 其他依法令規定應辦理之事項。

三、試說明建築法第 56 條對於建築物施工中勘驗之規定。（25 分）

**參考題解**

申報勘驗：（建築法-56）

建築工程中必須勘驗部分，應由直轄市、縣（市）（局）主管建築機關於核定建築計畫時，指定由承造人會同監造人按時申報後，方得繼續施工，主管建築機關得隨時勘驗之。

建築工程勘驗：（北建管自治條例-19、建築法-58）

（一）定期勘驗：

1. 放樣勘驗：在建築物放樣後，開始挖掘基礎土方一日以前申報。
2. 基擋土安全維護措施勘驗：經主管建築機關指定地質特殊地區及一定開挖規模之挖土或整地工程，在工程進行期間應分別申報。
3. 主要構造施工勘驗：在建築物主要構造各部分鋼筋、鋼骨或屋架裝置完畢，澆置混凝土或敷設屋面設施之前申報。
4. 主要設備勘驗：建築物各主要設備於設置完成後申請使用執照之前或同時申報。
5. 竣工勘驗：在建築工程主要構造及室內隔間施工完竣，申請使用執照之前或同時申報。

（二）非定期勘驗。

四、根據促進民間參與公共建設法第 11 條規定主辦機關與民間機構簽訂投資契約，應依個案特性，記載那些事項？（25 分）

**參考題解**

（一）主辦機關與民間機構簽訂投資契約，應依個案特性，記載下列事項：（促參法-11）【104 高考考古題】

1. 公共建設之規劃、興建、營運及移轉。
2. 權利金及費用之負擔。
3. 費率及費率變更。
4. 營運期間屆滿之續約。
5. 風險分擔。
6. 施工或經營不善之處置及關係人介入。
7. 稽核及工程控管。
8. 爭議處理及仲裁條款。
9. 其他約定事項。

（二）興建階段履約管理（促參法-52、53）

1. 民間機構於興建或營運期間，如有施工進度嚴重落後、工程品質重大違失、經營不善或其他重大情事發生，主辦機關依投資契約得為下列處理，並以書面通知民間機構：
   （1）要求定期改善。
   （2）屆期不改善或改善無效者，中止其興建、營運一部或全部。但主辦機關依第三項規定同意融資機構、保證人或其指定之其他機構接管者，不在此限。
   （3）因前款中止興建或營運，或經融資機構、保證人或其指定之其他機構接管後，持續相當期間仍未改善者，終止投資契約。

   主辦機關依前項規定辦理時，應通知融資機構、保證人及政府有關機關。

   民間機構有第一項之情形者，融資機構、保證人得經主辦機關同意，於一定期限內自行或擇定符合法令規定之其他機構，暫時接管該民間機構或繼續辦理興建、營運。
2. 公共建設之興建、營運如有施工進度嚴重落後、工程品質重大違失、經營不善或其他重大情事發生，於情況緊急，遲延即有損害重大公共利益或造成緊急危難之虞時，中央目的事業主管機關得令民間機構停止興建或營運之一部或全部，並通知政府有關機關。

依前條第一項中止及前項停止其營運一部、全部或終止投資契約時，主辦機關得採取適當措施，繼續維持該公共建設之營運。必要時，並得予以強制接管營運；其接管營運辦法，由中央目的事業主管機關於本法公布後一年內訂定之。

## 107 年公務人員高等考試三級考試試題／建管行政

一、請依據行政執行法中的「即時強制」規定，說明行政機關執行之目的，並詳述其中與建築物有關之即時強制方法、內容與限制為何？（25 分）

**參考題解**

（一）行政執行：（行政執行-2）

指公法上金錢給付義務、行為或不行為義務之強制執行及即時強制。

（二）即時強制方法如下：（行政執行-36）

行政機關為阻止犯罪、危害之發生或避免急迫危險，而有即時處置之必要時，得為即時強制。

1. 對於人之管束。
2. 對於物之扣留、使用、處置或限制其使用。
3. 對於住宅、建築物或其他處所之進入。
4. 其他依法定職權所為之必要處置。

二、臺灣因地震頻繁與伴隨房屋老舊問題，無論是公有或私有建築物的耐震評估與補強議題已不容忽視，請回答以下相關問題：

（一）目前在建築物公共安全檢查簽證及申報辦法中，已將耐震能力評估檢查納入申報範圍，請詳述那些建築物類組與要件應辦理耐震能力評估檢查？（16 分）

（二）當辦理耐震能力評估檢查之專業機構指派其所屬檢查員辦理評估檢查時，依法要求會有那三種初步判定結果與對應作為？（9 分）

**參考題解**

（一）下列建築物應辦理耐震能力評估檢查：（公安檢查-7）

1. 中華民國八十八年十二月三十一日以前領得建造執照，供建築物使用類組 A-1、A-2、B-2、B-4、D-1、D-3、D-4、F-1、F-2、F-3、F-4、H-1 組使用之樓地板面積累計達一千平方公尺以上之建築物，且該建築物同屬一所有權人或使用人。
2. 經當地主管建築機關依法認定耐震能力具潛在危險疑慮之建築物。

   前項第二款應辦理耐震能力評估檢查之建築物，得由當地主管建築機關依轄區實際需求訂定分類、分期、分區執行計畫及期限，並公告之。

（二）免辦理耐震能力評估檢查申報（公安檢查-9）

依第七條規定應辦理耐震能力評估檢查之建築物，申報人檢具下列文件之一，送當地主管建築機關備查者，得：

1. 本辦法中華民國一百零七年二月二十一日修正施行前，已依建築物實施耐震能力評估及補強方案完成耐震能力評估及補強程序之相關證明文件。
2. 依法登記開業建築師、執業土木工程技師、結構工程技師出具之補強成果報告書。
3. 已拆除建築物之證明文件。

三、張爺爺住在一棟 30 年屋齡的老社區內，該社區共 42 戶且有三座電梯與地下一層供停車使用，由於老社區沒有成立管理委員會，大家平常對社區公共事務又冷漠以對，且因年久失修已逐漸面臨居住安全與品質惡化的疑慮。張爺爺於是向地方主管機關 詢問該如何協助他們的社區，請以地方主管機關立場，申論如何協助張爺爺依法成立管理委員會，又如何引導或說服該社區的其他區分所有權人？（25 分）

**參考題解**

規約訂定時機：（公寓-26、28）

（一）非封閉式之公寓大廈集居社區其地面層為各自獨立之數幢建築物，且區內屬住宅與辦公、商場混合使用，其辦公、商場之出入口各自獨立之公寓大廈，各該幢內之辦公、商場部分，得就該幢或結合他幢內之辦公、商場部分，經其區分所有權人過半數書面同意，及全體區分所有權人會議決議或規約明定下列各款事項後，以該辦公、商場部分召開區分所有權人會議，成立管理委員會，並向直轄市、縣（市）主管機關報備。

1. 共用部分、約定共用部分範圍之劃分。
2. 共用部分、約定共用部分之修繕、管理、維護範圍及管理維護費用之分擔方式。
3. 公共基金之分配。
4. 會計憑證、會計帳簿、財務報表、印鑑、餘額及第三十六條第八款規定保管文件之移交。
5. 全體區分所有權人會議與各該辦公、商場部分之區分所有權人會議之分工事宜。

（二）公寓大廈建築物所有權登記之區分所有權人達半數以上及其區分所有權比例合計半數以上時，起造人應於三個月內召集區分所有權人召開區分所有權人會議，成立管理委員會或推選管理負責人，並向直轄市、縣（市）主管機關報備。

四、政府為充分發揮公共設施之使用效益與活化彈性，依都市計畫公共設施用地多目標使用辦法規定，公共設施用地得同時作立體及平面多目標使用，請說明當用地類別為學校且僅就平面多目標使用時，除了資源回收站與社會福利設施外，還有那些使用項目？（10 分）承上，前述在學校用地之社會福利設施項目依規定仍具有類型上之使用限制，請就自己目前所居住地之特性做探討，擇一申論最需要之社會福利設施類型與合理變動之理由為何？（15 分）

**參考題解**

多目標-附表

學校平面多目標使用項目：

（一）社會教育機構及文化機構。

（二）幼兒園。

（三）社會福利設施。

（四）休閒運動設施。

（五）民眾活動中心。

（六）資源回收站。

（七）電動汽機車充電站及電池交換站。

准許條件

（一）面臨寬度八公尺以上道路，並設專用出入口、樓梯及通道，不足者應自建築線退縮補足八公尺寬度後建築，其退縮地不計入法定空地面積，並得計算建築容積。但情形特殊，經直轄市、縣（市）都市計畫委員會審議通過者，不在此限。

（二）應有整體性之計畫。

（三）作各項使用之面積不得超過該用地面積百分之五十。

（四）應先徵得該管教育主管機關同意；作第三項應同時徵得社會福利主管機關同意。

（五）作資源回收站使用時，應妥予規劃，並確實依環境保護有關法令管理。

目前居住地最需要之社會福利設施類型與合理變動之理由。

目前居住地在新北市，最需要社會福利設施及幼兒園。

目前台灣社會少子化及人口老化現象，學校校地剩餘空間若能多目標成為年長者的福利機構以及小朋友的托育中心，加上教育及照護的功能應是目前居住地最需要之社會福利設施類型。

## 107 年公務人員高等考試三級考試試題／建築環境控制

一、以音樂廳為例，說明室內吸音計畫需要考慮的重點。（20 分）

**參考題解**

音樂廳之吸音考量：

音樂廳著重音環境之品質，親切感和豐滿感是音樂廳最主要的兩個條件，「殘響」（Reverberation）為音響學表達的方式，殘響（RT-60）是指聲音送出後在空間中，音量（音壓）自然衰減達 60 分貝時所花的時間。一個有殘響的音樂廳，被稱為「有生命的音樂廳」。那種反射太少的聲音，傳到聽眾的耳朵，他們心裡的感覺會是枯燥冰冷的。殘響的時間要看聲能大小、音樂廳的容積、有多少吸收性的物料以及音樂廳環境形狀而定，因此我們做吸音計畫時應考慮到適當的吸音量與反射量，避免影響餘響時間。就音樂廳而言，餘響時間參考值中音域滿席時約 1.7 秒～2.0 秒，低音域較中音域長。

除了吸音材的設計值，另外應考量到座椅材質、物體甚至人體的吸音率影響。人體屬於一種吸音材料，所以我們做吸音計畫時，應考量若未滿座，則會有相當的餘音無法吸收，因此我們必須考量空著的椅背、椅面必須能發揮吸音的效果，使其相當於滿座的情形，所以襯墊裡會有泡棉，表面則是以不織布、尼龍等能吸音的紡織品做椅套，一般不會使用皮革材質，因為吸音效果不佳。

二、有關綠建築評估之室內環境指標，以辦公空間為例，說明光環境評估之重點。（20 分）

**參考題解**

綠建築評估指標，辦公室光環境：

綠建築室內環境指標包含音環境（相對權重 0.2）、光環境（相對權重 0.2）、通風換氣環境（相對權重 0.2）、室內建材裝修（相對權重 0.4，優惠得分 0.2）。

其中光環境評估因子包含：照度、均齊度、晝光率、眩光。

評分判斷：

（一）自然採光：保障居室空間之自然光線來源。

1. 玻璃透光率（玻璃材質）
2. 空間自然採光比例：居室採光深度與自然採光開窗率（住宅居室空間採光的良莠，影響居家空間的光線品質，而採光的好壞，和開窗的高度「H」與空間的深度「D」

有關。一般而言，D/H 之比值在 3 之內者，都算是良好的採光範圍。）

（二）人工照明：防止燈具之眩光。

此評分標準著重於照度品質及眩光因素，所有空間照明光源均有防眩光隔柵、燈罩或類似設施。

註：我們在做辦公室光環境設計時，應考量照度、光源、照明方式、光色、反射眩光等多項因子…

1. 照度：製圖設計類辦公室照度約為 750～1500LUX，一般作業、會議室、檔案室之辦公室照明照度約為 300～750LUX。
2. 佈光：照度水平之喜好或滿意與光在空間之分佈情況有關。當照度增加，使用者較偏好低反射率的桌面；對較高的照度（>500 lux），工作與緊臨週遭之桌面的亮度比為 3：1；對較低的照度則偏好 2：1 之亮度比。
3. 光色：不同光源色溫之心理效果將影響照度感知，下表為參考值：

| 環境照度 | 適用色溫 |
| --- | --- |
| 100 lux | 2400～2900K |
| 200 lux | 2700～3500K |
| 500 lux | 3000～6000K |
| 750 lux | >3100K |
| 1000 lux | >3300K |

（參考資料：光理設計公司）

4. 眩光：設置光源時，應避免玻璃或金屬等材質造成眩光，以免影響辦公室光環境品質。
5. 照明方式之調配：評估適當之照明方式，過與不及都會造成眼睛負擔。

| | 直接照明 | 半直接照明 | 全般擴散照明 | 半間接照明 | 間接照明 |
| --- | --- | --- | --- | --- | --- |
| 器具 | 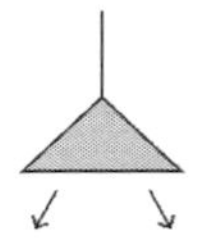 | 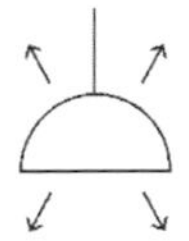 | 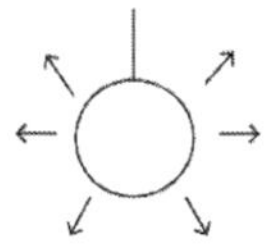 | 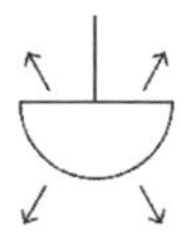 | 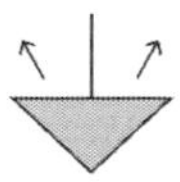 |
| 配光曲線 | 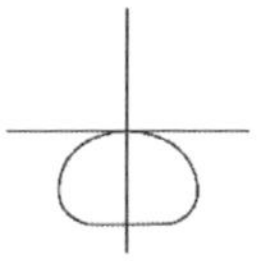 | 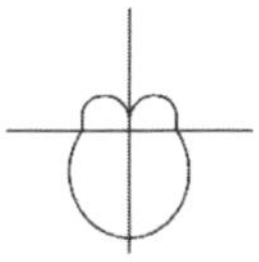 | 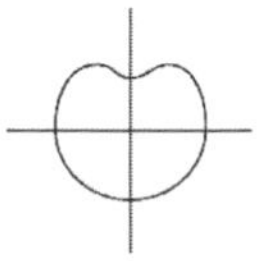 | 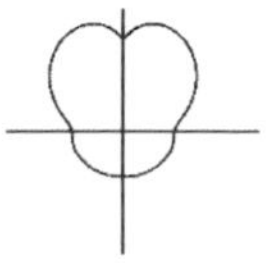 |  |

（References: Panasonic, Available online:
http://sumai.panasonic.jp/sumai_create/word/s_0036.html）

三、針對住宅之浴廁空間，說明較適用之換氣方式及換氣原理。（20 分）

**參考題解**

住宅浴廁換氣方式：

（一）自然通風：過浴廁本身門窗，增加室內外空氣對流。未使用任何機械或動力驅動裝置，利用風力（風壓）、溫差上浮力、分子擴散以及慣性力等方式，將新鮮空氣導入浴廁，並自移除浴廁內部分空氣到室外進行換氣。

（二）機械換氣+自然通風：利用具有機械動力通風設備輔助自然通風進行浴廁換氣。

（三）機械換氣：利用機械方式強制送（排）風。藉具有機械動力通風設備進行浴廁換氣。

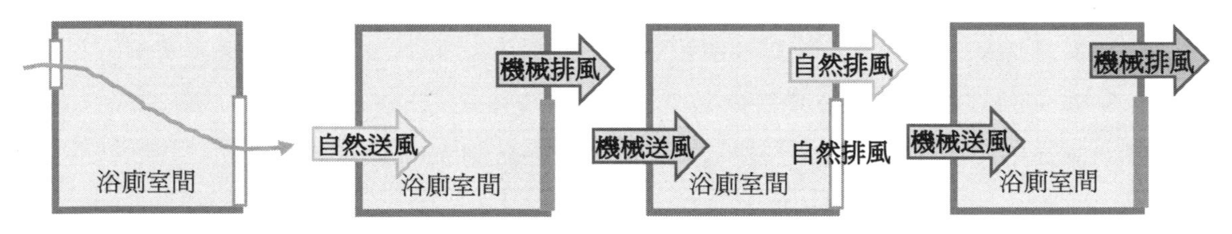


自然通風自然送風+機械排風　　機械送風+自然排風機械送風+機械排風

（References：九華講師-大妍）

四、有關智慧建築評估之安全防災指標，其中有害氣體防制，以地下停車場為例，說明如何設置致命有害氣體之偵測設備或措施，以及防止擴散之措施。（20 分）

**參考題解**

地下室有害氣體偵測與擴散防治：

（一）室內空氣污染來源及成因：

1. 空調外氣不足造成人體傷害：如 $CO_2$ 濃度過高，汙水處理設施沼氣外洩等。
2. 密閉空調。
3. 共同通氣管道間。
4. 病菌感染。

（二）策略原則：

1. 分區規劃，設置防擴散區隔。
2. 智慧傳感器佈點設置將即時資訊傳送至中央管理平台，經偵測到有害氣體，警報器產生告警時，中央管理平台自動啟動抽風設備。
3. 應用通風換氣技術因應防治計畫。

4. 共同管道間的逆止現象抑止。
5. 平日應演習救援路線與急救措施。

五、有關住宅設備節能方式，熱水設備建議採用熱泵熱水器，說明熱泵熱水器之節能原理。（20 分）

**參考題解**

熱泵熱水器節能原理：

熱泵主要構造為：壓縮機、冷凝器、受液器、乾燥過濾器、膨脹閥、蒸發器、積液器、儲熱水槽。

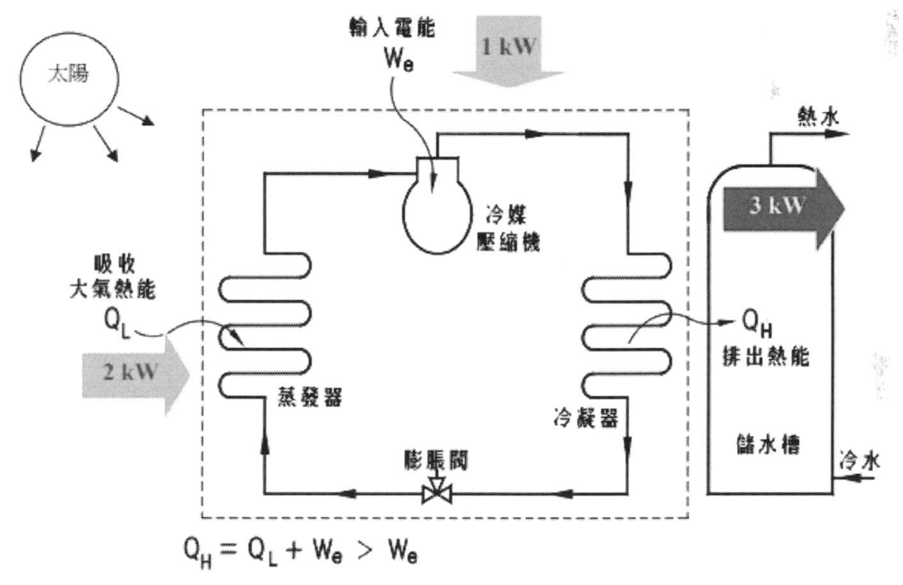


（一）基本原理：

太陽能→大氣層→熱泵→熱水槽

太陽能被大氣層吸收，熱泵再吸收大氣熱能，將它搬移到熱水槽中，也是「太陽能利用」的一種，也就是天氣越熱，加熱越快。

（二）能量公式：

$Q_H$（獲得的能量）= $W_e$（電能）+ $Q_L$（環境熱量）

（三）節能原理：

由能量不滅原理，熱泵在移出熱能（$Q_L$）的過程中，最後被排出並收集應用的熱能（$Q_H$）會高於輸入電能（$W_e$）的好幾倍（約三到六倍），就好像是一部「能量放大機」，因此可以達到節約能源的目的。（References：經濟部能源局熱泵熱水系統節能技術手冊）

## 107 年公務人員高等考試三級考試試題／建築營造與估價

一、於高層建築新建工程，建築結構設計與施工間如何整合？（20 分）

**參考題解**

| 高層建築結構系統考量項目 | 結構設計與施工整合考量項目 | 影響要素 |
| --- | --- | --- |
| 土建 | | |
| 開挖系統 | 開挖方式選用（順打、逆打…）<br>開挖擋土（邊坡明挖、板樁、橫擋支保、邊區逆打…） | 工期、工區配置（料件尺寸、暫存、取土口…）、塔吊位置、進出料動線、施工法。 |
| 構造系統 | 構造系統選用（RC、SRC、SC） | 工期、工區配置（料件尺寸、加工）、塔吊位置、施工法：模板、電銲等工種。 |
| 耐震系統 | 高韌性結構<br>制震系統<br>隔震系統 | 梁柱及接頭韌性設計。<br>制震消能元件裝配方式、局部結構補強、施工預留接頭。<br>隔震層設置位置、伸縮縫 |
| 外牆帷幕 | 材料選用（PC、玻璃、金屬、單元式、框架式）<br>吊裝方式選用（塔吊掛、牽引吊掛、軌道式） | 吊裝數量、速度、載重能力、安裝方式、預留一次、二次鐵件…。施加預力結構強度補強。 |
| 防火區劃 | 區劃方式（用途、面積、豎道）<br>區劃構造（防火時效牆、版、梁柱） | 區劃空間構造及施工法。區劃構造保護層規定、包覆材料選擇。 |
| 機、水電 | | |
| 消防系統<br>給排水 | 撒水系統選用（水、氣體滅火）<br>供水方式選用（上給水、下給水）<br>給水選用（中繼水箱） | 水箱位置結構強度。 |
| 運輸系統 | 運輸區劃選用（單、雙層式、天空大廳式、雙層電梯式） | 機廂豎道配置（核心式、分散式結構）配合結構系統方式。樓層高度、機房高度限制。 |
| 逃生避難 | 避難層（1F、RF、其他） | 屋頂平台留設、防火時效考量、避難層開口數量留設。 |

二、請問高層建築物的帷幕牆有那些種類及其優缺點？（20 分）

**參考題解**

| 帷幕牆種類 | 優點 | 缺點 |
|---|---|---|
| 框架式 | 1. 造型變化較自由。<br>2. 數量門檻較低。 | 1. 構件多，安裝耗時。<br>2. 精準度較低。<br>3. 品質受施工技術限制，不易控制。<br>4. 可能需要額外鷹架施工。<br>5. 構件易相互束制損壞。 |
| 單元式 | 1. 精準度較高。<br>2. 品質控制較佳。<br>3. 現場組裝作業快。<br>4. 減少鷹架施工。 | 1. 造型限制較多。<br>2. 數量門檻高。<br>3. 伸縮縫較易位移損壞 |
| 框架＋單元式 | 兼具兩者優缺點，設計應考量使用位置、相互配合方式。 | |

三、請說明影響建築物混凝土強度的主要因素有那些？（20 分）

**參考題解**

| 影響建築物混凝土強度的主要因素 | | |
|---|---|---|
| 製程 | 配比 | 水泥、細骨材－砂、粗骨材－石…等配比。 |
| | 水灰比 | 水與水泥佔比。 |
| | 水膠比 | 水與（水泥＋摻合料）佔比。 |
| | 摻合料 | 如適量輸氣劑增加強度，過量則損失強度。<br>凝結劑，控制強度建立時間。 |
| | 養護 | 蒸氣、濕治養護方式引響強度。 |
| | 氯離子 | 使鋼筋鏽蝕間接擠壓破壞混凝土強度。 |

| 影響建築物混凝土強度的主要因素 | | |
|---|---|---|
| 施工 | 澆置 | 澆置氣候不當。 |
| | 施工縫 | 施工縫位置避免應力集中處。 |
| | 初凝 | 初凝時間過後澆置使用引響強度。 |
| | 臨時載重 | 施工中應詳計容許載重。 |
| 使用 | 超載 | 不當載重，違建等。 |
| | 化學反應 | 沿海地區硫酸鹽產生石膏反應。 |
| | 鑽孔、破壞 | 不當修改、鑽孔引響強度。 |

四、對於金額 5000 萬元以上的公有建築工程，施工計畫書應包括那些主要內容？（20 分）

**參考題解**

工程預算金額五千萬元以上之公共工程，施工計畫書與品質計畫書分開編訂，依行政院公共工程委員會建築工程施工計畫書製作綱要手冊，施工計畫書應包括下列內容：

第一章　工程概述

1. 工程概要
2. 主要施工項目及數量
3. 名詞定義

第二章　開工前置作業

1. 地質研判
2. 工址現況調查
3. 地下埋設物調查
4. 鄰房調查

第三章　施工作業管理

1. 工地組織
2. 勞動力及物料市場調查
3. 主要施工機具及設備
4. 整體施工程序
5. 工務管理
6. 物料管理
7. 請款流量

8. 關鍵課題

第四章 進度管理

1. 施工預定進度
2. 進度管控

第五章 假設工程計畫

1. 工區配置
2. 整地計畫
3. 臨時房舍規劃
4. 臨時用地規劃
5. 施工便道規劃
6. 臨時用電配置
7. 臨時給排水配置
8. 剩餘土石方處理
9. 植栽移植與復原計畫
10. 其他有關之臨時設施及安全維護事項

第六章 測量計畫

1. 測量使用設備
2. 控制測量
3. 施工測量

第七章 分項施工計畫

1.分項施工計畫提送時程與管制
2.分項施工計畫綱要

第八章 設施工程分項施工計畫

1. 設施工程分項施工計畫提送時程與管制
2. 設施工程分項施工計畫綱要
3. 施工界面整合

第九章 勞工安全衛生管理計畫

1. 勞工安全衛生組織及協議
2. 教育訓練
3. 管理目標

第十章　緊急應變及防災計畫

1. 緊急應變組織
2. 緊急應變連絡系統
3. 防災對策

第十一章　環境保護執行

1. 環保組織
2. 噪音防制
3. 振動防制
4. 水污染防治
5. 空氣污染防制
6. 廢棄物處理
7. 生態環境保護
8. 睦鄰溝通
9. 其他

第十二章　施工交通維持及安全管制措施

1. 相關法令規章
2. 交通維持及安全管制
3. 主要材料搬運路徑

第十三章　驗收移交管理計畫

1. 驗收移交文件
2. 設施操作及管理維護教育訓練
3. 施工紀錄保存

五、請依行政院公共工程委員會的經費電腦估價系統（PCCES）列出建築工程預算總表之直接成本與間接成本項目。（20 分）

**參考題解**

依行政院公共工程委員會各機關辦理公有建築物作業手冊

| | | |
|---|---|---|
| （一）直接工程本本 | 1. 大地工程 | 9. 空調工程 |
| | 2. 鋼筋混凝土模板工程 | 10. 電梯工程 |
| | 3. 鋼骨結構工程 | 11. 景觀工程 |
| | 4. 污工及裝修工程 | 12. 附屬工程費 |
| | 5. 門窗及五金工程 | 13. 特殊設備工程費 |
| | 6. 特殊外牆工程 | 14. 雜項 |
| | 7. 防水隔熱工程 | 15. 環保安衛費 |
| | 8. 水電消防工程 | 16. 利潤、管理費及品管費 |
| （二）間接工程成本 | 1. 工程（行政）管理費 | |
| | 2. 工程監造費 | |
| | 3. 階段性專案管理及顧問費 | |
| | 4. 環境監測費 | |
| | 5. 空氣污染防制費 | |
| | 6. 工程保險費 | |

## 107 年公務人員高等考試三級考試試題／建築設計

一、設計題目：建築工藝實驗中學設計

二、設計概述：

某機構擬設立建築工藝實驗中學，請根據下列設計目標、基地概況與設計需求提出設計方案，仔細閱讀「評分項目」逐題、逐項作答。

該機構之辦學理念強調行動學習與社會實踐，讓學生透過思考與技藝並重的訓練，建立建築工藝技術基礎、培養設計創意、社會關懷與協同作業的能力。預計每年招收國中畢業學生 40 名，三個年級共 120 名。課程重點在具備建築工藝基礎與協力精神；進行建築工藝與創意設計並進行造屋實作。除了專業建築課程，另外也規劃了文史哲學、科學、環境與社會、語言、藝術、體適能的博雅教育。採取選課制度，學生沒有固定教室座位。課餘時間可自習，操作實習，或與同學老師交流討論。學校聘請 6～8 名專任教職員以及若干兼職教師協助授課。

三、設計目標：

1. 建築工藝美感表現：以造型、構造、結構、材料或工法表現出建築工藝美感。
2. 建築節能與永續：在預算限制下對節能、節水與減碳提出設計策略與方案。
3. 建築工藝教育所需空間與性能：提供適當的工藝操作以及造屋實作的場域，強調協力作業與主動學習，讓學員能夠有方便、適切的交流及自習的空間。
4. 在建築總工程預算 4000 萬元以下完成建築物及外部空間的工程項目。

四、基地概況：

基地位於亞熱帶濕熱氣候都會區，夏秋兩季會有颱風，冬季的東北季風頻繁猛烈，可能干擾戶外活動的進行。基地四面為 6.5 至 10 m 道路，東北向與公園相對，其餘三面為四層樓之公寓住宅。長方形基地面積約 2330 $m^2$，基地內平坦，無特別之地形特徵。

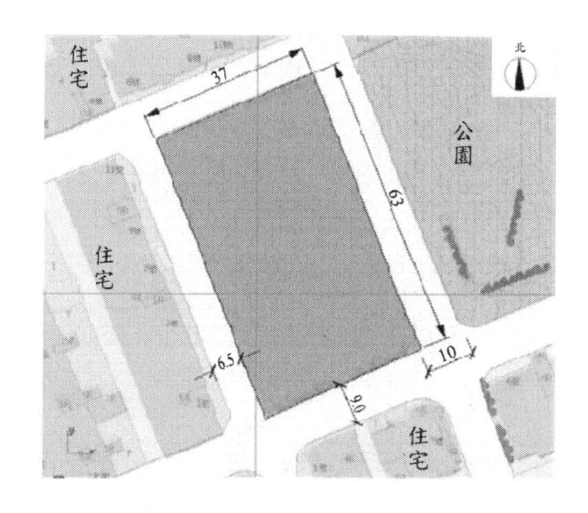


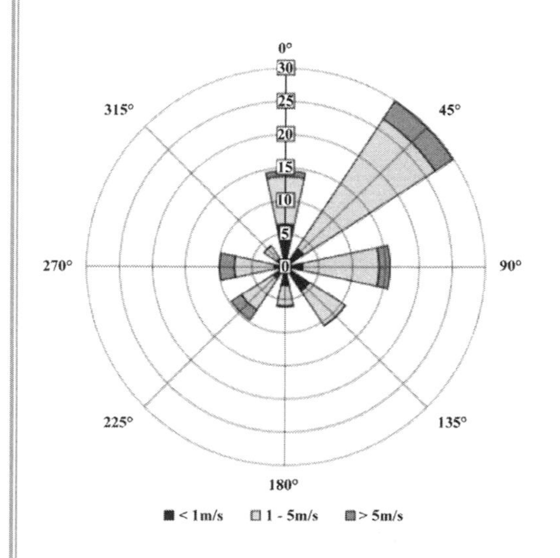


冬季風向風速及頻率

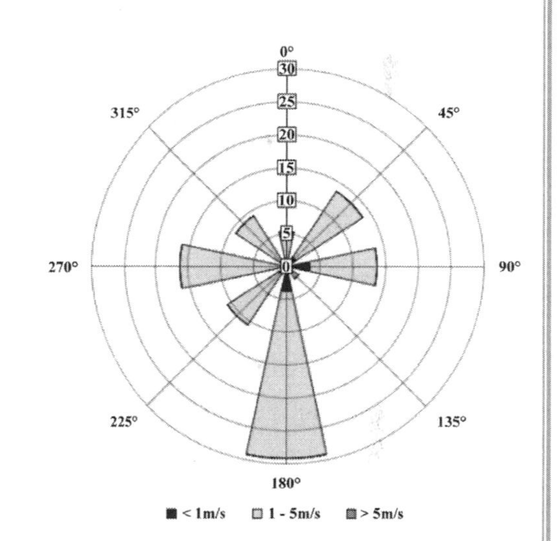


夏季風向風速及頻率

五、設計需求：

1. 建築工坊一間：提供建築工藝相關工具、設備以及操作空間。考慮彈性使用需求，室內空間面積 200 m2 淨高度 4 m 以上。
2. 半戶外實作工場：有頂蓋之半戶外場地，面積 200 $m^2$ 淨高度 6m 以上。
3. 戶外實作工場：能夠進行戶外的實驗構築，面積 400 $m^2$，可彈性使用。
4. 倉庫：可以存放各種工具，材料，搬運方便，面積 50 $m^2$。
5. 自習與交流空間：方便學生參閱圖資、討論、自習與休息的空間。
6. 多功能教室 2 間：每間容納 40 位學生上課，可滿足分組討論之彈性使用。
7. 討論室 4 間：每間容納 12 人交流討論或上課。
8. 行政空間：足供 8 名人員的辦公空間，含會客區域。

9. 提供淋浴、盥洗，及其他必要之服務及動線空間，如通道、廁所、樓電梯等。

10. 規劃適量的汽車、機車與自行車停車位。

六、評分項目：

（一）繪圖技術及建築表現：繪製適當比例之平立剖面及配置、透視等圖面，以專業的手法表達出概念設計階段對於外觀、屋頂、門窗開口、遮陽、使用空間、隔間牆、樓梯電梯、結構、外部空間鋪面、車道步道、植栽以及其他重要項目之位置與造型。圖面以能夠作為基本設計定案之前與業主及專業顧問之間溝通使用，並能夠表達出設計構想內涵為原則。（35 分）

（二）建築設計及設計原理：參考下列設計目標（A,B,C）及所需相關數據（D,E），逐項說明所提基地配置及建築設計方案如何達成各項設計目標的策略與手法。指出設計圖面中與設計目標對應的設計手法以及可以滿足建築需求的空間量及預算。未能逐項說明並在圖面中表現出具體手法者該項目不予計分。（65 分）

A. 建築工藝美感的表現，例如針對構造、結構、造型或工法材料提出建築工藝美感的表現構想與實現手法。

B. 建築節能永續，在不超過工程預算的前提下降低建築生命週期的耗能、耗水及二氧化碳排放。例如遮陽、通風、集雨、風力或太陽能發電等等。

C. 建築工藝教育所需空間與性能需求，例如建築工藝操作、造屋實作以及一般學習場域的環境品質、空間使用方式、動線安排等等。

D. 空間量與法規相關數據，請列表說明各主要空間之空間量、各樓層樓地板面積、總樓地板面積、基地邊界各向退縮距離、容積率以及建蔽率等重要參考數據，空面積計算無須列計算式。

E. 建築工程預算，根據建築樓地板面積及戶外空間主要項目施工面積概估工程造價。以 RC 構造、輕鋼構及木造建築造價約 25000 元/$m^2$，鋼構建築造價約 30000 元/$m^2$ 為原則進行概估，特殊材料構造另請酌量增減。基本室內裝修及機電設備造價以 15000 元/$m^2$ 概估，特殊設備如再生能源設備之造價須外加。除建築物外，亦須以大項目施作面積概估戶外空間鋪面、植栽與設施所需預算。請簡要說明概估方式，各項參考單價除題目中明確說明項目之外請自行概略假設，無須依據特定標準。

**參考題解**

請參見附件一。

## 107 年公務人員高等考試三級考試試題／營建法規與實務

一、區域計畫法第 15 條之 1 第 1 項：區域計畫完成通盤檢討公告實施後…，第 2 款：為開發利用，依各該區域計畫之規定，由申請人擬具開發計畫…。所稱開發計畫，應包括那六項內容？（25 分）

**參考題解**

（一）區域計畫完成通盤檢討公告實施後，不屬第十一條之非都市土地，符合非都市土地分區使用計畫者，得依左列規定，辦理分區變更：（區計法 15、15-1）

1. 政府為加強資源保育須檢討變更使用分區者，得由直轄市、縣（市）政府報經上級主管機關核定時，逕為辦理分區變更。
2. 為開發利用，依各該區域計畫之規定，由申請人擬具開發計畫，檢同有關文件，向直轄市、縣（市）政府申請，報經各該區域計畫擬定機關許可後，辦理分區變更。

區域計畫擬定機關為前項第二款計畫之許可前，應先將申請開發案提報各該區域計畫委員會審議之。

（二）本法第十五條之一第一項第二款所稱開發計畫，應包括下列內容：（區計細則-14、15）

1. 開發內容分析。
2. 基地環境資料分析。
3. 實質發展計畫。
4. 公共設施營運管理計畫。
5. 平地之整地排水工程。
6. 其他應表明事項。

本法第十五條之一第一項第二款所稱有關文件，係指下列文件：

1. 申請人清冊。
2. 設計人清冊。
3. 土地清冊。
4. 相關簽證（名）技師資料。
5. 土地及建築物權利證明文件。
6. 相關主管機關或事業機構同意文件。
7. 其他文件。

前二項各款之內容，應視開發計畫性質，於審議作業規範中定之。

二、都市計畫法之第六章舊市區之更新，第 64 條規定都市更新處理方式有那三種？其內容為何？（25 分）

**參考題解**

都市更新處理方式：（都計-64）

（一）重建：係為全地區之徵收、拆除原有建築、重新建築、住戶安置，並得變更其土地使用性質或使用密度。

（二）整建：強制區內建築物為改建、修建、維護或設備之充實，必要時對部份指定之土地及建築物徵收、拆除及重建，改進區內公共設施。

（三）維護：加強區內土地使用及建築管理，改進區內公共設施，以保持其良好狀況。

※ 前項更新地區之劃定，由直轄市、縣（市）（局）政府依各該地方情況，及按各類使用地區訂定標準，送內政部核定。

三、「建築技術規則」中，第四節建築設備，第 259 條，高層建築物應依規定設置防災中心，第 4 項規定高層建築物之各種防災設備，其顯示裝置及控制應設於防災中心。請問有那些種設備？（25 分）

**參考題解**

防災中心：（技則-II-259）

（一）構造：防災中心應以具有二小時以上防火時效之牆壁、防火門窗等防火設備及該層防火構造之樓地板予以區劃分隔，室內牆面及天花板（包括底材），以耐燃一級材料為限。

（二）位置：防災中心應設於避難層或其直上層或直下層。

（三）面積：樓地板面積不得小於四十平方公尺。

（四）下列各種防災設備，其顯示裝置及控制應設於防災中心：

1. 電氣、電力設備。
2. 消防安全設備。
3. 排煙設備及通風設備。
4. 昇降及緊急昇降設備。
5. 連絡通信及廣播設備。
6. 燃氣設備及使用導管瓦斯者，應設置之瓦斯緊急遮斷設備。
7. 其他之必要設備。

（五）高層建築物高度達二十五層或九十公尺以上者：除應符合前項規定外，其防災中心並應具備防災、警報、通報、滅火、消防及其他必要之監控系統設備。

四、綠建築九大指標的廢棄物減量中，施工空氣污染的防制措施有那些？（25 分）

**參考題解**

（一）廢棄物減量：所謂廢棄物係指建築施工及日後拆除過程所產生的工程不平衡土方、棄土、廢棄建材、逸散揚塵等足以破壞周遭環境衛生及人體健康者。

（二）廢棄物減量指標：

1. 基地土方平衡設計。
2. 結構輕量化。
3. 營建自動化。
4. 多使用回收再生建材。
5. 採行各種污染防制措施：欲減少建築施工過程的空氣污染，首要工作即加強工地污染管理，且列入施工管理的重要工作。擬訂施工計畫時應將可行的各項空氣污染防制措施，如有效噴灑水，洗車台，擋風屏（牆），防塵網，人工覆被等。

單元

# 2 公務人員普考

## 107 年公務人員普通考試試題／營建法規概要

一、試詳述政府採購法對特殊採購之定義。（25 分）

**參考題解**

特殊採購：

（一）工程採購有下列情形之一者，為特殊採購：

1. 興建構造物，地面高度超過五十公尺或地面樓層超過十五層者。
2. 興建構造物，單一跨徑在五十公尺以上者。
3. 開挖深度在十五公尺以上者。
4. 興建隧道，長度在一千公尺以上者。
5. 於地面下或水面下施工者。
6. 使用特殊施工方法或技術者。
7. 古蹟構造物之修建或拆遷。
8. 其他經主管機關認定者。

（二）財物或勞務採購有下列情形之一，為特殊採購：

1. 採購標的之規格、製程、供應或使用性質特殊者。
2. 採購標的需要特殊專業或技術人才始能完成者。
3. 採購標的需要特殊機具、設備或技術始能完成者。
4. 藝術品或具有歷史文化紀念價值之古物。
5. 其他經主管機關認定者。

二、試述政府通過「都市更新發展計畫」之主要目的及大致內容。（25 分）

**參考題解**

（一）「都市更新發展計畫」主要目的：

配合國家發展計畫（102 至 105 年），落實居住正義，改善國人居住環境品質，營造城鎮魅力及競爭力，並因應地震災害之發生，持續推動都市更新。本計畫研訂下列總體目標，推動永續都市更新：

1. 持續檢討都市更新相關法令規範。
2. 整合型都市更新示範計畫，實現都市再生願景。

3. 政府主導都市更新，帶動區域再發展。
4. 鼓勵民間整合更新實施。
5. 提高都市更新資訊透明度並促進民眾參與。

（二）「都市更新發展計畫」內容：

1. 計畫緣起。
2. 計畫目標。
3. 現行相關計畫及方案之檢討。
4. 執行策略及方法。
5. 期程與資源需求。
6. 預期效果及影響。

三、試述目前建築物無障礙設施設計規範之法令定位、適用範圍及考慮對象。（25 分）

**參考題解**

為便利行動不便者進出及使用建築物，新建或增建建築物，應依本章規定設置無障礙設施。但符合下列情形之一者，不在此限：（技則-II-167）

（一）獨棟或連棟建築物，該棟自地面層至最上層均屬同一住宅單位且第二層以上僅供住宅使用者。

（二）供住宅使用之公寓大廈專有及約定專用部分。

（三）除公共建築物外，建築基地面積未達一百五十平方公尺或每層樓地板面積均未達一百平方公尺。

前項各款之建築物地面層，仍應設置無障礙通路。

前二項建築物因建築基地地形、垂直增建、構造或使用用途特殊，設置無障礙設施確有困難，經當地主管建築機關核准者，得不適用本章一部或全部之規定。建築物無障礙設施設計規範，由中央主管建築機關定之。

位於山坡地，或其臨接道路之淹水潛勢高度達 50 公分以上，且地面層須自基地地面提高 50 公分以上者，或地面層設有室內停車位者，或建築基地未達 10 個住宅單位者，得免設置室外通路。（規範 202.4.4）

四、試說明建築法第 9 條所稱建造，係指那些行為？（25 分）

**參考題解**

建造：（建築法-9）

（一）新建：為新建造之建築物或將原建築物全部拆除而重行建築者。

（二）增建：於原建築物增加其面積或高度者。但以過廊與原建築物連接者，應視為新建。

（三）改建：將建築物之一部份拆除，於原建築基地範圍內改造，而不增高或擴大面積者。

（四）修建：建築物之基礎、樑柱、承重牆壁、樓地板、屋架或屋頂、其中任何一種有過半之修理或變更者。

## 107 年公務人員普通考試試題／施工與估價概要

一、請問建築師繪製的設計施工圖（working drawing）與營造廠繪製的製作施工圖（shop drawing）有何差異？（20 分）

**參考題解**

| | 設計施工圖 | 製作施工圖 |
|---|---|---|
| 要旨 | 其旨在傳達設計意圖，表現材料、構法…等。 | 其旨在確保設計能如實如質完成，檢討材料、尺寸、工法…等。 |
| 繪製 | 建築師由建築設計圖發展而來。著重整體 | 營造廠由設計施工圖發展而來。<br>著重細部。 |
| 檢討 | 審查製作施工圖是否符合設計、契約、規範精神，如有違反，製作施工圖應作修改。 | 檢視設計施工圖後發展各部，針對工法、材料供給、尺寸、接合…等是否合理做檢討，如確有困難，設計施工圖應作調整。 |

二、於建築工程上，常用的假設工程有那些種類？（20 分）

**參考題解**

假設工程：施工時為配合工程之進行所必須架設之臨時設施，且於完成各該工項後拆除，工程完竣則無假設工程之存在。

| 項目 | 假設工程內容 |
|---|---|
| 工址場地 | 地坪、堆料廠、加工機具／台。 |
| 圍牆 | 圍籬、交通號誌／燈、混凝土塊。 |
| 假設建物 | 工務所、倉庫、宿舍。 |
| 施工架 | 鷹架、帆布、防墜網。 |
| 支保設施 | 擋土壁、垂直／水平支撐、各式斜撐、地錨、施工台。 |
| 水電 | 臨時接水用電設施。 |

三、混凝土的摻料可分為那些主要種類，各類的功能為何？（20 分）

**參考題解**

| 混凝土摻合料四大類型 | 內容 | 功能 |
| --- | --- | --- |
| 輸氣摻料 | 輸氣劑 | 增加混凝土工作性、寒帶地區增加耐久性。 |
| 化學摻料 | 凝結劑、減水劑等各式化學摻料 | 控制混凝土凝結時間、控制用水量以增加混凝土工作性或增加強度。 |
| 礦粉摻料 | 摻以各式卜作蘭材料或膠結性材料 | 主要控制混凝土工作性、用水量、凝結時水化熱。 |
| 其他摻料 | 各式摻料 | 防水、防收縮、硬化等。 |

四、對於金額 5000 萬元以上的公有建築工程，施工品質管理制度（三級品管）應包括那些層級？（20 分）

**參考題解**

依公共工程委員會-公共工程施工品質管理制度（三級品管）簡介，施工品質管理制度（三級品管）應包含：

| 三級品管 | 作業內容 |
| --- | --- |
| 廠商<br>（一級） | 1. 訂定品質計畫並據以推動實施<br>2. 成立內部品管組織並訂定管理責任<br>3. 訂定施工要領<br>4. 訂定品質管理標準<br>5. 訂定材料及施工檢驗程序並據以執行<br>6. 訂定自主檢查表並執行檢查<br>7. 訂定不合格品之管制程序<br>8. 執行矯正與預防措施<br>9. 執行內部品質稽核<br>10. 建立文件紀錄管理系統 |

| 三級品管 | 作業內容 |
| --- | --- |
| 主辦機關<br>（監造單位）<br>（二級） | 1. 訂定監造計畫並據以推動實施<br>2. 成立監造組織<br>3. 審查品質計畫並監督執行<br>4. 審查施工計畫並監督執行<br>5. 抽驗材料設備品質<br>6. 抽查施工品質<br>7. 執行品質稽核<br>8. 建立文件紀錄管理系統 |
| 工程主管機關<br>（三級） | 1. 設置查核小組<br>2. 實施查核<br>3. 追蹤改善<br>4. 辦理獎懲 |

五、請說明影響建築工程估價的主要因素有那些？（20 分）

**參考題解**

影響建築工程估價的主要因素（同 105 高考-營造與估價）

（依內政部委託辦理營造業工地主任 220 小時職能訓練課程講習計畫」職能訓練課程教材（第二版）第六單元工程施工管理）

本題所述「金額」，可理解為單價、複價、總價。

單價為估算項目的值，與數量無關，與項目單位有關。

複價即為單價與數量乘積。

總價為複價、管理費、稅金…等之合計。

（一）影響估價數量之因素：

1. 設計圖說內容複雜程度。
2. 契約內容：施工規範、工期長短、計價付款方式等。
3. 基地位置，供料遠近、地形環境、地質等因素。
4. 施工法與施工計畫。
5. 使用機具種類、人力調配計畫。
6. 管理方式。

7. 估算數量單位。
8. 大宗建材之材料損耗。
9. 材料最少出貨數量。

（二）影響估價金額之因素：

1. 影響數量因素。
2. 單價分析方式。
3. 預算編列方式。
4. 計算與複核工作。
5. 氣候、防汛期…等天候因素。
6. 物價波動。
7. 廠商詢價差異。

## 107 年公務人員普通考試試題／工程力學概要

一、圖一為托架 ABCD，在 A 點為鉸支承（hinged support），D 點由繩索 DE 支承，C 點承受一集中載重 P = 500 N，如 B 點與 C 點所承受之彎矩均相同，不計托架 ABCD 及 繩索 DE 自重，試回答下列問題：

（一）B 點與 C 點間距離 a 應為何？（20 分）

（二）繩索 DE 承受力量為何？（5 分）

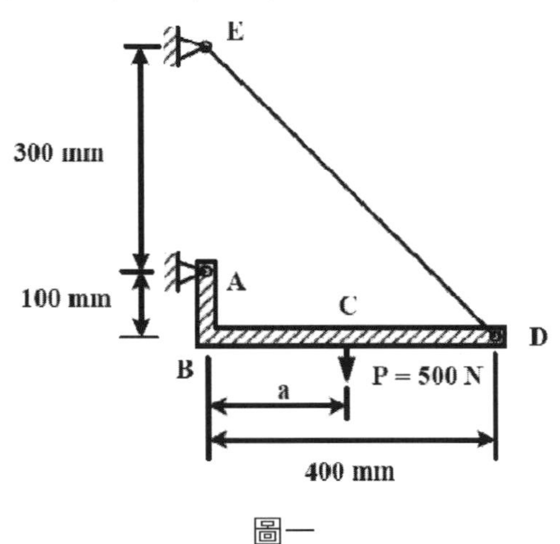


圖一

**參考題解**

（一）如右圖所示，可得：

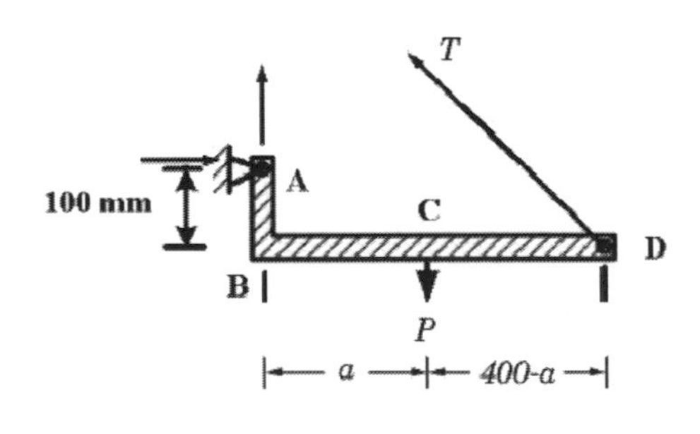


$$\Sigma M_A = \frac{T}{\sqrt{2}}(400-100) - Pa = 0$$

故有

$$\frac{T}{\sqrt{2}} = \frac{Pa}{300} = \frac{5a}{3}$$

（二）又 C 點及 B 點彎矩分別為：

$$M_C = \frac{T}{\sqrt{2}}(400-a) = \frac{5a}{3}(400-a)$$

$$M_B = \frac{T}{\sqrt{2}}(400) - Pa = \frac{500a}{3}$$

（三）依題意得：

$$\frac{5a}{3}(400-a)=\frac{500a}{3}$$

解出　$a=300\ mm$。又繩索 DE 之張力為

$$T=\frac{5a}{3}\sqrt{2}=500\sqrt{2}=707.11N$$

二、圖二為直線 $y=2x$ 與拋物線 $y=4\sqrt{x}$ 相交於 O 點與 T 點之陰影，試求此陰影面積形心（centroid）位置為何？（25 分）

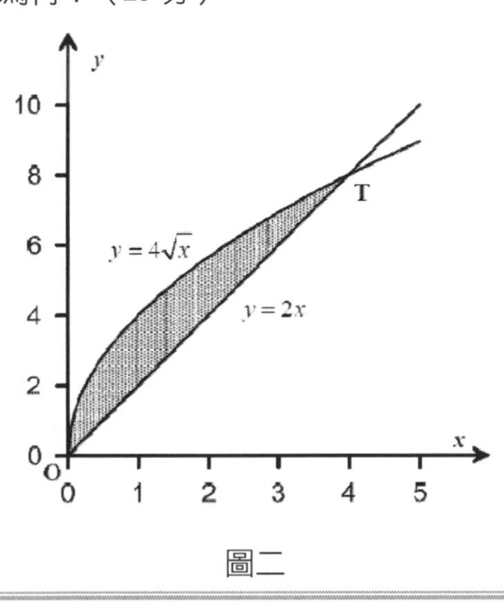


圖二

**參考題解**

（一）如下圖所示，令 $y_1=4\sqrt{x}$ 及 $y_2=2x$，先求 $T$ 點之 $x$ 座標

$$4\sqrt{x_T}=2x_T$$

解得 $x_T=4$

（二）右圖中面積元素之面積 $dA$ 為

$$dA=(y_1-y_2)dx$$

又面積元素之形心座標為 $\left(x,\frac{y_1+y_2}{2}\right)$。故陰影區域之面積為

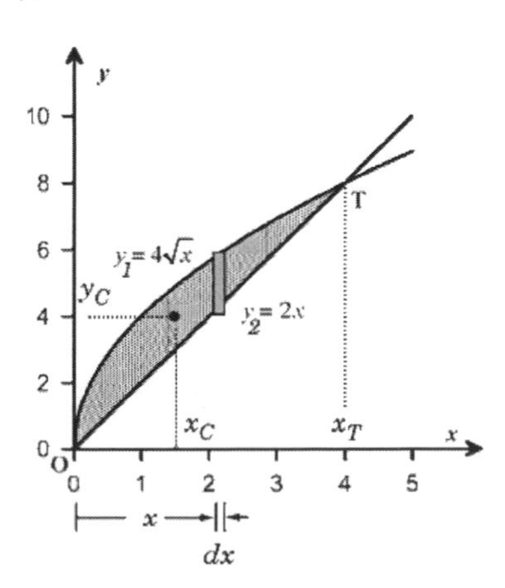


$$A=\int_0^4(y_1-y_2)\,dx=\int_0^4\left(4\sqrt{x}-2x\right)dx=5.333$$

（三）令陰影區域之形心座標為$(x_C, y_C)$，則有

$$x_C = \frac{\int_0^4 x(y_1 - y_2)\,dx}{A} = \frac{\int_0^4 x\left(4\sqrt{x} - 2x\right)dx}{A} = \frac{8.533}{5.333} = 1.6$$

$$y_C = \frac{\int_0^4 \left(\frac{y_1 + y_2}{2}\right)(y_1 - y_2)\,dx}{A} = \frac{\frac{1}{2}\int_0^4 \left(y_1^2 - y_2^2\right)dx}{A}$$

$$= \frac{\frac{1}{2}\int_0^4 \left(16x - 4x^2\right)dx}{A} = \frac{21.333}{5.333} = 4$$

三、圖三為簡支撐外伸梁 ABCDEF，承受一垂直集中載重 $P_f$=300 kN 及均布載重 w = 180 kN/m，假設梁之 EI 值及幾何尺寸均相同，試回答下列問題：

（一）求 A 及 C 支撐點之反力。（5分）

（二）繪製此梁 ABCD 之剪力圖及彎矩圖。（20分）

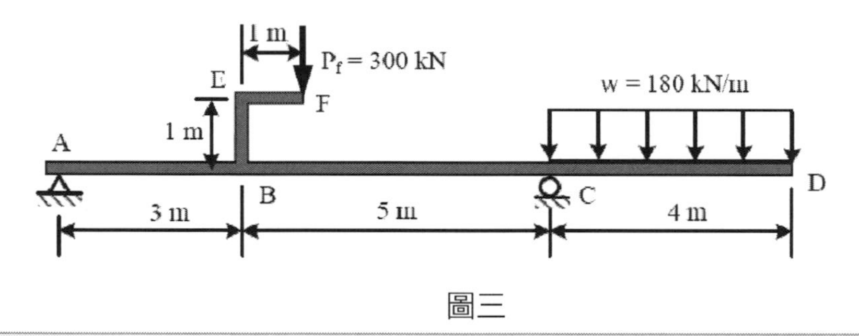


圖三

**參考題解**

（一）如下圖所示之樑 ABCD，其中 $M_1 = P_1(1) = 300kN \cdot m$ 。C 點支承反力為

$$RC = \frac{3P_1 + M_1 + 4(180)(10)}{8} = 1050kN(\uparrow)$$

A 點支承反力為

$$R_A = R_C - P_1 - 4(180) = 30kN(\downarrow)$$

（二）依面積法可繪樑 ABCD 之剪力圖及彎矩圖，如下圖中所示。

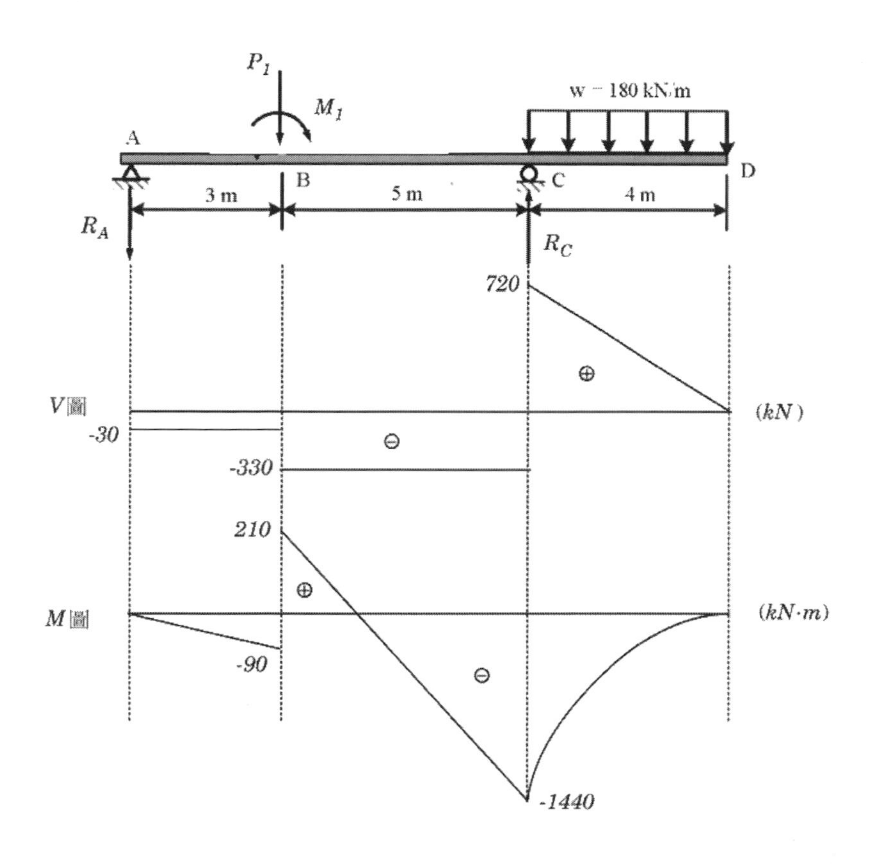


四、圖四為兩端固定之兩個不等截面圓軸 ABC，在 B 點承受集中載重 P = 60 kN，大小軸之直徑分別為 30 mm 及 15 mm，長度分別為 500 mm 及 400 mm，製作圓軸之材料彈 性模數 E 為 200 GPa，假如材料自重不計，試回答下列問題：

（一）軸 AB 及軸 BC 之應力各為何？（20 分）

（二）B 點之位移為何？（5 分）

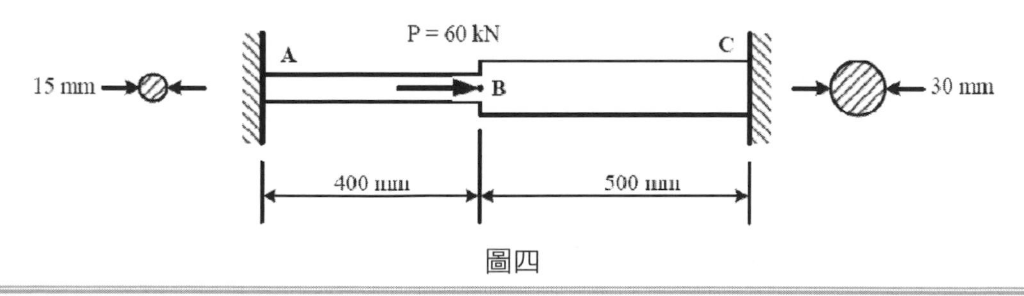


圖四

**參考題解**

（一）兩段桿件之斷面積分別為

$$A_1=\frac{\pi}{4}(15)^2=176.715\,mm^2\ ;\ A_2=\frac{\pi}{4}(30)^2=706.858\,mm^2$$

又彈性模數 $E = 200GPa = 200kN/mm^2$

（二）如下圖所示，取 $S_A$ 贅餘力，可得 $S_C = P - S_A$。桿件長度變化量為

$$\delta = \frac{S_A(400)}{A_1E} - \frac{(P - S_A)(500)}{A_2E} = 0$$

由上式解得 $S_A = 14.286\,kN$（拉力），又 $S_C = P - S_A = 45.714\,kN$（壓力）。

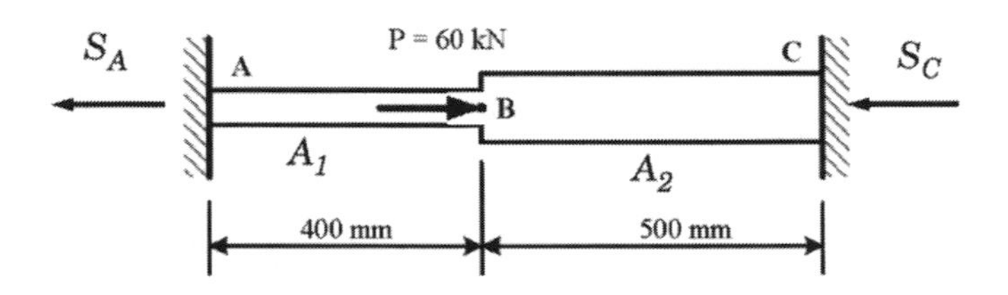


（三）兩段桿件內之應力分別為

$$\sigma_{AB} = \frac{S_A}{A_1} = 0.08084\,kN/mm^2 = 80.84\,MPa \text{（拉應力）}$$

$$\sigma_{BC} = \frac{S_C}{A_2} = 0.06467\,kN/mm^2 = 64.67\,MPa \text{（壓應力）}$$

（四）B 點之位移為

$$\Delta_B = \frac{S_A(400)}{A_1E} = 0.162\,mm(\rightarrow)$$

## 107 年公務人員普通考試試題／建築圖學概要

一、填空題：（每空格 3 分，共 30 分）

（一）「結構圖」圖名的文字簡寫符號為「S」；「環境景觀植栽圖」圖名的文字簡寫符號為＿（1）＿。

（二）結構肢材中，「柱」的結構符號為「C」；「懸臂樓版」的結構符號為＿（2）＿。

（三）「鑄鐵管」的文字簡寫符號為 CIP；「鍍鋅鋼板」的文字簡寫符號為＿（3）＿。

（四）建築平面圖的符號中，如圖 表示＿（4）＿。

（五）在材料、構造圖例中，材料剖面符號如何表示「石材」：＿（5）＿。

（六）在材料、構造圖例中，材料剖面符號如何表示「磚」：＿（6）＿。

（七）建築物無障礙設施設計規範中，有關「坡道」的中間平台規定：坡道每高差＿（7）＿公分，應設置長度至少 150 公分之平台，平台之坡度不得大於 1/50。

（八）建築物無障礙設施設計規範中，有關「樓梯」的級高及級深規定：樓梯上所有梯 級之級高及級深應統一，級高（R）需為＿（8）＿公分以下，級深（T）不得小於 24 公分，且 55 公分 ≦ 2R＋T ≦ 65 公分。

（九）建築執照申請圖中「騎樓」應如何著色繪線表示之？＿（9）＿。

（十）在空調及機械設備中，如圖 表示＿（10）＿。

**參考題解**

（1）LS　　（2）CS

（3）GIS　　（4）雙向門

（5）　　（6）

（7）75 公分　　（8）16 公分

（9）黃色＋紅斜線　　（10）分歧閘門

二、光線與陰影繪圖題（比例請自訂，以不小於題目所示大小及清楚表示為原則。）：（每小題 10 分，共 20 分）

（一）有一物體，其俯視圖及前視圖如下附圖所示，若自然光之照射方向及角度皆為 45°，則前視圖之陰影（斜線部分）應為何？

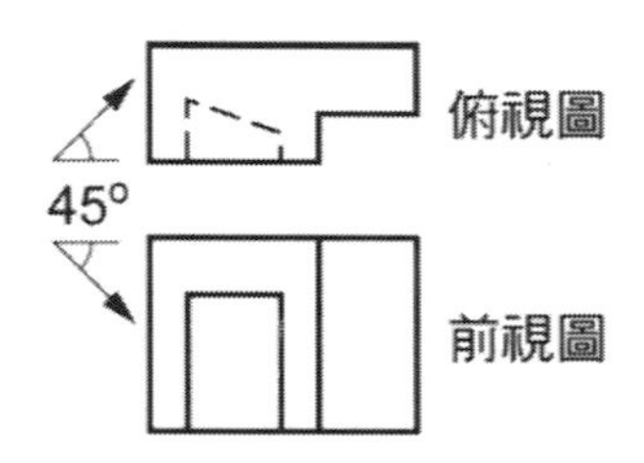


（二）如下附圖所示一物體之正視圖與平行光照射角度，則該物體之左側視圖及其陰影（斜線部分）應為何？

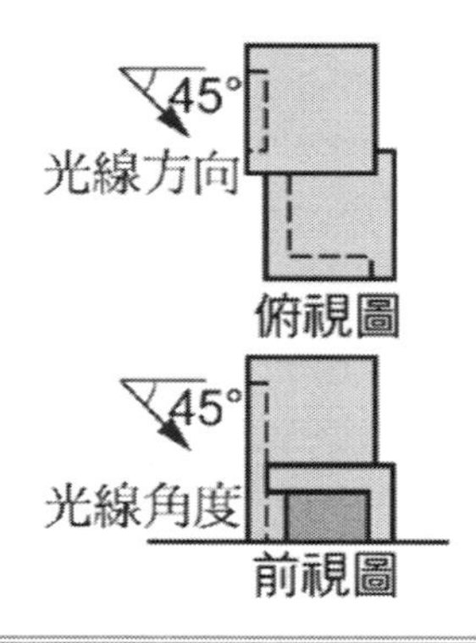


**參考題解**

（一）陰影繪製：

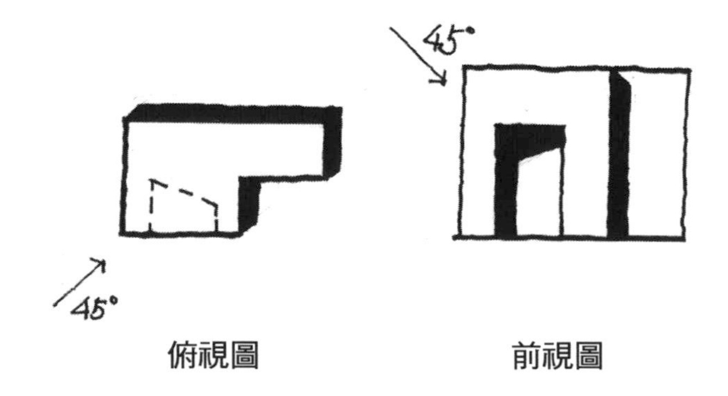

（二）陰影繪製：

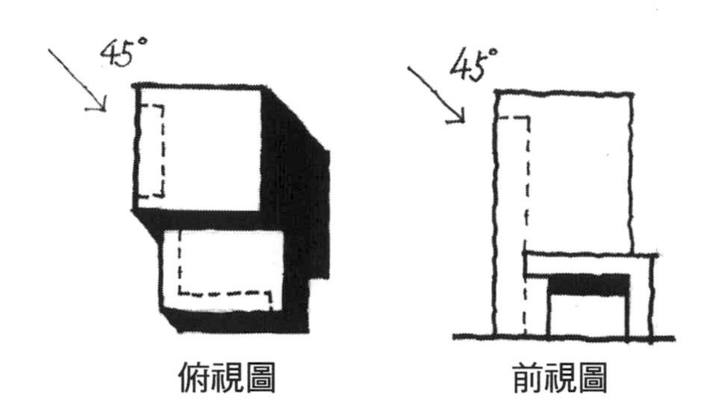

俯視圖　　前視圖

三、細部大樣：（每小題 10 分，共 20 分）

（一）繪製一「平屋頂隔熱磚地坪」施工大樣圖（單位：公厘，比例 1/5，且需標註各部 位規格尺寸）。

（二）繪製在混凝土地板上施作「企口木板地坪」（底層要做擱柵）的施工大樣圖（單位：公厘，比例 1/5，且需標註各部位規格尺寸）。

**參考題解**

（一）平屋頂隔熱磚地坪大樣如下：

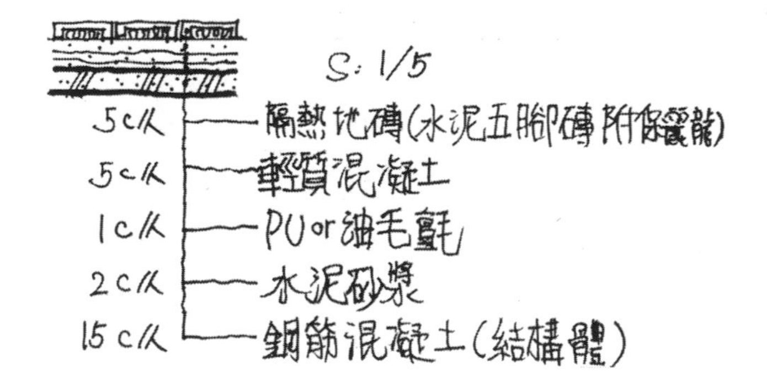

（二）企口木地板地坪大樣如下：

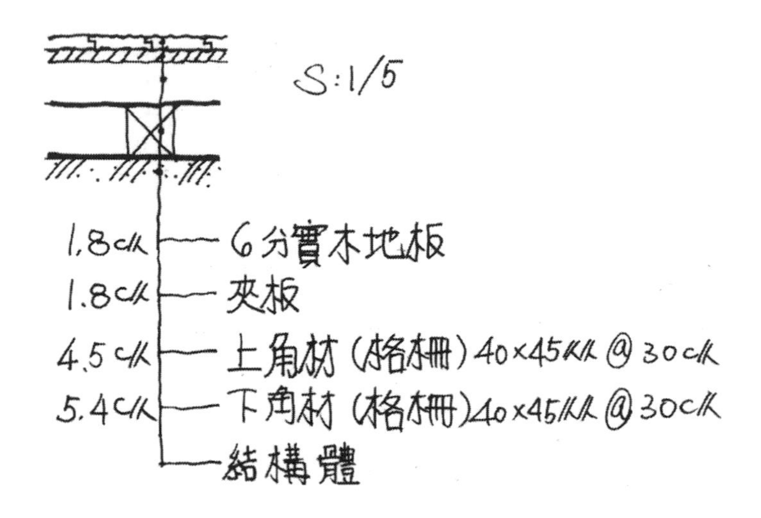


四、試繪符合「建築物無障礙設施設計規範」的廁所設計平面圖、衛生器具設置牆面剖立面圖，其條件如下：（30 分）

（一）一面外牆厚為 15 cm，開有高窗（長 100 cm × 高 60 cm），高窗位置自定。其他三面內牆厚為 12 cm，開有一門（需符合建築物無障礙設施設計規範），門位置自定。

（二）浴廁內部有馬桶、洗臉盆、扶手、置物架、鏡面或其他設備自行設定。

（三）地面及牆面貼磁磚（規格自行假設）。

（四）廁所內部淨尺寸，請依照上述所需設施設備，並符合建築物無障礙設施設計規範的條件下，提出最經濟的空間尺寸。

（五）比例為 1：50，須依繪圖準則標示尺寸（含馬桶、洗臉盆的位置標示）。

**參考題解**

無障礙廁所：

（一）外牆一面厚 15cm，三面內牆 12cm，高窗 1×0.6。

（二）馬桶、洗臉盆、扶手、置物架、鏡面、其他。

（三）地面&牆面貼磁磚。

（四）廁所內淨尺寸符合無障礙規範。

（五）比例 1/50；標尺寸。

依照以上條件圖面如下：

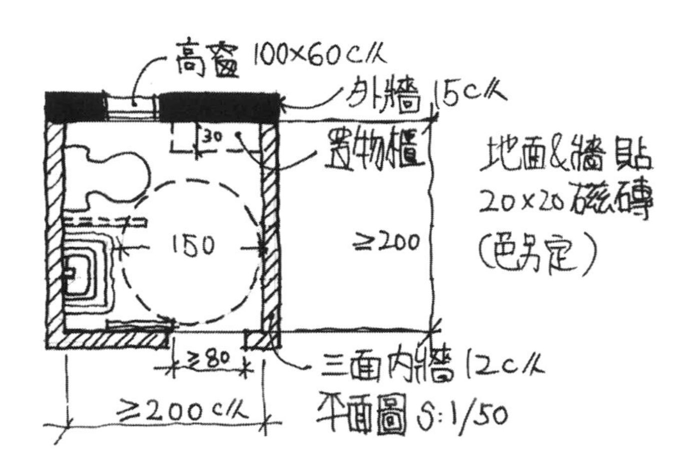
高窗 100×60cm
外牆 15cm
30
置物櫃
地面&牆貼
20×20磁磚
(色另定)
150
≧200
≧80
三面內牆 12cm
≧200cm
平面圖 S:1/50

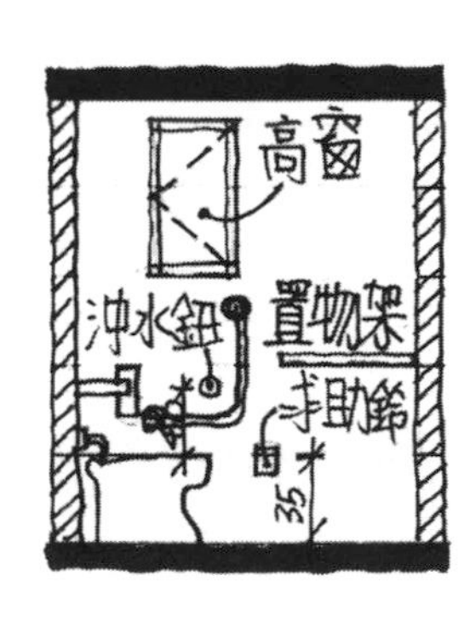
高窗
沖水鈕
置物架
求助鈕
35

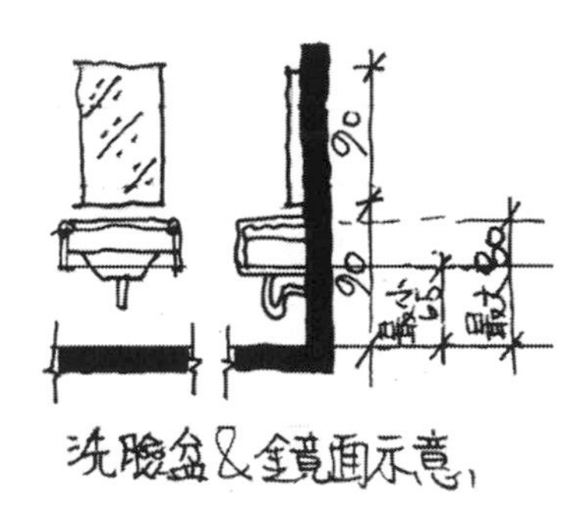
90
90
洗臉盆&鏡面示意

剖/立面圖 S:1/50

單元

# 3

# 建築師專技高考

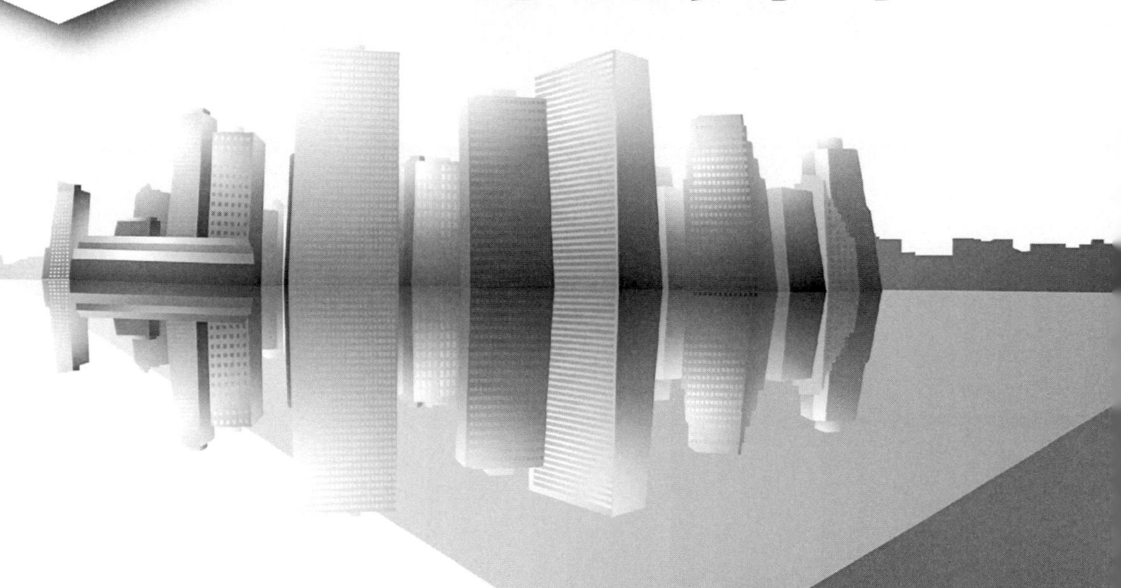

## 107 年專門職業及技術人員高等考試試題／營建法規與實務

（A）1. 有關無障礙設施「輪椅觀眾席位」規定下列何者錯誤？

(A)多廳式之場所，輪椅觀眾席數量，可依各廳觀眾席位總數量計算平均設置之

(B)輪椅觀眾席位可考量安裝可拆卸之座椅，如未有輪椅使用者使用時，得安裝座椅

(C)單一輪椅觀眾席位寬度不得小於 90 公分；有多個輪椅觀眾席位時，每個空間寬度不得小於 85 公分

(D)觀眾席位地面坡度不得大於 1/50

【解析】

建築物無障礙設施設計規範-第七章 輪椅觀眾席位-702 通則

多廳式場所：多廳式之場所，其輪椅觀眾席位數量，應依**各廳觀眾席位之固定坐椅席位數分別計算**。

<u>(B)選項解釋</u>

建築物無障礙設施設計規範-第七章 輪椅觀眾席位-702 通則

**內政部** 108.1.4 **台內營字第** 1070820550 **號令修正，自** 108.7.1 **生效**

702.4 座椅彈性運用：輪椅觀眾席位可考量安裝可拆卸之座椅，如未有輪椅使用者使用時，得安裝座椅。

**舊法尚未修正前為：**

702.5 座椅彈性運用：輪椅觀眾席位可考量安裝可拆卸之座椅，如未有輪椅使用者使用時，得安裝座椅。

<u>(C)選項解釋</u>

建築物無障礙設施設計規範-第七章 輪椅觀眾席位-703 席位尺寸

寬度：單一輪椅觀眾席位寬度不得小於 90 公分；有 2 個以上輪椅觀眾席位相鄰時，每個席位寬度不得小於 85 公分（如圖 703.1）。

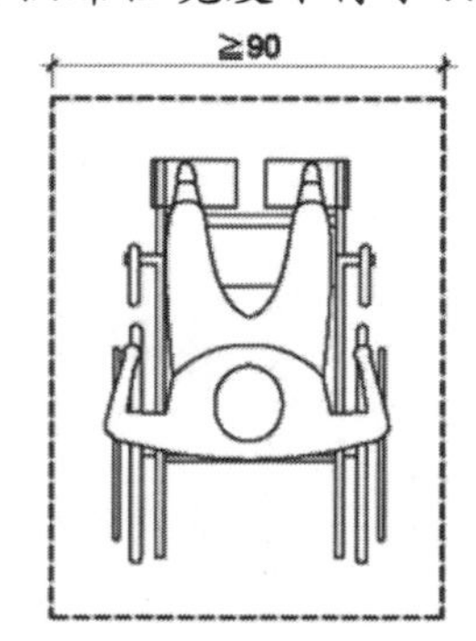


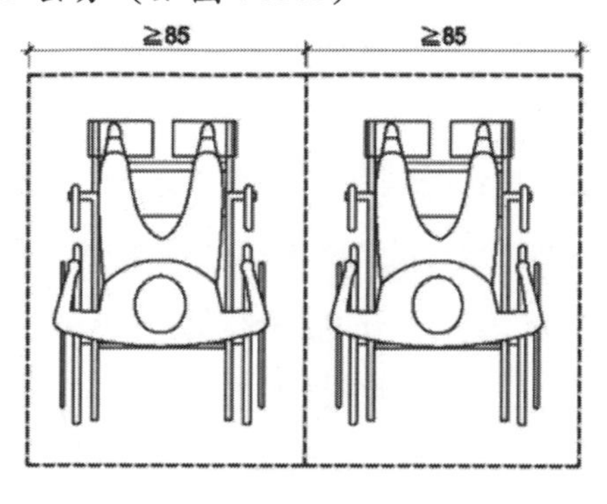


圖 703.1

(D)選項解釋

建築物無障礙設施設計規範-第七章 輪椅觀眾席位-702 通則

702.1 地面：輪椅觀眾席位之地面應平整、防滑、易於通行，**且坡度不得大於** 1/50。

（C）2. 航空站之無障礙設施樓梯，扶手與欄杆規定，下列何者錯誤？

(A)單道扶手高度為 75-85 公分　(B)雙道扶手高度為 65 公分及 85 公分

(C)扶手兩端不得水平延伸　(D)扶手端部需防勾撞處理

【解析】

(A)(C)(D)選項解釋

建築物無障礙設施設計規範-第三章 樓梯-305 樓梯扶手

**內政部** 108.1.4 **台內營字第** 1070820550 **號令修正，自** 108.7.1 **生效**

305.2 水平延伸：樓梯兩端扶手**應水平延伸** 30 **公分以上**（如圖 305.2.1），水平延伸不得突出於走廊上（如圖 305.2.2）；另中間連續扶手於平台處得免設置水平延伸。

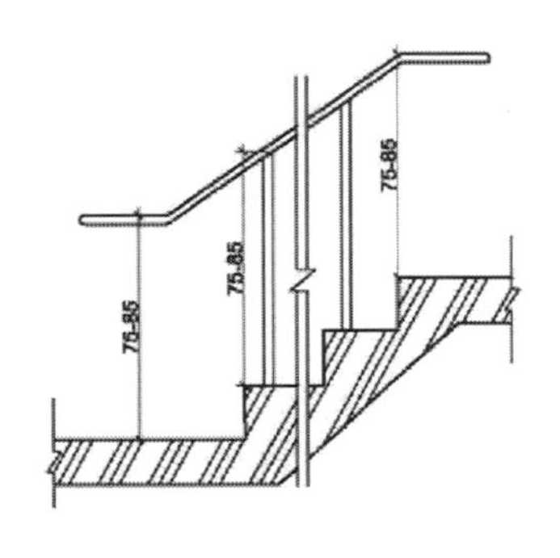

圖 305.2.1

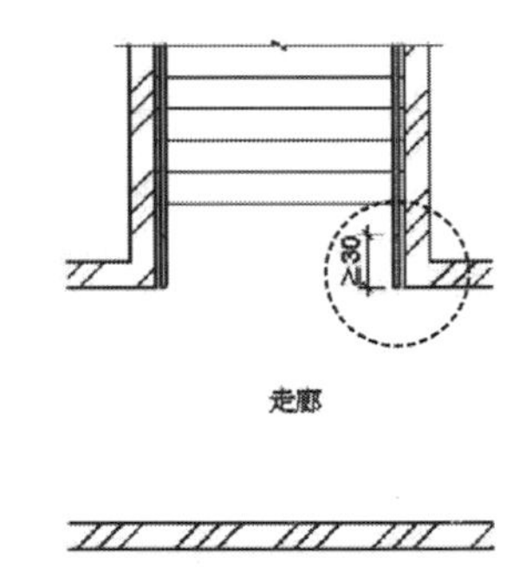

圖 305.2.2

**舊法尚未修正前為：**

**差別在於扶手水平延伸 30 公分以上的起算修正為走廊接續樓梯扶手的牆面開始以及端部防勾撞處理已於本規範** 207.3.4 **明定，爰不再重複規定，並酌作文字修正及點次調整。**

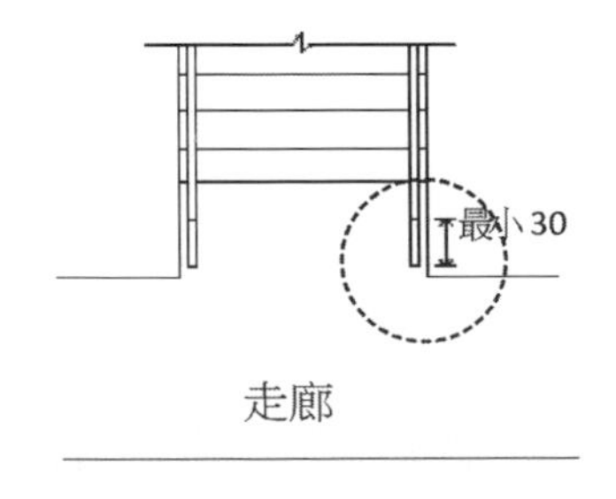

圖 304.2.2

304.2 水平延伸：樓梯兩端扶手**應水平延伸** 30 **公分以上**（圖 304.1、圖 304.2.1），並作端部防勾撞處理（圖 207.3.4），扶手水平延伸，不得突出於走道上（圖 304.2.2）；另中間連續扶手，於平台處得不需水平延伸。

(B)選項解釋

建築物無障礙設施設計規範-第三章 樓梯-305 樓梯扶手

**內政部 108.1.4 台內營字第 1070820550 號令修正，自 108.7.1 生效**

305.1 扶手設置：高差超過 20 公分之樓梯兩側應設置符合本規範 207 節規定之扶手，高度自梯級鼻端起算（如圖 305.1）。扶手應連續不得中斷，但樓梯中間平台外側扶手得不連續。

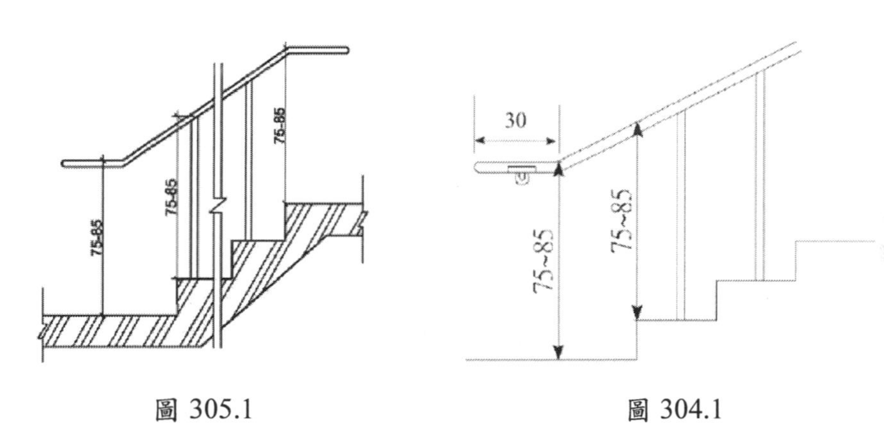


圖 305.1　　圖 304.1

**舊法尚未修正前為：**

304.1 扶手：樓梯兩側應裝設距梯級鼻端高度 75-85 公分之扶手（圖 304.1）**或雙道扶手（高 65 公分及 85 公分）**，除下列情形外該扶手應連續不得中斷。二平台（或樓板）間之高差在 20 公分以下者，得不設扶手；另樓梯之平台外側扶手得不連續。

（C）3. 無障礙室內出入口之門扇打開時，門框間之距離不得小於 X 公分，折疊門推開後扣除折疊之門扇後之距離不得小於 Y 公分，下列敘述何者正確？

(A)X=90，Y=90　(B)X=100，Y=90　(C)X=90，Y=80　(D)X=80，Y=80

【解析】

建築物無障礙設施設計規範-第二章 無障礙通路

205.2.3 室內出入口：門扇打開時，地面應平順不得設置門檻，且門框間之距離**不得小於 90 公分**（如圖 205.2.3）；另橫向拉門、**折疊門開啟後之淨寬度不得小於 80 公分**。

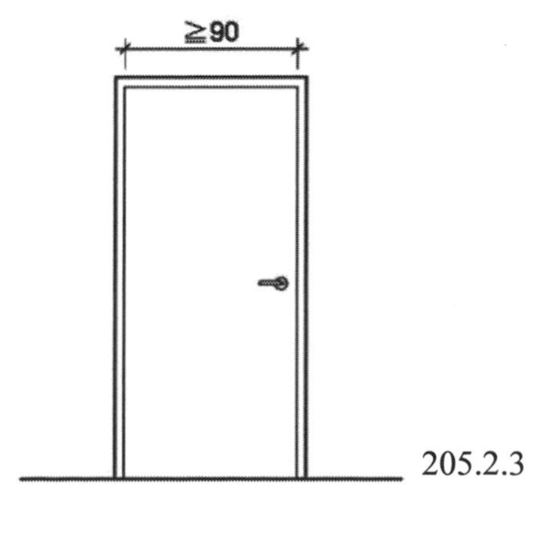


205.2.3

（C）4. 依非都市土地使用管制規則規定，申請人擬具之興辦事業計畫範圍內有夾雜區域計畫規定之第一級環境敏感地區之零星土地，應符合下列何種情形，始得納入申請範圍？

(A)面積未超過基地開發面積之 20%

(B)夾雜地之使用分區仍應維持原使用分區或變更為森林區；夾雜地之使用地仍應維持原使用地類別，或同意變更編定為國土保安用地、生態保護用地、林業用地或水利用地

(C)基於整體開發規劃之需要

(D)擬定夾雜地之管理維護措施或供配置相關公共設施、防風林、緩衝帶、滯洪設施、停車場

【解析】

非都市土地使用管制規則-第四章 使用地變更編定

第 30-2 條

第三十條擬具之興辦事業計畫範圍內有夾雜第一級環境敏感地區之零星土地者，應符合下列各款情形，始得納入申請範圍：

**一、基於整體開發規劃之需要。**

二、夾雜地仍維持原使用分區及原使用地類別，或同意變更編定為國土保安用地。

三、面積未超過基地開發面積之百分之十。

四、擬定夾雜地之管理維護措施。

（A）5. 建築物無障礙設施設計規範之廁所盥洗室有關洗面盆規定，下列敘述何者錯誤？

(A)洗面盆上緣距地板面不得大於 85 公分

(B)洗面盆下面距面盆邊緣 20 公分之範圍，由地板面量起高 65 公分及水平 30 公分內應淨空

(C)洗面盆邊緣距離水龍頭操作桿或自動感應水龍頭之出水口不得大於 45 公分

(D)洗面盆兩側及前方環繞洗面盆設置扶手

【解析】

<u>(A)(B)(C)選項解釋</u>

建築物無障礙設施設計規範-第五章 廁所盥洗室-507 洗面盆

**內政部 108.1.4 台內營字第 1070820550 號令修正，自 108.7.1 生效**

507.3 高度：**無障礙洗面盆上緣距地板面不得大於 80 公分**，下緣應符合膝蓋淨容納

空間規定（如圖 507.3）。

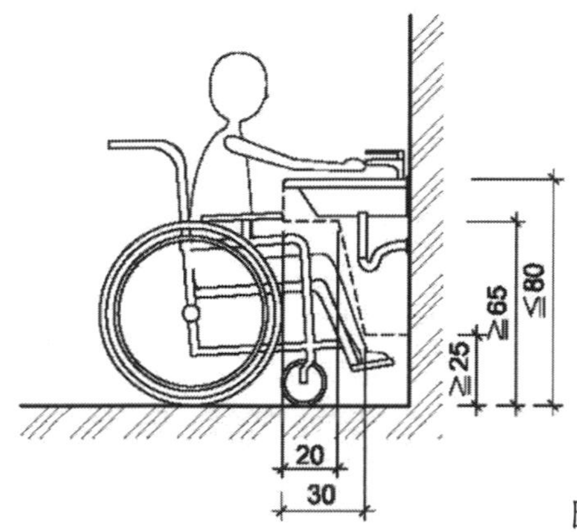


圖 507.3

**舊法尚未修正前為：**

**修正理由同本規範 507.1，並刪除圖 507.3 洗面盆距離最大 45 公分之標示，及酌作文字修正。**

507.3 高度：洗面盆上緣距地板面不得大於 80 公分，**且洗面盆下面距面盆邊緣 20 公分之範圍，由地板面量起高 65 公分及水平 30 公分內應淨空**，以符合膝蓋淨容納空間規定（圖 507.3）。

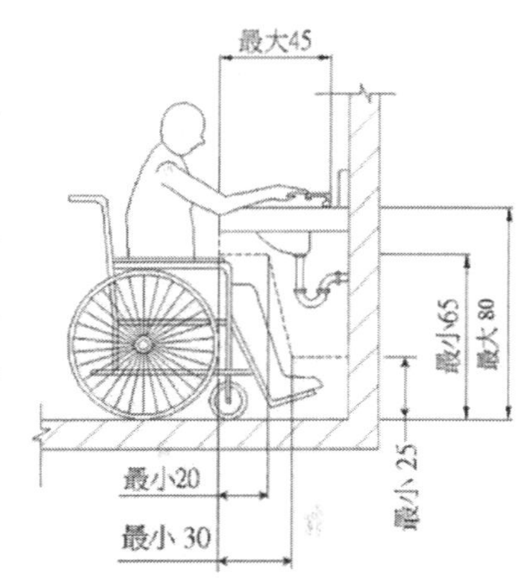


圖 507.3

(D)選項解釋

建築物無障礙設施設計規範-第五章 廁所盥洗室-507 洗面盆

**內政部** 108.1.4 **台內營字第** 1070820550 **號令修正，自** 108.7.1 **生效**

507.6 **扶手：洗面盆應設置扶手，型式可為環狀扶手或固定扶手。設置環狀扶手者，扶手上緣應高於洗面盆邊緣** 1 **公分至** 3 **公分**（如圖 507.6.1）。設置固定扶手者，使用狀態時，扶手上緣高度應與洗面盆上緣齊平，突出洗面盆邊緣長度為 25 公分，兩側扶手之內緣距離為 70 公分至 75 公分（如圖 507.6.2）。但設置檯面式洗面盆或設置壁掛式洗面盆已於下方加設安全支撐者，得免設置扶手（如圖 507.6.3）。

**舊法尚未修正前為：**

增訂得免於洗面盆兩側及前方設置環繞洗面盆扶手之例外條件，並修正圖例

507.6 扶手：**洗面盆兩側及前方環繞洗面盆設置扶手**，扶手高於洗面盆邊緣 1-3 公分，且扶手於洗面盆邊緣水平淨距離 2-4 公分（圖 507.6）。

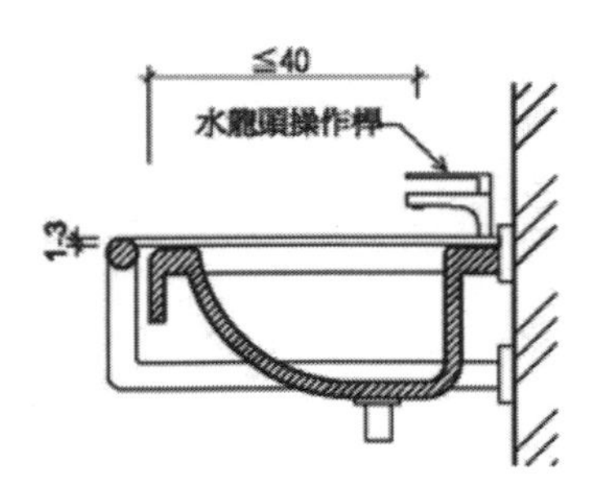


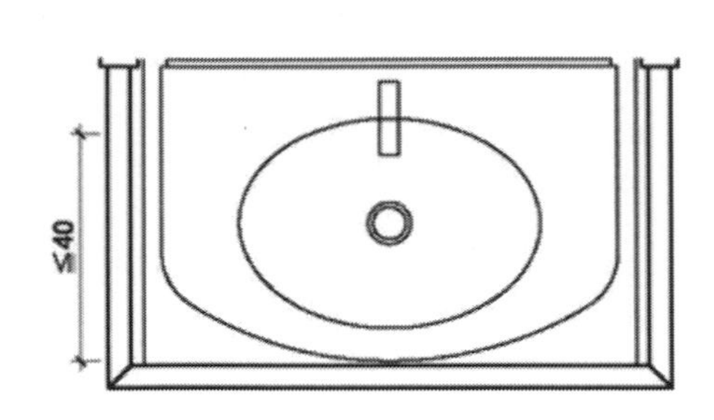


圖 507.6.1

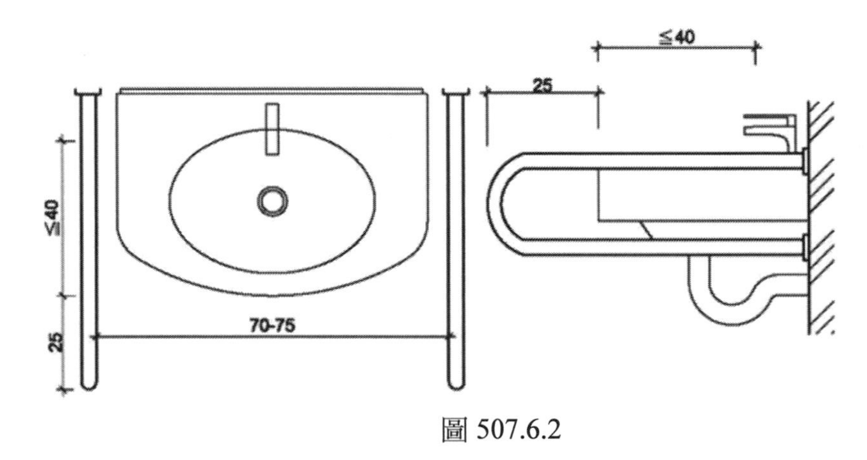


圖 507.6.2

（B）6. 政府採購法所稱之統包，指將工程或財物採購中那些項目，併於同一採購契約辦理招標？

(A)設計與監造　(B)設計與施工、供應、安裝

(C)施工與維修　(D)監造與施工

【解析】

政府採購法-第二章 招標

第 24 條

機關基於效率及品質之要求，得以統包辦理招標。

前項所稱統包，指將工程或財物採購中之**設計與施工**、**供應**、**安裝**或一定期間之維修等併於同一採購契約辦理招標。

統包實施辦法，由主管機關定之。

（A）7. 依政府採購法規定，有關政府工程採購驗收，下列敘述何者錯誤？

(A)採購之主驗人為承辦採購單位之主辦人員

(B)驗收人對隱蔽部分，於必要時得拆驗或化驗

(C)機關辦理工程採購，應限期辦理驗收

(D)驗收完畢後，應由驗收及監驗人員於結算驗收證明書上分別簽認

【解析】

(A)(C)選項解釋

政府採購法-第五章 驗收

第 71 條

**機關辦理工程、財物採購，應限期辦理驗收**，並得辦理部分驗收。

驗收時應由機關首長或其授權人員指派適當人員主驗，通知接管單位或使用單位會驗。

**機關承辦採購單位之人員不得為所辦採購之主驗人或樣品及材料之檢驗人。**

(B)選項解釋

政府採購法-第五章 驗收

第 72 條

機關辦理驗收時應製作紀錄，由參加人員會同簽認。驗收結果與契約、圖說、貨樣規定不符者，應通知廠商限期改善、拆除、重作、退貨或換貨。

其驗收結果不符部分非屬重要，而其他部分能先行使用，並經機關檢討認為確有先行使用之必要者，得經機關首長或其授權人員核准，就其他部分辦理驗收並支付部分價金。

驗收結果與規定不符，而不妨礙安全及使用需求，亦無減少通常效用或契約預定效用，經機關檢討不必拆換或拆換確有困難者，得於必要時減價收受。其在查核金額以上之採購，應先報經上級機關核准；未達查核金額之採購，應經機關首長或其授權人員核准。

**驗收人對工程、財物隱蔽部分，於必要時得拆驗或化驗。**

(D)選項解釋

政府採購法-第五章 驗收

第 73 條

工程、財物採購經驗收完畢後，應由驗收及監驗人員於結算驗收證明書上分別簽認。

前項規定，於勞務驗收準用之。

（C）8. 依最有利標評選辦法規定，機關採最有利標決標；其訂有底價，而廠商報價逾底價須減價者，何時辦理洽減之？

(A)於服務建議書中敘明每次洽減額度，並由機關檢閱

(B)評選會議進行時　(C)採行協商措施時　(D)簽約後

【解析】

最有利標評選辦法

第 22 條

機關採最有利標決標，以不訂底價為原則；**其訂有底價，而廠商報價逾底價須減價者，於採行協商措施時洽減之**，並適用本法第五十三條第二項之規定。

政府採購法-第三章 決標

第 53 條

合於招標文件規定之投標廠商之最低標價超過底價時，得洽該最低標廠商減價一次；減價結果仍超過底價時，得由所有合於招標文件規定之投標廠商重新比減價格，比減價格不得逾三次。

**前項辦理結果，最低標價仍超過底價而不逾預算數額，機關確有緊急情事需決標時，應經原底價核定人或其授權人員核准，且不得超過底價百分之八。但查核金額以上之採購，超過底價百分之四者，應先報經上級機關核准後決標。**

（C）9. 建築師法有關開業規定之敘述，何者為錯誤？

(A)領有建築師證書，具有 2 年以上建築工程經驗者，得申請發給開業證書

(B)開業證書有效期間為 6 年

(C)建築師申請發給開業證書，應備具申請書載明事項，並檢附建築師證書及經歷證明文件，向內政部提出申請

(D)申請換發開業證書之程序、應檢附文件、收取規費及其他應遵行事項之辦法，由內政部定之

【解析】

建築師法-第二章 開業

第 8 條

建築師申請發給開業證書，應備具申請書載明左列事項，並檢附建築師證書及經歷證明文件，**向所在縣（市）主管機關申請審查登記後發給之；其在直轄市者，由工務局為之：**

一、事務所名稱及地址。

二、建築師姓名、性別、年齡、照片、住址及證書字號。

(A)選項解釋

建築師法-第二章 開業

第 7 條

領有建築師證書，具有二年以上建築工程經驗者，得申請發給開業證書。

(B)(D)選項解釋

建築師法-第二章 開業

第 9-1 條

**開業證書有效期間為六年**，領有開業證書之建築師，應於開業證書有效期間屆滿日之三個月前，檢具原領開業證書及內政部認可機構、團體出具之研習證明文件，向所在直轄市、縣（市）主管機關申請換發開業證書。

**前項申請換發開業證書之程序、應檢附文件、收取規費及其他應遵行事項之辦法，由內政部定之。**

第一項機構、團體出具研習證明文件之認可條件、程序及其他應遵行事項之辦法，由內政部定之。

前三項規定施行前，已依本法規定核發之開業證書，其有效期間自前二項辦法施行之日起算六年；其申請換發，依第一項規定辦理。

（D）10.依政府採購法及相關規定，有關選擇性招標之敘述，下列何者錯誤？

(A)選擇性招標得預先辦理資格審查，建立合格廠商名單

(B)投標文件審查，須費時長久始能完成者得採選擇性招標

(C)為特定個案辦理選擇性招標，應於辦理廠商資格審查後，邀請所有符合資格之廠商投標

(D)經常性採購，應建立 6 家以上之合格廠商名單，有效期逾 3 年者，應逐年公告辦理資格審查

【解析】

政府採購法-第二章 招標

(A)(D)選項解釋

第 21 條

**機關為辦理選擇性招標，得預先辦理資格審查，建立合格廠商名單**。但仍應隨時接受廠商資格審查之請求，並定期檢討修正合格廠商名單。

未列入合格廠商名單之廠商請求參加特定招標時，機關於不妨礙招標作業並能適時完成其資格審查者，於審查合格後，邀其投標。

**經常性採購，應建立六家以上之合格廠商名單。**

機關辦理選擇性招標，應予經資格審查合格之廠商平等受邀之機會。

(B)選項解釋

第 20 條

機關辦理公告金額以上之採購，符合下列情形之一者，得採選擇性招標：

一、經常性採購。

**二、投標文件審查，須費時長久始能完成者。**

三、廠商準備投標需高額費用者。

四、廠商資格條件複雜者。

五、研究發展事項。

(C)選項解釋

第 18 條

採購之招標方式，分為公開招標、選擇性招標及限制性招標。

本法所稱公開招標，指以公告方式邀請不特定廠商投標。

**本法所稱選擇性招標，指以公告方式預先依一定資格條件辦理廠商資格審查後，再行邀請符合資格之廠商投標。**

本法所稱限制性招標，指不經公告程序，邀請二家以上廠商比價或僅邀請一家廠商議價。

（D）11.起造人申辦建物所有權第一次登記時，依公寓大廈管理條例第 56 條規定，專有部分之陽台測繪規定為何？

(A)陽台為附屬建物，依法不得辦理登記

(B)以陽台外圍之欄杆或牆壁中心為界辦理登記

(C)以陽台之內緣為界辦理登記

(D)以陽台之外緣為界辦理登記

【解析】

公寓大廈管理條例-第六章 附則

第 56 條

公寓大廈之起造人於申請建造執照時，應檢附專有部分、共用部分、約定專用部分、約定共用部分標示之詳細圖說及規約草約。於設計變更時亦同。

前項規約草約經承受人簽署同意後，於區分所有權人會議訂定規約前，視為規約。

**公寓大廈之起造人或區分所有權人應依使用執照所記載之用途及下列測繪規定，辦**

**理建物所有權第一次登記：**

一、獨立建築物所有權之牆壁，以牆之外緣為界。

二、建築物共用之牆壁，以牆壁之中心為界。

**三、附屬建物以其外緣為界辦理登記。**

四、有隔牆之共用牆壁，依第二款之規定，無隔牆設置者，以使用執照竣工平面圖區分範圍為界，其面積應包括四周牆壁之厚度。

第一項共用部分之圖說，應包括設置管理維護使用空間之詳細位置圖說。

本條例中華民國九十二年十二月九日修正施行前，領得使用執照之公寓大廈，得設置一定規模、高度之管理維護使用空間，並不計入建築面積及總樓地板面積；其免計入建築面積及總樓地板面積之一定規模、高度之管理維護使用空間及設置條件等事項之辦法，由直轄市、縣（市）主管機關定之。

**陽臺屬於附屬建物**

（A）12.下列何者非公寓大廈管理條例第 36 條規定管理委員會之職務？

(A)議決公共基金之分配

(B)會計報告、結算報告及其他管理事項之提出公告

(C)住戶違規情事之制止及相關資料提供

(D)管理服務人之委任、僱傭及監督

【解析】

公寓大廈管理條例-第三章 管理組織

第 36 條

**管理委員會之職務如下：**

一、區分所有權人會議決議事項之執行。

二、共有及共用部分之清潔、維護、修繕及一般改良。

三、公寓大廈及其周圍之安全及環境維護事項。

四、住戶共同事務應興革事項之建議。

**五、住戶違規情事之制止及相關資料之提供。**

六、住戶違反第六條第一項規定之協調。

七、收益、公共基金及其他經費之收支、保管及運用。

八、規約、會議紀錄、使用執照謄本、竣工圖說、水電、消防、機械設施、管線圖說、會計憑證、會計帳簿、財務報表、公共安全檢查及消防安全設備檢修之申

報文件、印鑑及有關文件之保管。

**九、管理服務人之委任、僱傭及監督。**

**十、會計報告、結算報告及其他管理事項之提出及公告。**

十一、共用部分、約定共用部分及其附屬設施設備之點收及保管。

十二、依規定應由管理委員會申報之公共安全檢查與消防安全設備檢修之申報及改善之執行。

十三、其他依本條例或規約所定事項。

（A）13.依公寓大廈管理條例第 25 條規定，無管理負責人或管理委員會之老舊公寓大廈，召開區分所有權人會議應由何人擔任召集人？

(A)由區分所有權人互推一人為召集人

(B)由區分所有權占比例最高者為召集人

(C)由建築物之起造人為召集人

(D)報請當地主管機關指定一人為召集人

【解析】

公寓大廈管理條例-第三章 管理組織

第 25 條

區分所有權人會議，由全體區分所有權人組成，每年至少應召開定期會議一次。

有下列情形之一者，應召開臨時會議：

一、發生重大事故有及時處理之必要，經管理負責人或管理委員會請求者。

二、經區分所有權人五分之一以上及其區分所有權比例合計五分之一以上，以書面載明召集之目的及理由請求召集者。

區分所有權人會議除第二十八條規定外，由具區分所有權人身分之管理負責人、管理委員會主任委員或管理委員為召集人；管理負責人、管理委員會主任委員或管理委員喪失區分所有權人資格日起，視同解任。**無管理負責人或管理委員會，或無區分所有權人擔任管理負責人、主任委員或管理委員時，由區分所有權人互推一人為召集人**；召集人任期依區分所有權人會議或依規約規定，任期一至二年，連選得連任一次。但區分所有權人會議或規約未規定者，任期一年，連選得連任一次。

召集人無法依前項規定互推產生時，各區分所有權人得申請直轄市、縣（市）主管機關指定臨時召集人，區分所有權人不申請指定時，直轄市、縣（市）主管機關得視實際需要指定區分所有權人一人為臨時召集人，或依規約輪流擔任，其任期至互推召集人為止。

（B）14.依公寓大廈管理條例第 9 條規定，公寓大廈各區分所有權人係按何比例對建築物之共用部分及其基地有使用收益之權？

(A)按其專有部分面積比例

(B)按其共有之應有部分比例

(C)按其專有部分及共用合計之面積比例

(D)基於社區自治精神，由管委會決定

【解析】

公寓大廈管理條例-第二章 住戶之權利義務

第 9 條

**各區分所有權人按其共有之應有部分比例，對建築物之共用部分及其基地有使用收益之權**。但另有約定者從其約定。

住戶對共用部分之使用應依其設置目的及通常使用方法為之。但另有約定者從其約定。

前二項但書所約定事項，不得違反本條例、區域計畫法、都市計畫法及建築法令之規定。

住戶違反第二項規定，管理負責人或管理委員會應予制止，並得按其性質請求各該主管機關或訴請法院為必要之處置。如有損害並得請求損害賠償。

（A）15.依公寓大廈管理條例第 56 條規定，新建築物之起造人應於何時完成規約草約？

(A)於申請建造執照時併同檢附

(B)於申報開工時併同施工計畫檢附

(C)於申請使用執照時併同檢附

(D)於辦理銷售前向地方主管機關完成報備

【解析】

公寓大廈管理條例-第六章 附則

第 56 條

**公寓大廈之起造人於申請建造執照時，應檢附專有部分、共用部分、約定專用部分、約定共用部分標示之詳細圖說及規約草約**。於設計變更時亦同。

前項規約草約經承受人簽署同意後，於區分所有權人會議訂定規約前，視為規約。

（本條文部分以下省略，為節省版面空間，以提供解題部分法規為主）

（C）16.綜合營造業應結合依法具有下列何項資格者，始得以統包方式承攬？

(A)監造、維護資格者　(B)營運管理、監造資格者

(C)規劃、設計資格者　(D)施工、監造資格者

【解析】

營造業法-第三章　承攬契約

第 22 條

綜合營造業應結合依法具有規劃、設計資格者，始得以統包方式承攬。

（A）17.依營造業法規定，評鑑為第一級之優良營造業，承攬政府工程時，那些項目得降低百分之五十以下？

①押標金　②工程保證金　③工程保留款　④工程保固金

(A)①②③　(B)②③④　(C)①②④　(D)①③④

【解析】

營造業法-第七章　輔導及獎勵

第 51 條

**依第四十三條規定評鑑為第一級之營造業**，經主管機關或經中央主管機關認可之相關機關（構）辦理複評合格者，為優良營造業；並為促使其健全發展，以提升技術水準，加速產業升級，應依下列方式獎勵之：

一、頒發獎狀或獎牌，予以公開表揚。

**二、承攬政府工程時，押標金、工程保證金或工程保留款，得降低百分之五十以下；**申領工程預付款，增加百分之十。

前項辦理複評機關（構）之資格條件、認可程序、複評程序、複評基準及相關事項之辦法，由中央主管機關定之。

（C）18.依營造業法規定，下列何者應於工地現場依其專長技能及作業規範進行施工操作或品質控管？

(A)工地主任　(B)專任工程人員　(C)技術士　(D)監造人

【解析】

營造業法-第四章　人員之設置

第 29 條

技術士應於工地現場依其專長技能及作業規範進行施工操作或品質控管。

（D）19.依營造業法規定，工程主管或主辦機關於辦理下列那些事項時，營造業之專任工程人員及工地主任應在現場說明？

(A)申請建造或使用執照　　(B)設計審查或材料檢查

(C)消防檢查或材料試驗　　(D)勘驗、查驗或驗收工程

【解析】

營造業法-第五章 監督及管理

第 41 條

工程主管或主辦機關於**勘驗、查驗或驗收工程時**，營造業之專任工程人員及工地主任應在現場說明，並由專任工程人員於勘驗、查驗或驗收文件上簽名或蓋章。

未依前項規定辦理者，工程主管或主辦機關對該工程應不予勘驗、查驗或驗收。

（D）20.依非都市土地開發審議作業規範規定，如有一塊位於山坡地之土地，擬申請開發為住宅社區，下列何者屬規劃開發者應配合辦理之事項？

(A)基地內之原始地形在坵塊圖上之平均坡度在 55% 以上之地區，其面積之 80% 以上土地應維持原始地形地貌，列為不可開發區

(B)坵塊圖上之平均坡度在 40% 以上未逾 55% 之地區，以作為開放性之公共設施或必要性服務設施使 用為限，不得作為建築基地（含法定空地）

(C)申請開發基地之面積在 10 公頃以下者，原始地形在坵塊圖上之平均坡度在 40%以下之土地面積應 占全區總面積 30% 或 3 公頃以上

(D)保育區面積不得小於扣除不可開發區面積後之剩餘基地面積之 40% 。保育區面積之 70% 以上應維持原始之地形地貌，不得開發

【解析】

非都市土地開發審議作業規範-貳、專編-第一編 住宅社區

二、申請開發之基地位於山坡地者，其保育區面積不得小於扣除不可開發區面積後之剩餘基地面積的百分之四十。保育區面積之百分之七十以上應維持原始之地形面貌，不得開發。

（A）21.無障礙通路有關出入口之敘述，下列何者錯誤？

(A)其適用範圍不包括無障礙通路上之驗（收）票口

(B)出入口兩邊之地面 120 公分之範圍內應平整、堅硬、防滑，不得有高差，且坡度不得大於 1/50

(C)室內出入口之門扇打開時，地面應平順不得設置門檻，且門框間之距離不得小於

90 公分

(D)室內出入口之折疊門應以推開後，扣除折疊之門扇後之距離不得小於 80 公分

【解析】

建築物無障礙設施設計規範-第二章 無障礙通路-205 出入口

205.1 適用範圍：無障礙通路上之出入口、驗(收)票口及門之設計應符合本節規定。

(B)選項解釋

建築物無障礙設施設計規範-第二章 無障礙通路-205.2 出入口設計

205.2.1 通則：出入口兩側之地面 120 公分之範圍內應平整、防滑、易於通行，不得有高差，且坡度不得大於 1/50。

(C)(D)選項解釋

建築物無障礙設施設計規範-第二章 無障礙通路-205.2 出入口設計

205.2.3 室內出入口：門扇打開時，地面應平順不得設置門檻，且門框間之距離不得小於 90 公分（如圖 205.2.3）；另橫向拉門、折疊門開啟後之淨寬度不得小於 80 公分。

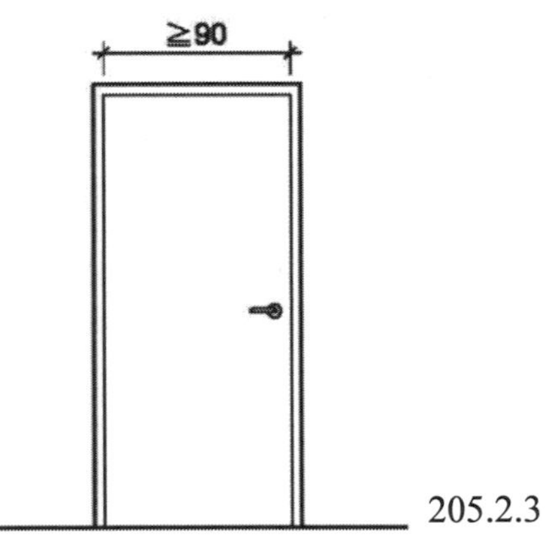


205.2.3

（D）22.鄉村區土地變更編定為乙種建築用地，申請使用地變更編定時應檢附之文件不包括下列那一項？

①興辦事業計畫核准文件　②土地使用計畫配置圖及位置圖

③申請變更編定同意書　④非都市土地變更編定申請書

(A)①④　(B)③④　(C)②③　(D)①②

【解析】

非都市土地使用管制規則-第四章 使用地變更編定

第 28 條

**申請使用地變更編定**，應檢附下列文件，向土地所在地直轄市或縣（市）政府申請核准，並依規定繳納規費：

一、非都市土地變更編定申請書如附表四。

二、興辦事業計畫核准文件。

三、申請變更編定同意書。

四、土地使用計畫配置圖及位置圖。

五、其他有關文件。

**下列申請案件免附前項第二款及第四款規定文件：**

一、符合第三十五條、第三十五條之一第一項第一款、第二款、第四款或第五款規定之零星或狹小土地。

二、依第四十條規定已檢附需地機關核發之拆除通知書。

**三、鄉村區土地變更編定為乙種建築用地。**

四、變更編定為農牧、林業、國土保安或生態保護用地。

申請案件符合第三十五條之一第一項第三款者，免附第一項第二款規定文件申請人為土地所有權人者，免附第一項第三款規定之文件。

興辦事業計畫有第三十條第二項及第三項規定情形者，應檢附區域計畫擬定機關核發許可文件。其屬山坡地範圍內土地申請興辦事業計畫面積未達十公頃者，應檢附興辦事業計畫面積免受限制文件。

（D）23.有關非都市土地建蔽率及容積率之規定，下列何者正確？

(A)交通用地：建蔽率百分之五十，容積率百分之一百

(B)遊憩用地：建蔽率百分之四十，容積率百分之一百六十

(C)殯葬用地：建蔽率百分之三十，容積率百分之一百二十

(D)特定目的事業用地：建蔽率百分之六十，容積率百分之一百八十

【解析】

非都市土地使用管制規則-第二章 容許使用、建蔽率及容積率

第 9 條

下列非都市土地建蔽率及容積率不得超過下列規定。但直轄市或縣（市）政府得視實際需要酌予調降，並報請中央主管機關備查：

一、甲種建築用地：建蔽率百分之六十。容積率百分之二百四十。

二、乙種建築用地：建蔽率百分之六十。容積率百分之二百四十。

三、丙種建築用地：建蔽率百分之四十。容積率百分之一百二十。

四、丁種建築用地：建蔽率百分之七十。容積率百分之三百。

五、窯業用地：建蔽率百分之六十。容積率百分之一百二十。

**六、交通用地：建蔽率百分之四十。容積率百分之一百二十。**

**七、遊憩用地：建蔽率百分之四十。容積率百分之一百二十。**

**八、殯葬用地：建蔽率百分之四十。容積率百分之一百二十。**

**九、特定目的事業用地：建蔽率百分之六十。容積率百分之一百八十。**

（本條文部分以下省略，為節省版面空間，以提供解題部分法規為主）

（C）24.非都市土地申請開發遊憩設施，當土地面積達幾公頃以上，即應辦理土地使用分區變更為特定專用區？

(A)2　(B)3　(C)5　(D)10

【解析】

非都市土地使用管制規則-第三章 土地使用分區變更

第 11 條

非都市土地申請開發達下列規模者，應辦理土地使用分區變更：

一、申請開發社區之計畫達五十戶或土地面積在一公頃以上，應變更為鄉村區。

二、申請開發為工業使用之土地面積達十公頃以上或依產業創新條例申請開發為工業使用之土地面積達五公頃以上，應變更為工業區。

**三、申請開發遊憩設施之土地面積達五公頃以上，應變更為特定專用區。**

（本條文部分以下省略，為節省版面空間，以提供解題部分法規為主）

（C）25.下列何者不屬都市更新之優先劃定地區？

(A)建築物窳陋且非防火構造或鄰棟間隔不足，有妨害公共安全之虞

(B)建築物未符合都市應有之機能

(C)具有經濟價值，亟需辦理保存整建

(D)建築物未能與重大建設配合

【解析】

都市更新條例-第二章 更新地區之劃定

第 6 條

有下列各款情形之一者，直轄市、縣（市）主管機關**得優先劃定或變更為更新地區並訂定或變更都市更新計畫：**

**一、建築物窳陋且非防火構造或鄰棟間隔不足，有妨害公共安全之虞。**

二、建築物因年代久遠有傾頹或朽壞之虞、建築物排列不良或道路彎曲狹小，足以妨害公共交通或公共安全。

**三、建築物未符合都市應有之機能。**

**四、建築物未能與重大建設配合。**

五、具有歷史、文化、藝術、紀念價值，亟須辦理保存維護，或其周邊建築物未能與之配合者。

六、居住環境惡劣，足以妨害公共衛生或社會治安。

七、經偵檢確定遭受放射性污染之建築物。

八、特種工業設施有妨害公共安全之虞。

（A）26.國土計畫法規範主管機關應辦理之事項，下列何者正確？

(A)中央主管機關應辦理國土功能分區劃設順序、劃設原則之規劃

(B)中央主管機關應辦理農業發展地區及城鄉發展地區之使用許可、許可變更及廢止之核定

(C)直轄市、縣市主管機關應辦理國土保育地區或海洋資源地區之使用許可、許可變更及廢止之核定

(D)直轄市、縣市主管機關應辦理一般性土地使用管制規定之擬定

【解析】

國土計畫法-第一章 總則

第 4 條

中央主管機關應辦理下列事項：

一、全國國土計畫之擬訂、公告、變更及實施。

二、對直轄市、縣（市）政府推動國土計畫之核定及監督。

**三、國土功能分區劃設順序、劃設原則之規劃。**

四、使用許可制度及全國性土地使用管制之擬定。

**五、國土保育地區或海洋資源地區之使用許可、許可變更及廢止之核定。**

六、其他全國性國土計畫之策劃及督導。

**直轄市、縣（市）主管機關應辦理下列事項：**

一、直轄市、縣（市）國土計畫之擬訂、公告、變更及執行。

二、國土功能分區之劃設。

**三、全國性土地使用管制之執行及直轄市、縣（市）特殊性土地使用管制之擬定、執行。**

**四、農業發展地區及城鄉發展地區之使用許可、許可變更及廢止之核定。**

五、其他直轄市、縣（市）國土計畫之執行。

（C）27.國土計畫法中，有關原住民族參與國土規劃與管制之規定，下列敘述何者錯誤？

(A)國土規劃涉及原住民族之土地，應尊重及保存其傳統文化、領域及智慧，並建立互利共榮機制

(B)全國國土計畫中特定區域之內容，如涉及原住民族土地及海域者，應依原住民族基本法第 21 條規定辦理，並由中央主管機關會同中央原住民族主管機關擬訂

(C)依國土計畫法所授權訂定規範國土功能分區及其分類之使用地類別編定、變更，涉及原住民族土地及海域之使用管制者，應依原住民族基本法第 21 條規定辦理，並由地方主管機關會同地方原住 民族主管機關訂定

(D)國土復育促進地區之劃定，應以保育和禁止開發行為及設施之設置為原則；如涉及原住民族土地，劃定機關應邀請原住民族部落參與計畫之擬定、執行與管理

【解析】

國土計畫法-第四章 國土功能分區之劃設及土地使用管制

第 23 條

國土保育地區以外之其他國土功能分區，如有符合國土保育地區之劃設原則者，除應依據各該國土功能分區之使用原則進行管制外，並應按其資源、生態、景觀或災害特性及程度，予以禁止或限制使用。

**國土功能分區及其分類之使用地類別編定、變更、規模、可建築用地及其強度、**應經申請同意使用項目、條件、程序、免經申請同意使用項目、禁止或限制使用及其他應遵行之土地使用管制事項之規則，由中央主管機關定之。但屬實施都市計畫或國家公園計畫者，仍依都市計畫法、國家公園法及其相關法規實施管制。

**前項規則中涉及原住民族土地及海域之使用管制者，應依原住民族基本法第二十一條規定辦理，並由中央主管機關會同中央原住民族主管機關訂定。**

直轄市、縣（市）主管機關得視地方實際需要，依全國國土計畫土地使用指導事項，由該管主管機關另訂管制規則，並報請中央主管機關核定。

國防、重大之公共設施或公用事業計畫，得於各國土功能分區申請使用。

(A)選項解釋

國土計畫法-第一章 總則

第 6 條

國土計畫之規劃基本原則如下：

一、國土規劃應配合國際公約及相關國際性規範，共同促進國土之永續發展。

| | | | | | | |

**九、國土規劃涉及原住民族之土地，應尊重及保存其傳統文化、領域及智慧，並建立互利共榮機制。**

十、國土規劃應力求民眾參與多元化及資訊公開化。

十一、土地使用應兼顧環境保育原則，建立公平及有效率之管制機制。

(B)選項解釋

國土計畫法-第三章 國土計畫之擬訂、公告、變更及實施

第 11 條

國土計畫之擬訂、審議及核定機關如下：

一、全國國土計畫：由中央主管機關擬訂、審議，報請行政院核定。

二、直轄市、縣（市）國土計畫：由直轄市、縣（市）主管機關擬訂、審議，報請中央主管機關核定。

**前項全國國土計畫中特定區域之內容，如涉及原住民族土地及海域者，應依原住民族基本法第二十一條規定辦理，並由中央主管機關會同中央原住民族主管機關擬訂。**

(D)選項解釋

國土計畫法-第五章 國土復育

第 36 條

**國土復育促進地區經劃定者，應以保育和禁止開發行為及設施之設置為原則，並由劃定機關擬訂復育計畫，報請中央目的事業主管機關核定後實施。如涉及原住民族土地，劃定機關應邀請原住民族部落參與計畫之擬定、執行與管理。**

前項復育計畫，每五年應通盤檢討一次，並得視需要，隨時報請行政院核准變更；復育計畫之標的、內容、合於變更要件，及禁止、相容與限制事項，由中央主管機關定之。

各目的事業主管機關為執行第一項復育計畫，必要時，得依法價購、徵收區內私有土地及合法土地改良物。

（C）28. 依實施區域計畫地區建築管理辦法規定，實施區域計畫範圍之活動斷層線通過地區，其建築管制規定，下列敘述何者正確？

(A)內政部得劃定活動斷層線通過範圍予以公告及管制

(B)除當地縣（市）政府審查許可外，不得興建公有建築物

(C)依非都市土地使用管制規則規定得為建築使用之土地，限作自用農舍或自用住宅使用

(D)於各種用地內申請建築自用農舍其高度不得超過 3 層樓

【解析】

實施區域計畫地區建築管理辦法

第 4-1 條

活動斷層線通過地區，**當地縣（市）政府得劃定範圍予以公告**，並依左列規定管制：

**一、不得興建公有建築物。**

**二、依非都市土地使用管制規則規定得為建築使用之土地，其建築物高度不得超過二層樓、簷高不得超過七公尺，並限作自用農舍或自用住宅使用。**

三、於各種用地內申請建築自用農舍，除其建築物高度**不得超過二層樓**、簷高不得超過七公尺外，依第五條規定辦理。

（A）29.權利變換前各宗土地、更新後建築物及其土地應有部分及權利變換範圍內其他土地於評價基準日之權利價值，實施者應委託幾家以上專業估價者查估？又查估後由何者評定之？

(A)3 家；實施者評定　　(B)3 家；主管機關評定

(C)5 家；實施者評定　　(D)5 家；主管機關評定

【解析】

都市更新條例

第 50 條

權利變換前各宗土地、更新後土地、建築物及權利變換範圍內其他土地於評價基準日之權利價值，**由實施者委任三家以上專業估價者查估後評定之。**

前項估價者由實施者與土地所有權人共同指定；無法共同指定時，由實施者指定一家，其餘二家由實施者自各級主管機關建議名單中，以公開、隨機方式選任之。

各級主管機關審議權利變換計畫認有必要時，得就實施者所提估價報告書委任其他專業估價者或專業團體提複核意見，送各級主管機關參考審議。

第二項之名單，由各級主管機關會商相關職業團體建議之。

（B）30.依都市更新建築容積獎勵辦法規定，為處理占有他人土地之舊違章建築戶，得給予容積獎勵。其舊違章建築戶之認定，由下列那個機關或組織定之？

(A)內政部　　(B)直轄市、縣（市）政府

(C)直轄市、縣（市）都市更新審議會　(D)實施者

【解析】

都市更新建築容積獎勵辦法

第 11 條

處理占有他人土地之舊違章建築戶，得給予容積獎勵，其獎勵額度以法定容積百分之二十為上限。但依第六條至第十條獎勵後仍未達第十三條獎勵上限者，始予獎勵。

**前項舊違章建築戶之認定，由直轄市、縣（市）主管機關定之。**

（B）31.位於依都市更新條例第 6 條規定劃定之更新地區且採重建方式辦理之更新單元，實施者於擬訂都市更新事業計畫及權利變換計畫經主管機關核定前，其應辦理之行政程序項目，下列何者正確？

(A)公聽會、公開展覽、審議、審議核復　(B)公聽會、公開展覽、審議、聽證

(C)公聽會、審議、審議核復、聽證　(D)公開展覽、審議、審議核復、聽證

【解析】

都市更新條例-第二章 更新地區之劃定

第 6 條

有下列各款情形之一者，直轄市、縣（市）主管機關得優先劃定或變更為更新地區並訂定或變更都市更新計畫：

一、建築物窳陋且非防火構造或鄰棟間隔不足，有妨害公共安全之虞。

二、建築物因年代久遠有傾頹或朽壞之虞、建築物排列不良或道路彎曲狹小，足以妨害公共交通或公共安全。

三、建築物未符合都市應有之機能。

四、建築物未能與重大建設配合。

五、具有歷史、文化、藝術、紀念價值，亟須辦理保存維護，或其周邊建築物未能與之配合者。

六、居住環境惡劣，足以妨害公共衛生或社會治安。

七、經偵檢確定遭受放射性污染之建築物。

八、特種工業設施有妨害公共安全之虞。

都市更新條例-第四章 都市更新事業之實施

第 32 條

都市更新事業計畫由實施者擬訂，送由當地直轄市、縣（市）主管機關審議通過後

核定發布實施；其屬中央主管機關依第七條第二項或第八條規定劃定或變更之更新地區辦理之都市更新事業，得逕送中央主管機關審議通過後核定發布實施。並即公告三十日及通知更新單元範圍內土地、合法建築物所有權人、他項權利人、囑託限制登記機關及預告登記請求權人；變更時，亦同。

**擬訂或變更都市更新事業計畫期間，應舉辦公聽會，聽取民眾意見。**

**都市更新事業計畫擬訂或變更後，送各級主管機關審議前，應於各該直轄市、縣（市）政府或鄉（鎮、市）公所公開展覽三十日，並舉辦公聽會**；實施者已取得更新單元內全體私有土地及私有合法建築物所有權人同意者，公開展覽期間得縮短為十五日。

（本條文部分以下省略，為節省版面空間，以提供解題部分法規為主）

第 33 條

**各級主管機關依前條規定核定發布實施都市更新事業計畫前，除有下列情形之一者外，應舉行聽證**；各級主管機關應斟酌聽證紀錄，並說明採納或不採納之理由作成核定：

一、於計畫核定前已無爭議。

二、依第四條第一項第二款或第三款以整建或維護方式處理，經更新單元內全體土地及合法建築物所有權人同意。

三、符合第三十四條第二款或第三款之情形。

四、依第四十三條第一項但書後段以協議合建或其他方式實施，經更新單元內全體土地及合法建築物所有權人同意。

不服依前項經聽證作成之行政處分者，其行政救濟程序，免除訴願及其先行程序。

（C）32.某地上 12 層，地下 4 層之辦公大樓，其建築面積為 1000 平方公尺，地下各層之樓地板面積合計為 6000 平方公尺，其中地下一層為防空避難室兼停車空間，其餘地下各層為停車空間與不計入容積樓地板之機電空間。如本案於地下各層之汽車停車數量合計為 120 部，請試算地下層合計有多少平方公尺面積應計入容積樓地板面積？

(A)0　　(B)100　　(C)200　　(D)1100

【解析】

建技術規則建築設計施工編-第九章 容積設計

第 162 條

前條容積總樓地板面積依本編第一條第五款、第七款及下列規定計算之：

一、（本條文部分以下省略，為節省版面空間，以提供解題部分法規為主）

二、（本條文部分以下省略，為節省版面空間，以提供解題部分法規為主）

三、建築物依都市計畫法令或本編**第五十九條規定設置之停車空間**、獎勵增設停車空間及未設置獎勵增設停車空間之自行增設停車空間，**得不計入容積總樓地板面積**。但面臨超過十二公尺道路之一棟一戶連棟建築物，除汽車車道外，其設置於地面層之停車空間，應計入容積總樓地板面積。

前項第二款之機電設備空間係指電氣、電信、燃氣、給水、排水、空氣調節、消防及污物處理等設備之空間。但設於公寓大廈專有部分或約定專用部分之機電設備空間，應計入容積總樓地板面積。

建技術規則建築設計施工編-第六章 防空避難設備-第一節 通則

第 142 條

建築物有下列情形之一，經當地主管建築機關審查或勘查屬實者，依下列規定附建建築物防空避難設備：

一、建築基地如確因地質地形無法附建地下或半地下式避難設備者，得建築地面式避難設備。

| | | | | | | |

六、**供防空避難設備使用之樓層地板面積達到二百平方公尺者，以兼作停車空間為限**；未達二百平方公尺者，得兼作他種用途使用，其使用限制由直轄市、縣（市）政府定之。

所以第二層到第六層的停車空間不算容積，地下室做防空避難的樓層以 6000m2 四層樓去作除法，大概一層樓會是 1500 $m^2$。

所以第一層會超過 200 $m^2$，而其他容積又做停車空間所以不算容積，所以只計算 200 $m^2$ 而已。

（B）33. 依建築技術規則規定，建築物附建防空避難設備，下列何者錯誤？

(A)按建築面積全部附建之防空避難設備，其建築固定設備面積不得超過附建避難設備面積 1/4

(B)進出口樓梯與機械停車設備可視為防空避難設備之固定設備面積

(C)供防空避難設備使用之樓層樓地板面積達 200 平方公尺者，以兼作停車空間為限

(D)面積達 240 平方公尺以上之防空避難設備，應設二處階梯式進出口，其中一處應通達戶外

【解析】

建技術規則建築設計施工編-第六章 防空避難設備-第一節 通則

第 142 條

建築物有下列情形之一，經當地主管建築機關審查或勘查屬實者，依下列規定附建建築物防空避難設備：

一、建築基地如確因地質地形無法附建地下或半地下式避難設備者，得建築地面式避難設備。

**二、應按建築面積全部附建之建築物**，因建築設備或結構上之原因，如昇降機機道之緩衝基坑、機械室、電氣室、機器之基礎，蓄水池、化糞池等固定設備等必須設在地面以下部份，其所佔面積准免補足；**並不得超過附建避難設備面積四分之一。**

三、因重機械設備或其他特殊情形附建地下室或半地下室確實有困難者，得建築地面式避難設備。

四、同時申請建照之建築物，其應附建之防空避難設備得集中附建。但建築物居室任一點至避難設備進出口之步行距離不得超過三百公尺。

**五、進出口樓梯及盥洗室、機械停車設備所占面積不視為固定設備面積。**

**六、供防空避難設備使用之樓層地板面積達到二百平方公尺者，以兼作停車空間為限**；未達二百平方公尺者，得兼作他種用途使用，其使用限制由直轄市、縣（市）政府定之。

建技術規則建築設計施工編-第六章 防空避難設備-第二節 設計及構造概要

第 144 條

**防空避難設備之設計及構造準則規定如左：**

一、天花板高度或地板至樑底之高度不得小於二・一公尺。

二、進出口之設置依左列規定：

（一）面積未達二四〇平方公尺者，應設兩處進出口。其中一處得為通達戶外之爬梯式緊急出口。緊急出口淨寬至少為〇·六公尺見方或直徑〇・八五公尺以上。

**（二）面積達二四〇平方公尺以上者，應設二處階梯式（包括汽車坡道）進出口，其中一處應通達戶外。**

（本條文部分以下省略，為節省版面空間，以提供解題部分法規為主）

（D）34.依都市計畫工商綜合專用區審議規範，申請變更為工商綜合專用區者，其基地內之原始地形在坵塊圖之平均坡度超過 30% 以上之地區，該土地面積之百分之多少以上應維持原始地形地貌，不可開發？

(A)50 (B)60 (C)70 (D)80

【解析】

都市計畫工商綜合專用區審議規範-貳、基地條件

**十三、基地內之原始地形在坵塊圖之平均坡度超過百分之三十以上之地區，其面積之百分之八十以上土地應維持原始地形地貌，不可開發。**但得作為生態綠地，其餘部分得就整體規劃需要開發建築。

（C）35.依都市計畫法，都市計畫範圍內土地或建築物之使用，違反都市計畫法規定者，得勒令拆除、改建、停止使用或恢復原狀。不遵守規定者，除應依法予以行政強制執行外，並得如何處理？

(A)處 6 萬元罰金 (B)處 6 萬元罰鍰

(C)處 6 個月以下有期徒刑或拘役 (D)處 1 年有期徒刑

【解析】

都市計畫法-第八章 罰則

第 79 條

都市計畫範圍內土地或建築物之使用，或從事建造、採取土石、變更地形，違反本法或內政部、直轄市、縣（市）（局）政府依本法所發布之命令者，當地地方政府或鄉、鎮、縣轄市公所得處其土地或建築物所有權人、使用人或管理人新臺幣六萬元以上三十萬元以下罰鍰，並勒令拆除、改建、停止使用或恢復原狀。不拆除、改建、停止使用或恢復原狀者，得按次處罰，並停止供水、供電、封閉、強制拆除或採取其他恢復原狀之措施，其費用由土地或建築物所有權人、使用人或管理人負擔。

前項罰鍰，經限期繳納，屆期不繳納者，依法移送強制執行。

依第八十一條劃定地區範圍實施禁建地區，適用前二項之規定。

第 80 條

**不遵前條規定拆除、改建、停止使用或恢復原狀者，除應依法予以行政強制執行外，並得處六個月以下有期徒刑或拘役。**

（C）36.依都市計畫法臺灣省施行細則，下列何者非屬風景區可提供之使用項目？

(A)住宅 (B)宗祠及宗教建築 (C)汽車修理廠 (D)招待所

【解析】

都市計畫法臺灣省施行細則-第三章 土地使用分區管制

第25條

風景區為保育及開發自然風景而劃定，以供下列之使用為限：

**一、住宅。**

**二、宗祠及宗教建築。**

**三、招待所。**

四、旅館。

五、俱樂部。

六、遊樂設施。

七、農業及農業建築。

八、紀念性建築物。

九、戶外球類運動場、運動訓練設施。但土地面積不得超過零點三公頃。

十、飲食店。

十一、溫泉井及溫泉儲槽。但土地使用面積合計不得超過三十平方公尺。

十二、其他必要公共與公用設施及公用事業。

前項使用之建築物，其構造造型、色彩、位置應無礙於景觀；縣（市）政府核准其使用前，應會同有關單位審查。

第一項第十二款其他必要公共與公用設施及公用事業之設置，應以經縣（市）政府認定有必要於風景區設置者為限。

（D）37.依都市計畫法，下列有關都市計畫之擬定、發布及實施，下列敘述何者正確？

(A)人口集居達 3,000，而其中工商業人口占就業總人口百分之五十以上之地區，應擬定特定區計畫

(B)市鎮計畫之主要計畫書，其實施進度以 5 年為一期，最長不得超過 20 年

(C)首都之主要計畫由行政院核定

(D)縣政府所在地及縣轄市之主要計畫由內政部核定

【解析】

都市計畫法-第二章 都市計畫之擬定、變更、發布及實施

第20條

主要計畫應依左列規定分別層報核定之：

**一、首都之主要計畫由內政部核定，轉報行政院備案。**

二、直轄市、省會、市之主要計畫由內政部核定。

**三、縣政府所在地及縣轄市之主要計畫由內政部核定。**

四、鎮及鄉街之主要計畫由內政部核定。

五、特定區計畫由縣（市）（局）政府擬定者，由內政部核定；直轄市政府擬定者，由內政部核定，轉報行政院備案；內政部訂定者，報行政院備案。

主要計畫在區域計畫地區範圍內者，內政部在訂定或核定前，應先徵詢各該區域計畫機構之意見。

第一項所定應報請備案之主要計畫，非經准予備案，不得發布實施。但備案機關於文到後三十日內不為准否之指示者，視為准予備案。

第 11 條

**左列各地方應擬定鄉街計畫：**

一、鄉公所所在地。

二、人口集居五年前已達三千，而在最近五年內已增加三分之一以上之地區

**三、人口集居達三千，而其中工商業人口占就業總人口百分之五十以上之地區。**

四、其他經縣（局）政府指定應依本法擬定鄉街計畫之地區。

第 15 條

**市鎮計畫應先擬定主要計畫書**，並視其實際情形，就左列事項分別表明之：

一、當地自然、社會及經濟狀況之調查與分析。

二、行政區域及計畫地區範圍。

三、人口之成長、分布、組成、計畫年期內人口與經濟發展之推計。

四、住宅、商業、工業及其他土地使用之配置。

五、名勝、古蹟及具有紀念性或藝術價值應予保存之建築。

六、主要道路及其他公眾運輸系統。

七、主要上下水道系統。

八、學校用地、大型公園、批發市場及供作全部計畫地區範圍使用之公共設施用地。

九、實施進度及經費。

十、其他應加表明之事項。

前項主要計畫書，除用文字、圖表說明外，應附主要計畫圖，其比例尺不得小於一萬分之一；**其實施進度以五年為一期，最長不得超過二十五年。**

（B）38.有關緊急進口構造之敘述，下列何者錯誤？

(A)進口之間隔不得大於 40 公尺

(B)進口外設置陽台，寬度至少 1 公尺，長度至少 3 公尺，且可自外開啟或輕易破壞進入室內

(C)進口寬度至少 75 公分，高度至少 120 公分，且開口下端應距離樓地板面 80 公分範圍內

(D)進口應設於面臨道路或寬度在 4 公尺以上通路之各層外牆面

【解析】

建築技術規則建築設計施工編-第四章 防火避難設施及消防設備-第五節 緊急進口

第 109 條

緊急進口之構造應依左列規定：

**一、進口應設地面臨道路或寬度在四公尺以上通路之各層外牆面。**

**二、進口之間隔不得大於四十公尺。**

**三、進口之寬度應在七十五公分以上，高度應在一・二公尺以上。其開口之下端應距離樓地板面八十公分範圍以內。**

四、進口應為可自外面開啟或輕易破壞得以進入室內之構造。

**五、進口外應設置陽台，其寬度應為一公尺以上，長度四公尺以上。**

六、進口位置應於其附近以紅色燈作為標幟，並使人明白其為緊急進口之標示。

（B）39.地下建築物，應依場所特性及環境狀況，每多少平方公尺範圍內配置適當之泡沫、乾粉或二氧化碳滅火器一具？

(A)50 平方公尺　(B)100 平方公尺　(C)150 平方公尺　(D)200 平方公尺

【解析】

建築技術規則建築設計施工編-第十一章 地下建築物-第四節 防火避難設施及消防設備

第 208 條

地下建築物，應依場所特性及環境狀況，**每一〇〇平方公尺範圍內配置適當之泡沫、乾粉或二氧化碳滅火器一具，滅火器之裝設依左列規定：**

一、滅火器應分別固定放置於取用方便之明顯處所。

二、滅火器應即可使用。

三、懸掛於牆上或放置於消防栓箱中之滅火器，其上端與樓地板面之距離，十八公

斤以上者不得超過一公尺。

（D）40.高層建築物應依規定設置防災中心，防災中心樓地板面積不得小於多少平方公尺？

(A)20 平方公尺　(B)25 平方公尺　(C)30 平方公尺　(D)40 平方公尺

【解析】

建築技術規則建築設計施工編-第十二章 高層建築物-第四節 建築設備

第 259 條

高層建築物應依左列規定設置防災中心：

一、防災中心應設於避難層或其直上層或直下層。

**二、樓地板面積不得小於四十平方公尺。**

（本條文部分以下省略，為節省版面空間，以提供解題部分法規為主）

（A）41.建築物高度超過多少層樓以上部分之最大一層樓地板面積，在 1500 平方公尺以下者，至少應設置一座緊急用昇降機？

(A)10 樓　(B)11 樓　(C)12 樓　(D)13 樓

【解析】

建築技術規則建築設計施工編-第四章 防火避難設施及消防設備-第四節 建築設備-第四節 緊急用昇降機

第 106 條

依本編第五十五條規定應設置之緊急用昇降機，其設置標準依左列規定：

一、**建築物高度超過十層樓以上部分之最大一層樓地板面積，在一、五〇〇平方公尺以下者，至少應設置一座**：超過一、五〇〇平方公尺時，每達三、〇〇〇平方公尺，增設一座。

二、左列建築物不受前款之限制：

（一）超過十層樓之部分為樓梯間、昇降機間、機械室、裝飾塔、屋頂窗及其他類似用途之建築物。

（二）超過十層樓之各層樓地板面積之和未達五〇〇平方公尺者。

（A）42.依建築技術規則建築設計施工編規定，集合住宅建築物樓板挑空設計，下列敘述何者正確？

(A)每單位限設 1 處　(B)每處面積不得大於 15 平方公尺

(C)挑空樓層平均高度不得大於 7 公尺　(D)夾層僅得於 1 或 2 層設置

【解析】

建築技術規則建築設計施工編-第九章 容積設計

第 164-1 條

住宅、集合住宅等類似用途建築物樓板挑空設計者，挑空部分之位置、面積及高度應符合左列規定：

一、**挑空部分每住宅單位限設一處**，應設於客廳或客餐廳之上方，並限於建築物面向道路、公園、綠地等深度達六公尺以上之法定空地或其他永久性空地之方向設置。

二、**挑空部分每處面積不得小於十五平方公尺**，各處面積合計不得超過該基地內建築物允建總容積樓地板面積十分之一。

三、**挑空樓層高度不得超過六公尺，其旁側之未挑空部分上、下樓層高度合計不得超過六公尺。**

四、同一戶空間變化需求而採不同樓板高度之複層式構造設計時，其樓層高度最高不得超過四·二公尺。

五、建築物設置不超過各該樓層樓地板面積三分之一或一百平方公尺之夾層者，**僅得於地面層或最上層擇一處設置。**

挑空部分計入容積率之建築物，其挑空部分之位置、面積及高度得不予限制。

住宅、集合住宅等類似用途建築物未設計挑空者，除有第一項第四款情形外，地面一層樓層高度不得超過四·二公尺，其餘各樓層之樓層高度均不得超過三·六公尺。

（B）43.依建築技術規則建築設計施工編第 167 條規定，除公共建築物外，建築基地面積未達多少平方公尺，無需設置無障礙設施？

(A)100　(B)150　(C)200　(D)300

【解析】

建築技術規則建築設計施工編-第十章 無障礙建築物

第 167 條

為便利行動不便者進出及使用建築物，新建或增建建築物，應依本章規定設置無障礙設施。但符合下列情形之一者，不在此限：

一、獨棟或連棟建築物，該棟自地面層至最上層均屬同一住宅單位且第二層以上僅供住宅使用。

二、供住宅使用之公寓大廈專有及約定專用部分。

三、除公共建築物外，建築基地面積未達一百五十平方公尺或每棟每層樓地板面積均未達一百平方公尺。

前項各款之建築物地面層，仍應設置無障礙通路。

前二項建築物因建築基地地形、垂直增建、構造或使用用途特殊，設置無障礙設施確有困難，經當地主管建築機關核准者，得不適用本章一部或全部之規定。

建築物無障礙設施設計規範，由中央主管建築機關定之。

（A）44.依建築技術規則建築設計施工編規定，除地質良好不致崩塌外，挖土深度在多少公尺以上，應有適當之擋土設備？

(A)1.5　　(B)2.0　　(C)2.5　　(D)3.0

【解析】

建築技術規則建築設計施工編-第八章 施工安全措施-第三節 擋土設備安全措施

第 154 條

凡進行挖土、鑽井及沉箱等工程時，應依左列規定採取必要安全措施：

一、應設法防止損壞地下埋設物如瓦斯管、電纜，自來水管及下水道管渠等

二、應依據地層分布及地下水位等資料所計算繪製之施工圖施工。

三、靠近鄰房挖土，深度超過其基礎時，應依本規則建築構造編中有關規定辦理。

**四、挖土深度在一・五公尺以上者，除地質良好，不致發生崩塌或其周圍狀況無安全之虞者外，應有適當之擋土設備，並符合本規則建築構造編中有關規定設置。**

五、施工中應隨時檢查擋土設備，觀察周圍地盤之變化及時予以補強，並採取適當之排水方法，以保持穩定狀態。

六、拔取板樁時，應採取適當之措施以防止周圍地盤之沉陷。

（B）45.依建築技術規則建築設計施工編第 141 條規定，經中央主管建築機關指定之適用地區，非供公眾使用之建築物，其層數在多少層以上者，其防空避難設備應按建築面積全部附建？

(A)5 層　　(B)6 層　　(C)7 層　　(D)8 層

【解析】

建築技術規則建築設計施工編-第六章 防空避難設備-第一節 通則

第 141 條

防空避難設備之附建標準依下列規定：

**一、非供公眾使用之建築物，其層數在六層以上者，按建築面積全部附建。**

（本條文部分以下省略，為節省版面空間，以提供解題部分法規為主）

（B）46.依建築技術規則規定，有關老人住宅，下列敘述何者錯誤？

(A)老人住宅之臥室居住人數不得超過 2 人

(B)老人住宅之臥室，其樓地板面積應為 8 平方公尺以上

(C)浴室含廁所者，每一處樓地板面積應為 4 平方公尺以上

(D)公共服務空間合計樓地板面積應達居住人數每人 2 平方公尺以上

【解析】

建築技術規則建築設計施工編-第十六章 老人住宅

第 294 條

老人住宅之臥室，**居住人數不得超過二人**，其樓地板面積應為**九平方公尺以上**。

第 295 條

老人住宅之服務空間，包括左列空間：

一、居室服務空間：居住單元之浴室、廁所、廚房之空間。

二、共用服務空間：建築物門廳、走廊、樓梯間、昇降機間、梯廳、共用浴室、廁所及廚房之空間。

三、公共服務空間：公共餐廳、公共廚房、交誼室、服務管理室之空間。

前項服務空間之設置面積規定如左：

**一、浴室含廁所者，每一處之樓地板面積應為四平方公尺以上。**

**二、公共服務空間合計樓地板面積應達居住人數每人二平方公尺以上。**

三、居住單元超過十四戶或受服務之老人超過二十人者，應至少提供一處交誼室，其中一處交誼室之樓地板面積不得小於四十平方公尺，並應附設廁所。

（A）47.依建築技術規則規定，高層建築物應設置專用出入口緩衝空間，其寬度及長度各不得小於多少公尺？

(A)寬度不得小於 6 公尺，長度不得小於 12 公尺

(B)寬度不得小於 5 公尺，長度不得小於 10 公尺

(C)寬度不得小於 4 公尺，長度不得小於 12 公尺

(D)寬度不得小於 2.5 公尺，長度不得小於 6 公尺

【解析】

建築技術規則建築設計施工編-第十二章 高層建築物-第一節 一般設計通則

第 232 條

高層建築物應於基地內設置專用出入口緩衝空間，供人員出入、上下車輛及裝卸貨

物，**緩衝空間寬度不得小於六公尺，長度不得小於十二公尺**，其設有頂蓋者，頂蓋淨高度不得小於三公尺。

（B）48.依建築技術規則建築設計施工編第 60 條規定，基地面積在多少平方公尺以上，其設置於地面層以外樓層之停車空間應設汽車車道（坡道）？

(A)1000　(B)1500　(C)2000　(D)3000

【解析】

建築技術規則建築設計施工編-第二章 一般設計通則-第十四節 停車空間

第 60 條

停車空間及其應留設供汽車進出用之車道，規定如下：

一、每輛停車位為寬二點五公尺，長五點五公尺。但停車位角度在三十度以下者，停車位長度為六公尺。大客車每輛停車位為寬四公尺，長十二點四公尺。

｜　｜　｜　｜　｜　｜　｜　｜

五、基地面積在一千五百平方公尺以上者，其設於地面層以外樓層之停車空間應設汽車車道（坡道）。

（本條文部分以下省略，為節省版面空間，以提供解題部分法規為主）

（A）49.依建築技術規則建築設備編第 20 條規定，作危險物品倉庫使用者，其建築物高度在幾公尺以上，需設置避雷設備？

(A)3　(B)5　(C)10　(D)20

【解析】

建築技術規則建築設備編-第一章 電氣設備-第五節 避雷設備

第 20 條

下列建築物應有符合本節所規定之避雷設備：

一、建築物高度在二十公尺以上者。

二、**建築物高度在三公尺以上**並作危險物品倉庫使用者（火藥庫、可燃性液體倉庫、可燃性氣體倉庫等）。

（D）50.建築技術規則有關地下通道之設置規定，下列何者錯誤？

(A)地下通道之寬度不得小於 6 公尺，並不得設置有礙避難通行之設施

(B)地下通道之地板面高度不等時應以坡道連接之，不得設置台階，其坡度應小於 1 比 12，坡道表面並應作止滑處理

(C)地下通道及地下廣場之天花板淨高不得小於 3 公尺，但至天花板下之防煙壁、廣告物等類似突出部份之下端，得減為 2.5 公尺以上

(D)地下通道末端不與其他地下通道相連者，應設置出入口通達地面道路，其出入口末端設有 2 處以上出入口時，其寬度以較寬者計算

【解析】

建築技術規則建築設備編-第十一章 地下建築物-第一節 一般設計通則

第 184 條

地下通道依左列規定：

一、地下通道之寬度不得小於六公尺，並不得設置有礙避難通行之設施。

二、地下通道之地板面高度不等時應以坡道連接之，不得設置台階，其坡度應小於一比十二，坡道表面並應作止滑處理。

三、地下通道及地下廣場之天花板淨高不得小於三公尺，但至天花板下之防煙壁、廣告物等類似突出部份之下端，得減為二·五公尺以上。

**四、地下通道末端不與其他地下通道相連者，應設置出入口通達地面道路或永久性空地，其出入口寬度不得小於該通道之寬度。該末端設有二處以上出入口時，其寬度得合併計算。**

(#) 51. 建築技術規則有關緊急用昇降機之規定，下列何者錯誤？**【答 A 或 D 或 AD 者均給分】**

(A)建築物高度超過 10 層樓之各層樓地板面積之未達 500 平方公尺者，得不設置緊急用昇降機

(B)每座昇降機間之樓地板面積不得小於 10 平方公尺

(C)緊急用昇降機間應設置排煙室

(D)昇降機道應每 2 部昇降機以具有半小時以上防火時效之牆壁隔開

【解析】

建築技術規則建築設備編-第四章 防火避難設施及消防設備-第四節 緊急用昇降機

第 106 條

依本編第五十五條規定應設置之緊急用昇降機，其設置標準依左列規定：

一、建築物高度超過十層樓以上部分之最大一層樓地板面積，在一、五〇〇平方公尺以下者，至少應設置一座：超過一、五〇〇平方公尺時，每達三、〇〇〇平方公尺，增設一座。

二、左列建築物不受前款之限制：

（一）超過十層樓之部分為樓梯間、昇降機間、機械室、裝飾塔、屋頂窗及其他類似用途之建築物。

**（二）超過十層樓之各層樓地板面積之和未達五〇〇平方公尺者。**

第 107 條

緊急用昇降機之構造除本編第二章第十二節及建築設備編對昇降機有關機廂、昇降機道、機械間安全裝置、結構計算等之規定外，並應依下列規定：

一、機間：

（一）除避難層、集合住宅採取複層式構造者其無出入口之樓層及整層非供居室使用之樓層外，應能連通每一樓層之任何部分。

（二）四周應為具有一小時以上防火時效之牆壁及樓板，其天花板及牆裝修，應使用耐燃一級材料。

（三）出入口應為具有一小時以上防火時效之防火門。除開向特別安全梯外，限設一處，且不得直接連接居室。

**（四）應設置排煙設備。**

（五）應有緊急電源之照明設備並設置消防栓、出水口、緊急電源插座等消防設備。

**（六）每座昇降機間之樓地板面積不得小於十平方公尺。**

（七）應於明顯處所標示昇降機之活載重及最大容許乘座人數，避難層之避難方向、通道等有關避難事項，並應有可照明此等標示以及緊急電源之標示燈。

二、機間在避難層之位置，自昇降機出口或昇降機間之出入口至通往戶外出入口之步行距離不得大於三十公尺。戶外出入口並應臨接寬四公尺以上之道路或通道。

**三、昇降機道應每二部昇降機以具有一小時以上防火時效之牆壁隔開。**但連接機間之出入口部分及連接機械間之鋼索、電線等周圍，不在此限。

（本條文部分以下省略，為節省版面空間，以提供解題部分法規為主）

（D）52.依建築技術規則規定，下列建築物何者應檢具防火避難綜合檢討報告書及評定書，或建築物防火避難性能設計計畫書及評定書，經中央主管建築機關認可？

(A)高度 22 層或 80 公尺 B-2 組使用之高層建築物

(B)高度 20 層或 70 公尺 B-4 組使用之高層建築物

(C)供建築物使用類組 B-2 組使用之總樓地板面積達 20,000 平方公尺以上之建築物

(D)供建築物使用類組 B-2 組使用之總樓地板面積達 30,000 平方公尺以上之建築物

【解析】

建築技術規則總則編

第 3-4 條

左列建築物應檢具防火避難綜合檢討報告書及評定書，或建築物防火避難性能設計計畫書及評定書，經中央主管建築機關認可；如檢具建築物防火避難性能設計計畫書及評定書者，並得適用本編第三條規定：

一、高度達二十五層或九十公尺以上之高層建築物。但僅供建築物用途類組 H-2 組使用者，不受此限。

**二、供建築物使用類組 B-2 組使用之總樓地板面積達三○、○○○平方公尺以上之建築物。**

三、與地下公共運輸系統相連接之地下街或地下商場。

前項之防火避難綜合檢討評定書，應由中央主管建築機關指定之機關（構）、學校或團體辦理。

第一項防火避難綜合檢討報告書及評定書應記載事項、認可程序及其他應遵循事項，由中央主管建築機關另定之。

第二項之機關（構）、學校或團體，應具備之條件、指定程序及其應遵循事項，由中央主管建築機關另定之。

（B）53.依據建築技術規則有關建築物避雷設備之規定，下列何者正確？

(A)建築物高度在 18 公尺者，應設置避雷設備

(B)建築物高度在 4 公尺並作可燃性氣體倉庫使用者，應設置避雷設備

(C)建築高度在 30 公尺以下時，可使用斷面積 20 平方公厘之銅導線

(D)受雷部針體應用直徑 10 公厘以上之銅棒製成

【解析】

建築技術規則建築設備編-第一章 電氣設備-第五節 避雷設備

第 20 條

下列建築物應有符合本節所規定之避雷設備：

**一、建築物高度在二十公尺以上者。**

**二、建築物高度在三公尺以上**並作危險物品倉庫使用者（火藥庫、可燃性液體倉庫、可燃性氣體倉庫等）。

第 24 條

**建築物高度在三十公尺以下時，應使用斷面積三十平方公厘以上之銅導線**；建築物高度超過三十公尺，未達三十六公尺時，應用六十平方公厘以上之銅導線；建築物高度在三十六公尺以上時，應用一百平方公厘以上之銅導線。導線裝置之地點有被外物碰傷之虞時，應使用硬質塑膠管或非磁性金屬管保護之。

第 22 條

**受雷部針體應用直徑十二公厘以上之銅棒製成**；設置環境有使銅棒腐蝕之虞者，其銅棒外部應施以防蝕保護。

（A）54.辦公大樓建築物其地面以上樓層在三樓以下者，至少應設置一處無障礙廁所盥洗室。超過三層以上，每增加三層且有一層以上之樓地板面積超過多少平方公尺者，應於每增加三層之範圍內分別設置一處無障礙廁所盥洗室？

(A)500 平方公尺　(B)600 平方公尺　(C)800 平方公尺　(D)1000 平方公尺

【解析】

建築技術規則建築設計施工編-第十章 無障礙建築物

第 167-3 條

建築物依本規則建築設備編第三十七條應裝設衛生設備者，除使用類組為 H-2 組住宅或集合住宅外，每幢建築物無障礙廁所盥洗室數量不得少於下表規定，且服務範圍不得大於三樓層：

| 建築物規模 | 無障礙廁所<br>盥洗室數量（處） | 設置處所 |
|---|---|---|
| 建築物總樓層數在三層以下者 | 一 | 任一樓層 |
| 建築物總樓層數超過三層，超過部分每增加三層且有一層以上之樓地板面積超過五百平方公尺者 | 加設一處 | 每增加三層之範圍內設置一處 |

（#）55. 有一山坡地建築，其基地面積為 200 平方公尺，建蔽率為 40%，容積率為 100%，請問此建築地下各層最大樓地板面積為多少平方公尺？**【一律給分】**

(A)120 平方公尺　(B)140 平方公尺　(C)160 平方公尺　(D)180 平方公尺

（B）56.有關違反建築師法懲戒最重可撤銷或廢止開業證書者之敘述，下列何者錯誤？

(A)允諾他人假借其名義執行業務　(B)洩漏因業務知悉他人之秘密

(C)受破產宣告，尚未復權　(D)受停止執行業務處分累計滿 5 年

【解析】

建築師法-第一章 總則

第 4 條

有下列情形之一者，不得充任建築師；已充任建築師者，由中央主管機關撤銷或廢止其建築師證書：

一、受監護或輔助宣告，尚未撤銷。

二、罹患精神疾病或身心狀況違常，經中央主管機關委請二位以上相關專科醫師諮詢，並經中央主管機關認定不能執行業務。

**三、受破產宣告，尚未復權。**

四、因業務上有關之犯罪行為，受一年有期徒刑以上刑之判決確定，而未受緩刑之宣告。

五、受廢止開業證書之懲戒處分。

前項第一款至第三款原因消滅後，仍得依本法之規定，請領建築師證書。

建築師法-第五章 獎懲

第 45 條

建築師之懲戒處分如下：

一、警告。

二、申誡。

三、停止執行業務二月以上二年以下。

四、撤銷或廢止開業證書。

建築師受申誡處分三次以上者，應另受停止執行業務時限之處分；受停止執行業務處分累計滿五年者，應廢止其開業證書。

建築師法-第三章 開業建築師之業務及責任

第 26 條

建築師不得允諾他人假借其名義執行業務。

建築師法-第五章 獎懲

第 46 條

建築師違反本法者，依下列規定懲戒之：

一、違反第十一條至第十三條或第五十四條第三項規定情事之一者，應予警告或申誡。

二、違反第六條、第二十四條或第二十七條規定情事之一者，應予申誡或停止執行業務。

三、違反第二十五條之規定者，應予停止執行業務，其不遵從而繼續執業者，應予廢止開業證書。

四、違反第十七條或第十八條規定情事之一者，應予警告、申誡**或停止執行業務或廢止開業證書。**

**五、違反第四條或第二十六條之規定者，應予撤銷或廢止開業證書。**

（B）57.依建築師法之規定，建築師受申誡處分幾次以上，應另受停止執行業務時限之處分？

(A)2 次　(B)3 次　(C)4 次　(D)5 次

【解析】

建築師法-第五章 獎懲

第 45 條

建築師之懲戒處分如下：

一、警告。

二、申誡。

三、停止執行業務二月以上二年以下。

四、撤銷或廢止開業證書。

**建築師受申誡處分三次以上者，應另受停止執行業務時限之處分**；受停止執行業務處分累計滿五年者，應廢止其開業證書。

（D）58.依建築師法之規定，下列不得充任建築師的原因消滅後，仍不得依建築師法之規定，請領建築師證書？

(A)受監護或輔助宣告，尚未撤銷

(B) 罹患精神疾病或身心狀況違常，經中央主管機關委請 2 位以上相關專科醫師諮詢，並經中央主管機關認定不能執行業務

(C)受破產宣告，尚未復權

(D)受廢止開業證書之懲戒處分

【解析】

建築師法-第一章 總則

第 4 條

有下列情形之一者，不得充任建築師；已充任建築師者，由中央主管機關撤銷或廢止其建築師證書：

一、受監護或輔助宣告，尚未撤銷。

二、罹患精神疾病或身心狀況違常，經中央主管機關委請二位以上相關專科醫師諮

詢，並經中央主管機關認定不能執行業務。

三、受破產宣告，尚未復權。

四、因業務上有關之犯罪行為，受一年有期徒刑以上刑之判決確定，而未受緩刑之宣告。

**五、受廢止開業證書之懲戒處分。**

**前項第一款至第三款原因消滅後，仍得依本法之規定，請領建築師證書。**

（B）59.執行公共工程合約如發生爭執未能達成協議時，下列何者不是公共工程契約範本中建議採用之處理方式？

(A)提起民事訴訟

(B)提請行政院公共工程委員會依工程慣例處理

(C)經契約雙方同意並訂立仲裁協議後，依契約約定及仲裁法規定提付仲裁

(D)依契約或雙方合意之其他方式處理

【解析】

資料來源：工程採購契約範本

第22條 爭議處理

（一）機關與廠商因履約而生爭議者，應依法令及契約規定，考量公共利益及公平合理，本誠信和諧，盡力協調解決之。其未能達成協議者，得以下列方式處理之：

1. **提起民事訴訟**，並以□機關；□本工程（由機關於招標時勾選；未勾選者，為機關）所在地之地方法院為第一審管轄法院。
2. 依採購法第85條之1規定向採購申訴審議委員會申請調解。工程採購經採購申訴審議委員會提出調解建議或調解方案，因機關不同意致調解不成立者，廠商提付仲裁，機關不得拒絕。
3. **經契約雙方同意並訂立仲裁協議後，依本契約約定及仲裁法規定提付仲裁。**
4. 依採購法第102條規定提出異議、申訴。
5. 依其他法律申（聲）請調解。
6. 契約雙方合意成立爭議處理小組協調爭議。
7. **依契約或雙方合意之其他方式處理。**

（本條文部分以下省略，為節省版面空間，以提供解題部分法規為主）

（C）60. 起造人自領得建造執照或雜項執照之日起，應於一定期限內開工，起造人因故不能於前項期限內開工時，應敘明原因，申請展期，但展期不得超過 3 個月，逾期執照失其效力。因此自領得執照至執照失其效力最長時間為幾個月？

(A)15　　(B)12　　(C)9　　(D)6

【解析】

建築法-第五章 施工管理

第 54 條

**起造人自領得建造執照或雜項執照之日起，應於六個月內開工**；並應於開工前，會同承造人及監造人將開工日期，連同姓名或名稱、住址、證書字號及承造人施工計畫書，申請該管主管建築機關備查。

**起造人因故不能於前項期限內開工時，應敘明原因，申請展期一次，期限為三個月。**未依規定申請展期，或已逾展期期限仍未開工者，其建造執照或雜項執照自規定得展期之期限屆滿之日起，失其效力。

第一項施工計畫書應包括之內容，於建築管理規則中定之。

（D）61. 有關室內裝修業應依法令規定置專任專業技術人員之敘述，下列何者與規定不符？

(A)從事設計業務者，其專業設計技術人員 1 人以上

(B)從事施工業務者，其專業施工技術人員 1 人以上

(C)從事設計及施工業務者，專業設計及專業施工之技術人員各 1 人以上

(D)從事設計及施工業務者，應由兼具專業設計及專業施工之技術人員身分 2 人以上

【解析】

建築物室內裝修管理辦法

第 9 條

室內裝修業應依下列規定置專任專業技術人員：

一、從事室內裝修設計業務者：專業設計技術人員一人以上。

二、從事室內裝修施工業務者：專業施工技術人員一人以上。

三、從事室內裝修設計及施工業務者：專業設計及專業施工技術人員各一人以上，或兼具專業設計及專業施工技術人員身分一人以上。

室內裝修業申請公司或商業登記時，其名稱應標示室內裝修字樣。

（B）62. 建築師設計建築物時，有關建築物結構與設備等專業工程部分，下列何種情況可不交由依法登記開業之專業工業技師負責辦理？

(A)5 層以下，供公眾使用之建築物　　(B)5 層以下，非供公眾使用之建築物

(C)6 層以下，非供公眾使用之建築物　(D)6 層以下，供公眾使用之建築物

【解析】

建築法-第一章 總則

第 13 條

本法所稱建築物設計人及監造人為建築師，以依法登記開業之建築師為限。但有關建築物結構及設備等專業工程部分，**除五層以下非供公眾使用之建築物外，應由承辦建築師交由依法登記開業之專業工業技師負責辦理，建築師並負連帶責任。**

公有建築物之設計人及監造人，得由起造之政府機關、公營事業機構或自治團體內，依法取得建築師或專業工業技師證書者任之。

開業建築師及專業工業技師不能適應各該地方之需要時，縣（市）政府得報經內政部核准，不受前二項之限制。

（B）63.起造人申請雜項執照時，須具備下列何種文件？

①申請書　②土地權利證明文件　③拆除執照　④工程圖樣及說明書

(A)①②③　(B)①②④　(C)①③④　(D)②③④

【解析】

建築法-第二章 建築許可

第 30 條

起造人申請建造執照或**雜項執照**時，應備具申請書、土地權利證明文件、工程圖樣及說明書。

（C）64.建築物依建築法得「勒令停工」之情況，不包含下列何者？

(A)妨礙都市計畫或區域計畫者

(B)主要構造與核定工程圖樣及說明書不符者

(C)未依規定聘用一定比例之本國勞工者

(D)逾建築期限未申請展期者

【解析】

建築法-第五章 施工管理

第 58 條

建築物在施工中，直轄市、縣（市）（局）主管建築機關認有必要時，得隨時加以勘驗，發現左列情事之一者，應以書面通知承造人或起造人或監造人，**勒令停工或修改**；必要時，得強制拆除：

一、妨礙都市計畫者。

二、妨礙區域計畫者。

三、危害公共安全者。

四、妨礙公共交通者。

五、妨礙公共衛生者。

六、主要構造或位置或高度或面積與核定工程圖樣及說明書不符者。

七、違反本法其他規定或基於本法所發布之命令者。

建築法-第八章 罰則

第 87 條

有左列情形之一者，處起造人、承造人或監造人新臺幣九千元以下罰鍰，並勒令補辦手續；必要時，並得勒令停工。

一、違反第三十九條規定，未依照核定工程圖樣及說明書施工者。

二、建築執照遺失未依第四十條規定，登報作廢，申請補發者。

**三、逾建築期限未依第五十三條第二項規定，申請展期者。**

四、逾開工期限未依第五十四條第二項規定，申請展期者。

五、變更起造人、承造人、監造人或工程中止或廢止未依第五十五條第一項規定，申請備案者。

六、中止之工程可供使用部分未依第五十五條第二項規定，辦理變更設計，申請使用者。

七、未依第五十六條規定，按時申報勘驗者。

（C）65.建築物及雜項工作物造價在一定金額以下或規模在一定標準以下者，下列敘述何者錯誤？

(A)得免由建築師設計　　(B)得免由建築師監造

(C)得免申請建築執照　　(D)得免由營造業承造

【解析】

建築法-第一章 總則

第 16 條

建築物及雜項工作物造價在一定金額以下或規模在一定標準以下者，**得免由建築師設計，或監造或營造業承造。**

前項造價金額或規模標準，由直轄市、縣（市）政府於建築管理規則中定之。

（B）66. 依建築法規定，建築師辦理建築物公共安全檢查，簽證內容不實者，處新臺幣多少之罰鍰？

(A)6 萬元以上 20 萬元以下　(B)6 萬元以上 30 萬元以下

(C)5 萬元以上 20 萬元以下　(D)5 萬元以上 30 萬元以下

【解析】

建築法-第六章 使用管理

第 77 條

建築物所有權人、使用人應維護建築物合法使用與其構造及設備安全。

直轄市、縣（市）（局）主管建築機關對於建築物得隨時派員檢查其有關公共安全與公共衛生之構造與設備。

**供公眾使用之建築物，應由建築物所有權人、使用人定期委託中央主管建築機關認可之專業機構或人員檢查簽證，其檢查簽證結果應向當地主管建築機關申報。非供公眾使用之建築物，經內政部認有必要時亦同。**

前項檢查簽證結果，主管建築機關得隨時派員或定期會同各有關機關複查。

第三項之檢查簽證事項、檢查期間、申報方式及施行日期，由內政部定之。

建築法-第八章 罰則

第 91-1 條

**有左列情形之一者，處建築師**、專業技師、專業機構或人員、專業技術人員、檢查員或實施機械遊樂設施安全檢查人員**新臺幣六萬元以上三十萬元以下罰鍰：**

**一、辦理第七十七條第三項之檢查簽證內容不實者。**

二、允許他人假借其名義辦理第七十七條第三項檢查簽證業務或假借他人名義辦理該檢查簽證業務者。

三、違反第七十七條之四第六項第一款或第七十七條之四第八項第一款規定，將登記證或檢查員證提供他人使用或使用他人之登記證或檢查員證執業者。

四、違反第七十七條之三第二項第三款規定，安全檢查報告內容不實者。

（C）67. 有一非防火構造建築物，其主要構造採不燃材料建造，擬依原有合法建築物防火避難設施及消防設備改善辦法改善防火區劃，請問其每一區劃樓地板面積，最大不得大於多少平方公尺？

(A)2500　(B)1500　(C)1000　(D)500

【解析】

建築法-第三章 建築物之防火-第四節 防火區劃

第 80 條

非防火構造之建築物，其主要構造使用不燃材料建造者，**應按其總樓地板面積每一、○○○平方公尺**以具有一小時防火時效之牆壁及防火門窗等防火設備予以區劃分隔。

前項之區劃牆壁應自地面層起，貫穿各樓層而與屋頂交接，並突出建築物外牆面五十公分以上。但與區劃牆壁交接處之外牆有長度九十公分以上，且具有一小時以上防火時效者，得免突出。

第一項之防火設備應具有一小時以上之阻熱性。

（A）68.依原有合法建築物防火避難設施及消防設備改善辦法規定，建築物非防火區劃分間牆依現行規定應具一小時時效者，得以下列何種材料裝修牆面替代之？

(A)不燃材料　(B)耐燃二級　(C)耐火板　(D)耐燃三級

【解析】

原有合法建築物防火避難設施及消防設備改善辦法

第 15 條

非防火區劃分間牆依現行規定應具一小時防火時效者，**得以不燃材料裝修其牆面替代之。**

（C）69.依建築法規定，將建築物之一部分拆除，於原建築基地範圍內建造，而不增加或擴大面積者，屬於下列那一種建造行為？

(A)新建　(B)增建　(C)改建　(D)修建

【解析】

建築法-第一章 總則

第 9 條

本法所稱建造，係指左列行為：

一、新建：為新建造之建築物或將原建築物全部拆除而重行建築者。

二、增建：於原建築物增加其面積或高度者。但以過廊與原建築物連接者，應視為新建。

**三、改建：將建築物之一部分拆除，於原建築基地範圍內改造，而不增高或擴大面積者。**

四、修建：建築物之基礎、樑柱、承重牆壁、樓地板、屋架及屋頂，其中任何一種有過半之修理或變更者。

（D）70.依據建築法之規定，下列何者非屬於建築物之主要構造？

(A)主要樑柱　(B)承重牆壁　(C)屋頂　(D)分間牆

【解析】

建築法-第一章 總則

第8條

本法所稱建築物之主要構造，為基礎、**主要樑柱**、**承重牆壁**、樓地板及**屋頂**之構造。

（C）71.依建築法規定，起造人領得建築執照或雜項執照後，有下列何項情事者，應即申報該管主管建築機關備案？

(A)變更設計人　(B)變更使用人　(C)變更承造人　(D)變更租賃人

【解析】

建築法-第五章 施工管理

第55條

起造人領得建造執照或雜項執照後，**如有左列各款情事之一者，應即申報該管主管建築機關備案：**

一、變更起造人。**二、變更承造人**。三、變更監造人。四、工程中止或廢止。

前項中止之工程，其可供使用部分，應由起造人依照規定辦理變更設計，申請使用；其不堪供使用部分，由起造人拆除之。

（C）72.未具備自動滅火設備之原有合法防火構造建築物，10 層以下之樓層面積在 1500 平方公尺以上者，應按每多少平方公尺，有 1 小時以上防火時效之牆壁、樓地板及防火設備區劃分隔？

(A)500 平方公尺　(B)1000 平方公尺　(C)1500 平方公尺　(D)2000 平方公尺

【解析】

原有合法建築物防火避難設施及消防設備改善辦法

第5條

**原有合法建築物十層以下之樓層**面積區劃，依下列規定改善：

一、**防火構造建築物或防火建築物，其總樓地板面積在一千五百平方公尺以上者，應按每一千五百平方公尺，以具有一小時以上防火時效之牆壁、樓地板及防火設備區劃分隔**；具備有效自動滅火設備者，得免計算其有效範圍樓地板面積之二分之一。

二、非防火構造建築物，其主要構造部分使用不燃材料建造之建築物者，應按其總樓地板面積每一千平方公尺，以具有一小時防火時效之牆壁、樓地板及防火設備區劃分隔。

三、非防火構造建築物，其主要構造為木造且屋頂以不燃材料覆蓋者，按其總樓地板面積每五百平方公尺，以具有一小時防火時效之牆壁、樓地板及防火設備區劃分隔。

（D）73.依建築物室內裝修管理辦法規定，下列何者非屬室內裝修行為？

(A)高度超過 1.2 公尺固定於地板之隔屏　(B)分間牆之變更

(C)固著於建築物構造體之天花板裝修　(D)活動隔屏、地毯之黏貼及擺設

【解析】

建築物室內裝修管理辦法

第 3 條

本辦法所稱室內裝修，指除壁紙、壁布、窗簾、家具、活動隔屏、地氈等之黏貼及擺設外之下列行為：

**一、固著於建築物構造體之天花板裝修。**

二、內部牆面裝修。

**三、高度超過地板面以上一點二公尺固定之**隔屏或兼作櫥櫃使用之隔屏裝修

**四、分間牆變更。**

（D）74.依建築物室內裝修管理辦法規定，下列何者不屬室內裝修從業者？

(A)開業建築師　(B)營造業　(C)室內裝修業　(D)室內裝潢人員

【解析】

建築物室內裝修管理辦法

第 4 條

本辦法所稱室內裝修從業者，**指開業建築師、營造業及室內裝修業。**

（C）75.下列何者不屬建築法所稱之供公眾使用建築物？

(A)殯儀館　(B)寺廟　(C)5 層樓集合住宅　(D)俱樂部

【解析】

供公眾使用建築物之範圍

建築法第五條所稱供公眾使用之建築物，為供公眾工作、營業、居住、遊覽、娛樂、及其他供公眾使用之建築物，其範圍如下；同一建築物供二種以上不同之用途使用時，應依各該使用之樓地板面積按本範圍認定之：

一、戲院、電影院、演藝場。

二、舞廳（場）、歌廳、夜總會、**俱樂部**、加以區隔或包廂式觀光（視聽）理髮（理容）場所。

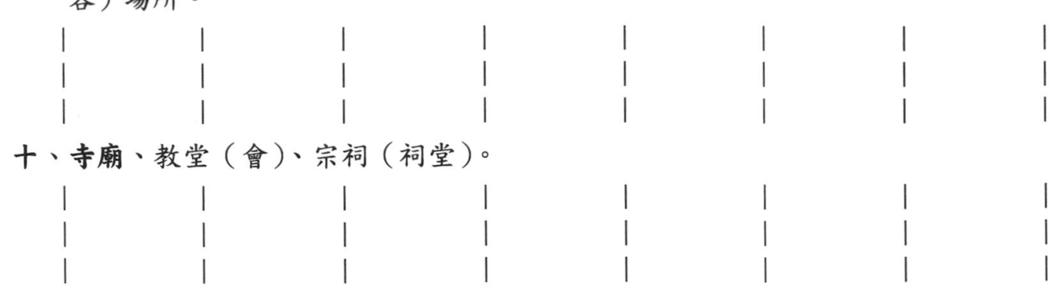

十、**寺廟**、教堂（會）、宗祠（祠堂）。

十九、**殯儀館**、納骨堂（塔）。

**二十、六層以上之集合住宅（公寓）。**

二十一、總樓地板面積在三百平方公尺以上之屠宰場。

二十二、其他經中央主管建築機關指定者。

（C）76.有關無障礙設施「輪椅觀眾席位」規定下列何者錯誤？

(A)單一個輪椅觀眾席，可僅由後方或單側進入該席

(B)2 個輪椅觀眾席，可僅由後方或單側進入該席

(C)3 個輪椅觀眾席並排時，可僅由後方或單側進入該席

(D)4 個輪椅觀眾席並排時，應可由前後或左右側進入該席

【解析】

建築物無障礙設施設計規範-第七章 輪椅觀眾席位-704 配置

**內政部** 108.1.4 **台內營字第** 1070820550 **號令修正，自** 108.7.1 **生效**

704.2 位置：輪椅觀眾席位應設於鄰近避難逃生通道、易到達且有寬度 90 公分以上之無障礙通路可通達，**如有 2 個以上之輪椅觀眾席位並排時，應有寬度** 90 **公分以上之通路進入個別席位**（如圖 704.2）。

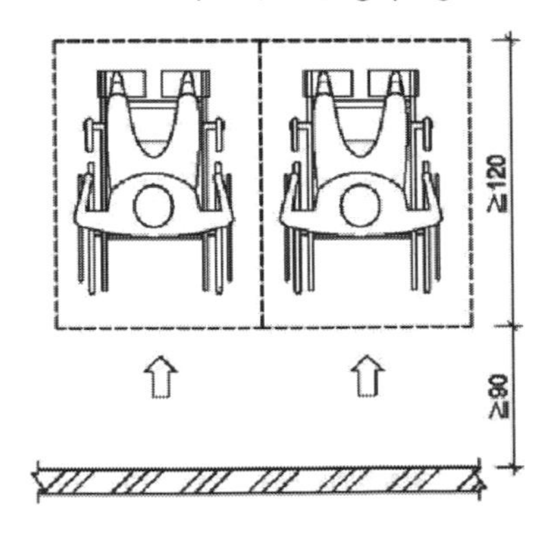


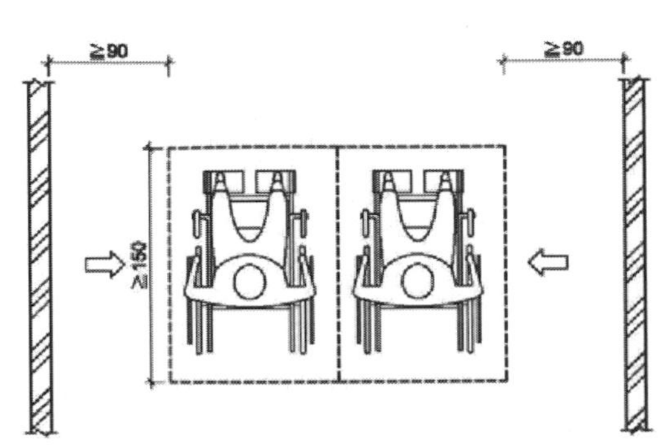


圖 704.2

**舊法尚未修正前為：**

**差別在於酌作文字修正**

位置：應設於鄰近避難逃生通道、易到達且有無障礙通路可到達之處，若有 3 個以上之輪椅觀眾席位並排時，應可由前後或左右兩側進入該席位（圖 704.2）。

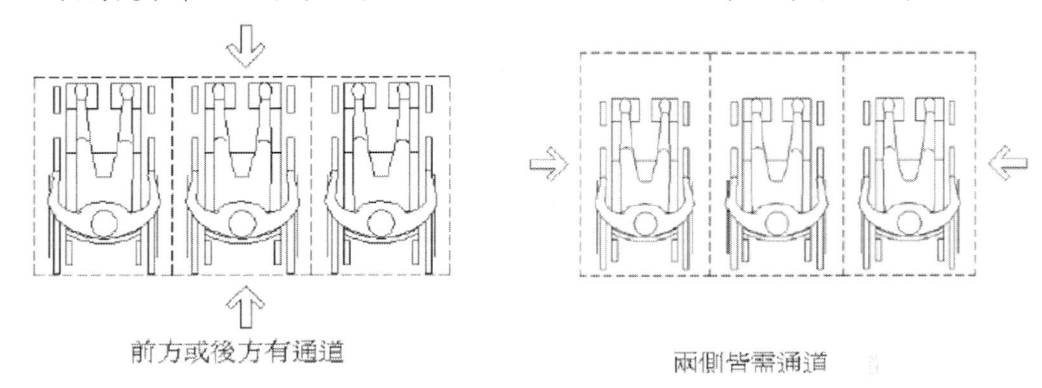


圖 704.2

<u>(A)選項解釋</u>

建築物無障礙設施設計規範-第七章 輪椅觀眾席位-703 席位尺寸**內政部** 108.1.4 **台內營字第** 1070820550 **號令修正，自** 108.7.1 **生效**

深度：**可由前方或後方進入之輪椅觀眾席位**，深度應為 120 公分以上(如圖 703.2.1)；如輪椅觀眾席位僅可由側面進入者，則深度應為 150 公分以上（如圖 703.2.2）。

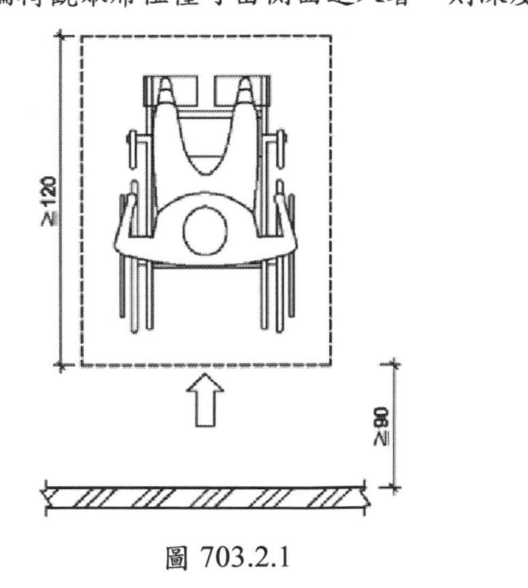


圖 703.2.1

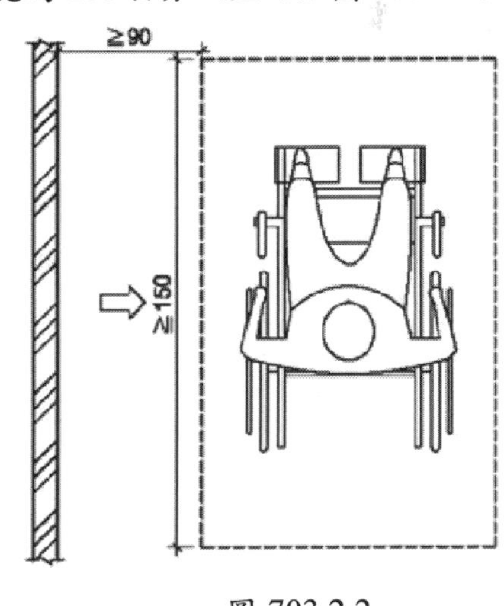


圖 703.2.2

**舊法尚未修正前為：**

**差別在於酌作文字修正與修正圖例**

深度：**可由前方或後方進入之輪椅觀眾席位時**，空間深度不得小於 120 公分（圖 703.2.1），而輪椅觀眾席位僅可由側面進入者，則空間深度不得小於 150 公分（圖

703.2.2）。

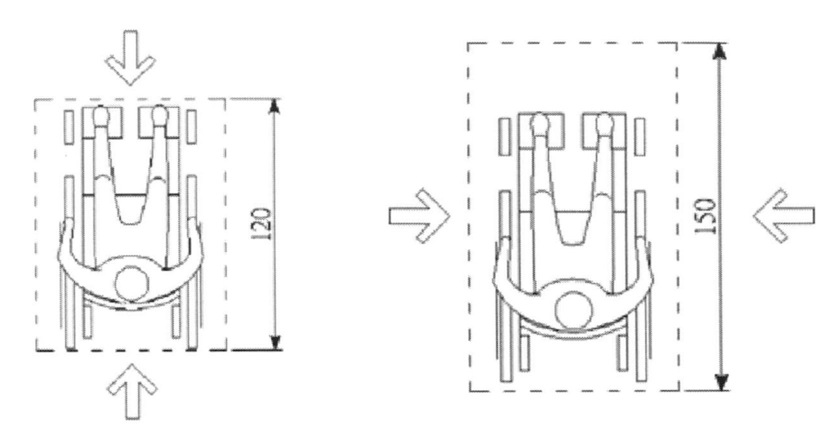


由前後方進入圖 703.2.1　　　　由左右側進入圖 703.2.2

（B）77.小學之無障礙雙層扶手，其上緣與地板面距離之高度分別為多少公分？

(A)50；70　　(B)55；75　　(C)60；80　　(D)65；85

【解析】

建築物無障礙設施設計規範-第二章 無障礙通路-207 扶手

**內政部 108.1.4 台內營字第 1070820550 號令修正，自 108.7.1 生效**

207.3.3　高度：設單道扶手者，扶手上緣距地板面應為 75 公分至 85 公分。設雙道扶手者，扶手上緣距地板面應分別為 65 公分、85 公分，**若用於小學，高度應各降低 10 公分（如圖 207.3.3）**。

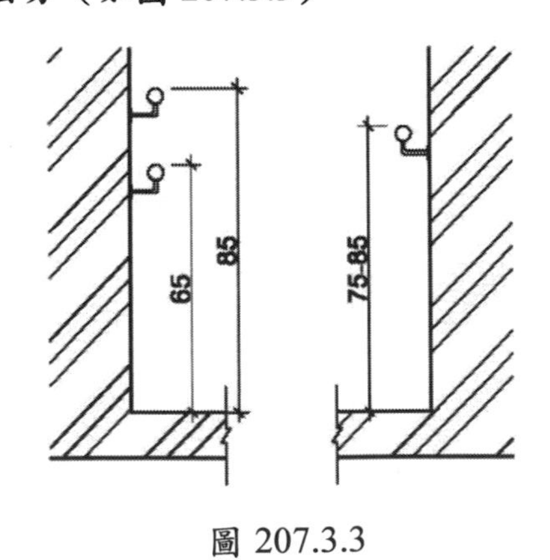


圖 207.3.3

**舊法尚未修正前為：**

一、修正單道扶手高度為 75 公分至 85 公分，並配合修正圖例。

二、僅於小學以雙道扶手型態設置者，始有高度各降低 10 公分規定之適用，並酌作文字修正。

207.3.3　高度：單層扶手之上緣與地板面之距離應為 75 公分。雙層扶手上緣高度分別為 65 公分及 85 公分，**若用於小學，高度則各降低 10 公分**(圖 207.3.3)。

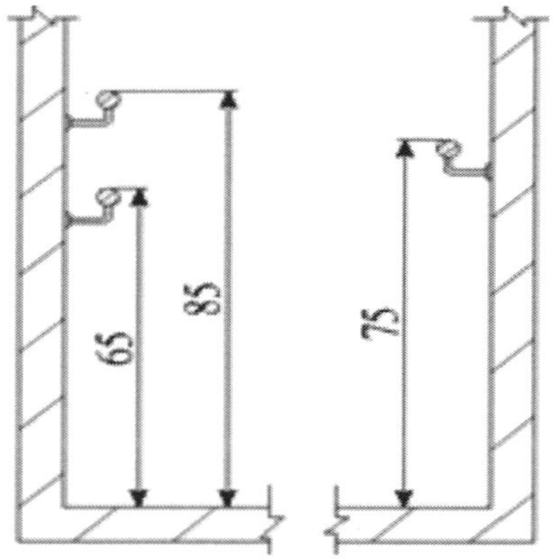

圖 207.3.3

（A）78.依據中央法規標準法規定，下列何者非為各機關發布之命令？

(A)通則 (B)規程 (C)規則 (D)細則

【解析】

中央法規標準法-第一章 總則

第 3 條

各機關發布之命令，得依其性質，稱**規程、規則、細則、辦法、綱要、標準或準則**。

（A）79.依住宅性能評估實施辦法規定，新建及既有住宅性能評估之性能類別，下列項目何者錯誤？

(A)用電安全 (B)空氣環境 (C)結構安全 (D)音環境

【解析】

住宅性能評估實施辦法

第 3 條

住宅性能評估分新建住宅性能評估及既有住宅性能評估，並依下列性能類別，分別評估其性能等級：

**一、結構安全。** 五、光環境。

二、防火安全。 **六、音環境。**

三、無障礙環境。 七、節能省水。

**四、空氣環境。** 八、住宅維護。

新建與既有住宅性能類別之評估項目、評估內容、權重、等級、評估基準及評分，如附表一至附表二之八。

(D) 80.依住宅性能評估實施辦法規定，下列敘述何者錯誤？

(A)新建住宅起造人於領得建造執照尚未領得使用執照前，得申請新建住宅性能初步評估

(B)新建住宅起造人於領得使用執照之日起 2 個月內，得申請新建住宅性能評估

(C)評估機構為辦理新建住宅性能評估，應派員至現場勘查及實施必要之檢測

(D)執行既有住宅結構安全性能類別之評估人員，得為任職大學以上學校教授、副教授、助理教授經教育部審查合格，講授建築結構課程 5 年以上

【解析】

住宅性能評估實施辦法

第 11 條

第九條第一項第六款之住宅性能評估人員，應符合下列資格之一：

一、曾任大學以上學校教授、副教授、助理教授經教育部審查合格，講授建築結構、建築構造、無障礙環境、建築環境控制、建築設備、建築防災等與評估類別相關學科五年以上。

二、建築師、土木工程技師、結構工程技師、電機工程技師、冷凍空調工程技師、消防設備師或任職於相關研究機關（構）之研究員或副研究員，對建築結構、建築構造、無障礙環境、建築環境控制、建築設備、建築防災等與評估類別相關領域連續五年以上有研究成果者。

三、開業建築師、執業土木工程技師、結構工程技師、電機工程技師、冷凍空調工程技師或消防設備師，開（執）業十年以上者。

四、曾任主管建築機關建築管理工作或消防主管機關火災預防工作十年以上，或擔任其主管五年以上者。

前項第一款及第二款年資得合併計算。

**執行既有住宅結構安全性能類別之評估人員，應為開業建築師、執業土木工程技師或結構工程技師。**

(A)選項解釋

第 5 條

起造人申請新建住宅性能評估，得依下列方式之一辦理：

**一、於領得建造執照尚未領得使用執照前，檢具申請書、建造執照影本、核定工程圖樣與說明書及其他相關書圖文件，向中央主管機關指定之住宅性能評估機構**

（**以下簡稱評估機構）申請新建住宅性能初步評估**，並自領得使用執照之日起三個月內，檢具申請書、使用執照影本、核定之竣工工程圖樣、辦理變更設計相關書圖文件、工程勘驗紀錄資料及其他相關書圖文件，送請原評估機構查核確認。

**二、於領得使用執照之日起二個月內**，檢具申請書、使用執照影本、核定之竣工工程圖樣、工程勘驗紀錄資料及其他相關書圖文件，**向評估機構申請新建住宅性能評估**。

依前項第一款辦理者，經性能初步評估後，評估機構得發給新建住宅性能初步評估通知書；經原評估機構查核確認相關書圖文件後，始發給新建住宅性能評估報告書。但逾期未送原評估機構查核確認者，其新建住宅性能初步評估通知書失其效力。

依第一項第二款辦理者，經性能評估後，評估機構應發給新建住宅性能評估報告書。

**評估機構為辦理新建住宅性能評估，應派員至現場勘查及實施必要之檢測。**

## 107 年專門職業及技術人員高等考試試題／建築結構

### 甲、申論題部分：（40 分）

一、如圖所示之剛構架，試繪出其剪力圖及彎矩圖。（20 分）

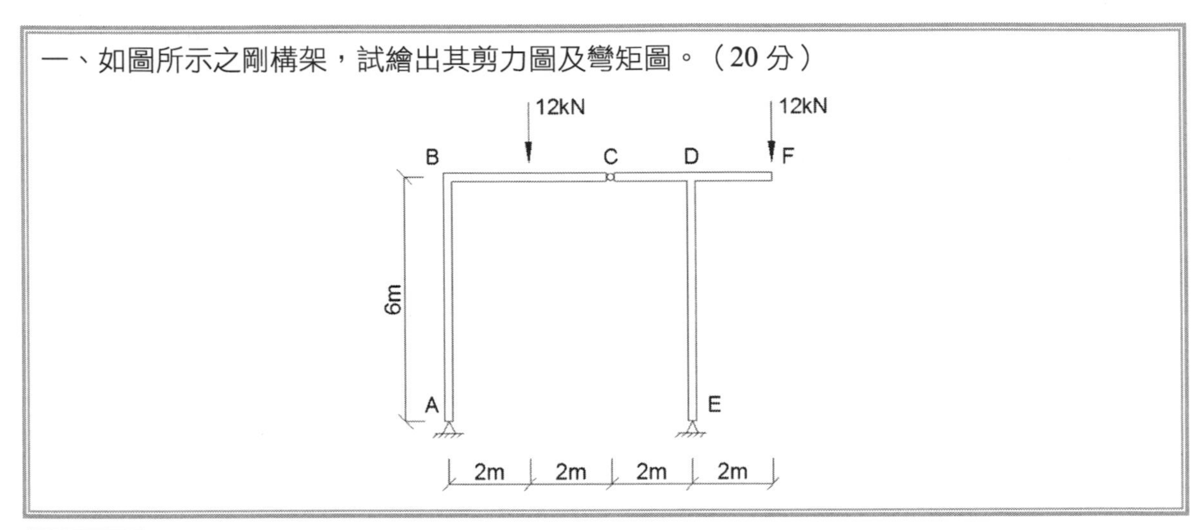


**參考題解**

取整體結構，A 點彎矩平衡，$\sum M_A = 0$

$R_E \times 6 = 12 \times 2 + 12 \times 8$，得$R_E = 20kN(\uparrow)$

取部分自由體圖（CDEF，如圖），

C 點彎矩平衡，$\sum M_C = 0$

$H_E \times 6 + R_E \times 2 = 12 \times 4$，得$H_E = 4/3\,kN(\rightarrow)$

整體結構垂直力平衡，得$R_A = 4kN(\uparrow)$

整體結構水平力平衡，得$H_A = 4/3\,kN(\leftarrow)$

依計算結果，繪剪力圖及彎矩圖如下：

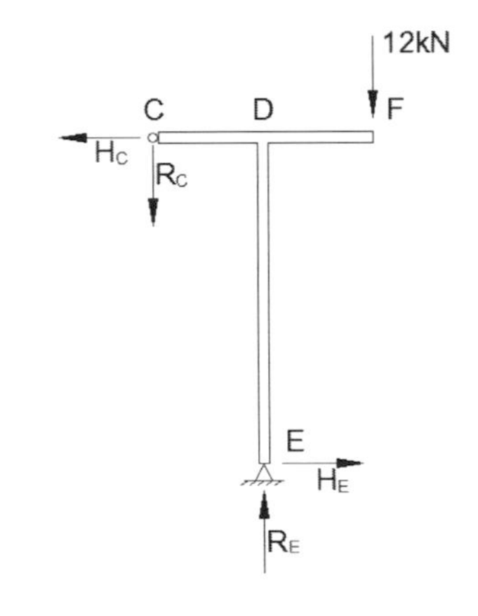


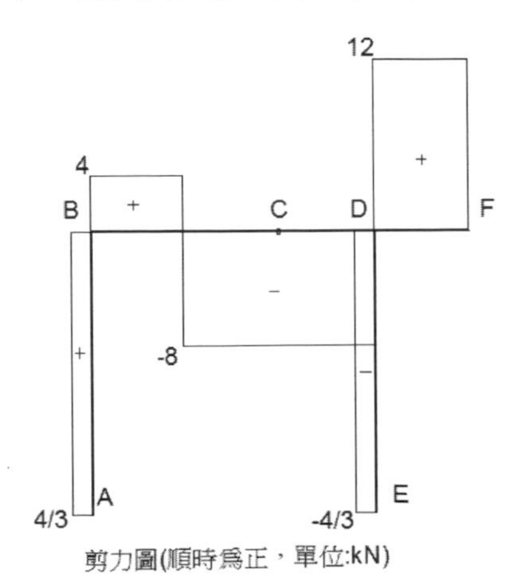


剪力圖(順時爲正，單位:kN)

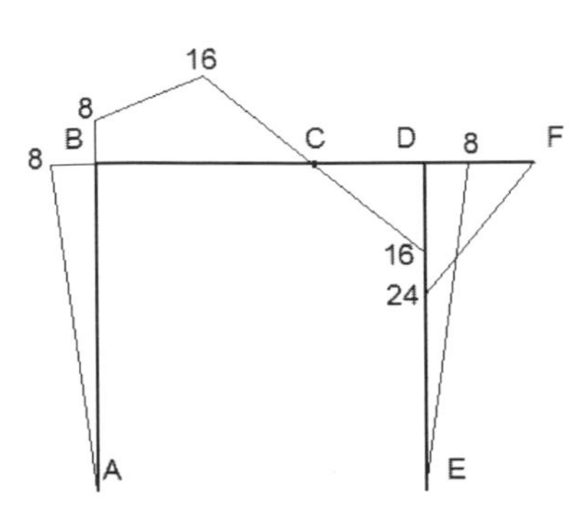


彎矩圖(繪於壓力側，單位:kN-m)

二、有一高架水塔，塔體以構架為主體，在水塔容器達到滿水位時，就塔體承受自重之穩定性（支柱之挫屈）、抵抗水平地震力及材料使用經濟性等為考量要素設計高架水塔，並以簡圖說明所採用之措施。（20 分）

**參考題解**

高架水塔常具高水壓需求以提升輸送效率及減少加壓站設置，而將水塔高度盡量提高，且大部分重量（含大量蓄水重量）集中在頂部，與一般建築結構型態差異較大，主要考量要素及因應措施概述如下：

（一）整體結構系統：若無特殊造型及以經濟性考量，盡量採簡單、規則、對稱、均勻的概念進行設計，其結構力流較為明確，地震時亦較不會因偏心而有額外應力產生或應力集中現象。

（二）自重之穩定性：因水塔蓄水後致重量大增，壓應力由下方結構支撐系統（支撐柱）負擔，又水塔高度較高，需特別考量支撐柱之無側撐長度，以避免挫屈，常以加設夾層、增設水平梁系統等方式，減少受壓桿件無側撐長度，提高挫屈負載。

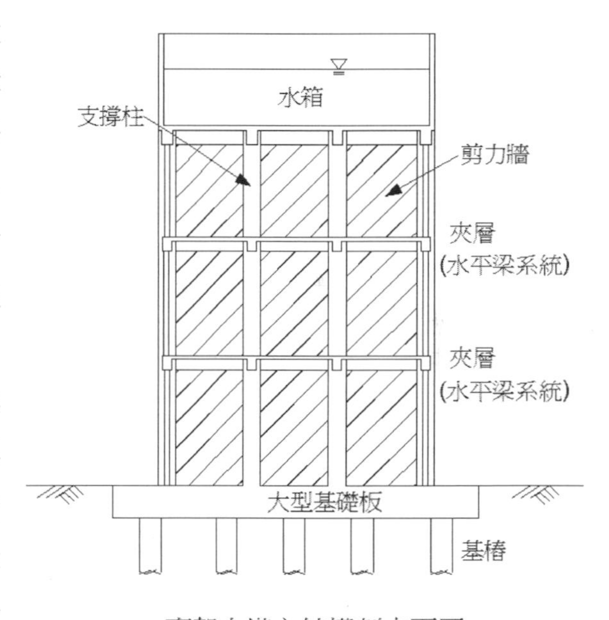

高架水塔主結構剖立面圖

（三）抗側力及水平變位：因大量蓄水重量集中在頂部，且韌性容量較低，計算所得設計地震力比一般建築物大，地震時對結構系統產生巨大側向力，為增加支撐系統側向勁度、強度及考量經濟性，除上述加設夾層、增設水平梁系統外，一般需加設斜撐（鋼構造）或設置剪力牆（RC 造，可利用樓梯服務核心）或採用巨柱（如以多支小柱組成）等方式，以提升結構抗側力能力及減少水平變位。

（四）基礎設計：因地震力主要集中在頂部，地震時結構底部會承受較大的傾倒彎矩，故需考量非均布地反力可能造成之土壤承載力不足及差異沉陷等問題，而常採用大型基礎版及使用樁基礎。

## 乙、測驗題部分（60 分）

（D）1. 下列何者為面積慣性矩（I）之單位？

(A)cm　　(B)$cm^2$　　(C)$cm^3$　　(D)$cm^4$

【解析】慣性矩為面積二次矩，故單位為長度四次方。

（A）2. 圖示各結構物之彎矩圖中，何者錯誤？

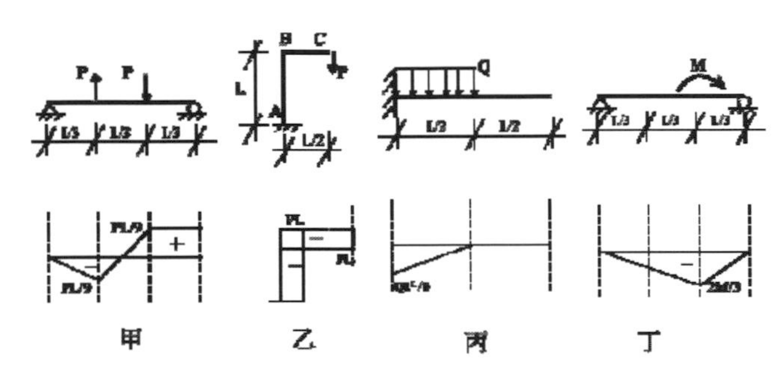


(A)甲乙丙丁　　(B)僅甲丙丁　　(C)僅甲乙丁　　(D)僅乙丙

【解析】甲乙丙丁正確的彎矩圖應該如下：

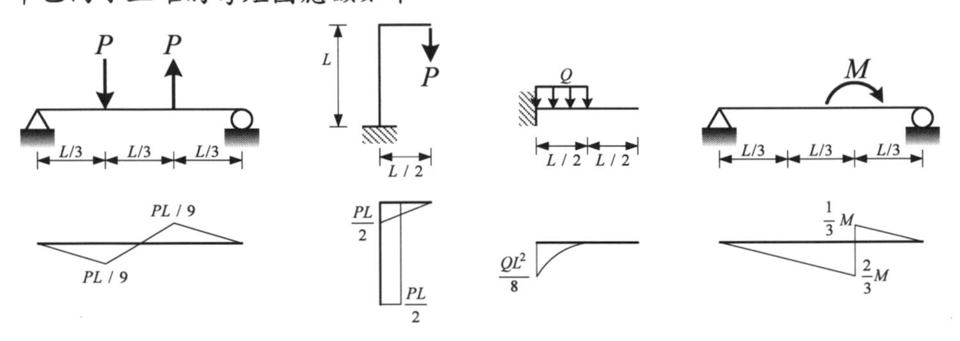


（D）3. 一簡支梁跨距長 L，受到均匀分布載重 w 之作用。若其他條件不變，載重改為梁中央受集中外力 P＝wL 作用，則梁中央之彎矩為原來的幾倍？

(A)2/3　　(B)1　　(C)5/8　　(D)2

【解析】受均佈載重時，中點彎矩為 $M_1=\dfrac{wL^2}{8}$

受集中外力時，中點彎矩為 $M_2=\dfrac{PL}{4}=\dfrac{wL(L)}{4}=\dfrac{wL^2}{4}$

$$\frac{M_2}{M_1}=\frac{\dfrac{wL^2}{4}}{\dfrac{wL^2}{8}}=2$$

（C）4. 承上題，則梁中央之撓度為原來的幾倍？

(A)2/3　　(B)1　　(C)8/5　　(D)2

【解析】受均佈載重時，中點撓度為$\Delta_1=\frac{5}{384}\frac{wL^4}{EI}$

受集中外力時，中點撓度為$\Delta_2=\frac{1}{48}\frac{PL^3}{EI}=\frac{1}{48}\frac{(wL)L^3}{EI}=\frac{1}{48}\frac{wL^4}{EI}$

$$\frac{\Delta_2}{\Delta_1}=\frac{\frac{1}{48}\frac{wL^4}{EI}}{\frac{5}{384}\frac{wL^4}{EI}}=\frac{8}{5}$$

(D) 5. 下列四個具相同長度及斷面之梁承受相同集中力作用，則集中力作用處之撓度其大小順序為何？

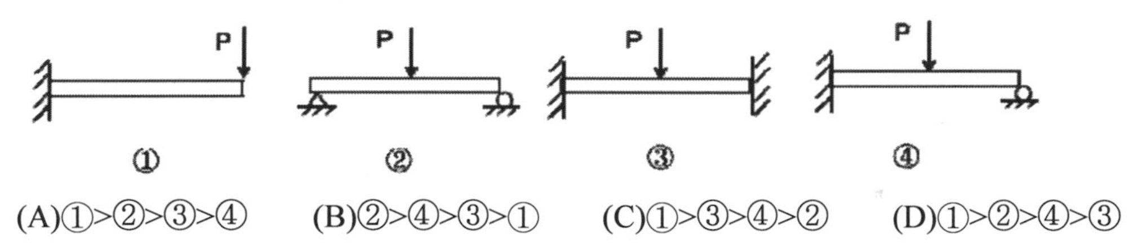


(A)①>②>③>④　(B)②>④>③>①　(C)①>③>④>②　(D)①>②>④>③

【解析】靜不定度越高，撓度會越小：③最小，④次小，故答案為 D。

(C) 6. 一懸臂梁如圖所示，其斷面所承受之最大彎矩為 $\beta \cdot WL^2$，試問 $\beta$ 值為何？

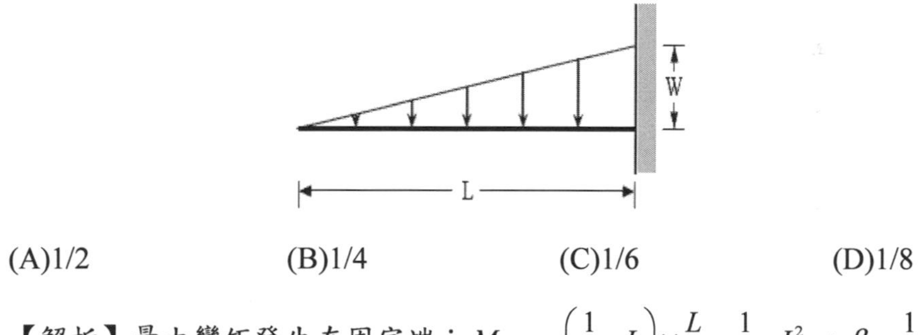


(A)1/2　(B)1/4　(C)1/6　(D)1/8

【解析】最大彎矩發生在固定端：$M_{max}=\left(\frac{1}{2}wL\right)\times\frac{L}{3}=\frac{1}{6}wL^2\ \therefore \beta=\frac{1}{6}$

(D) 7. 依建築物耐震設計規範進行設計地震力之靜力分析時，有意外扭矩之規定，此規定主要係考慮下列那一因素？

(A)設計地震力之豎向分配的不確定性　(B)構造物之傾倒力矩作用
(C)結構平面剛心位置的偏差影響　(D)質心位置的不確定性

（B）8. 圖示桁架結構在外力作用下，AB 桿件之內力為何？

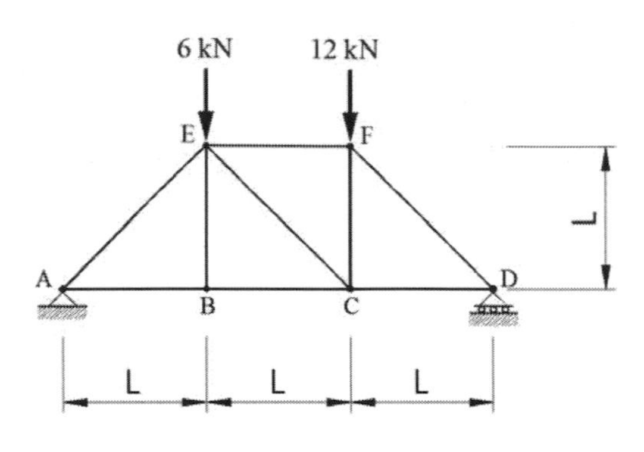


(A)6 kN 張力　(B)8 kN 張力　(C)6 kN 壓力　(D)8 kN 壓力

【解析】

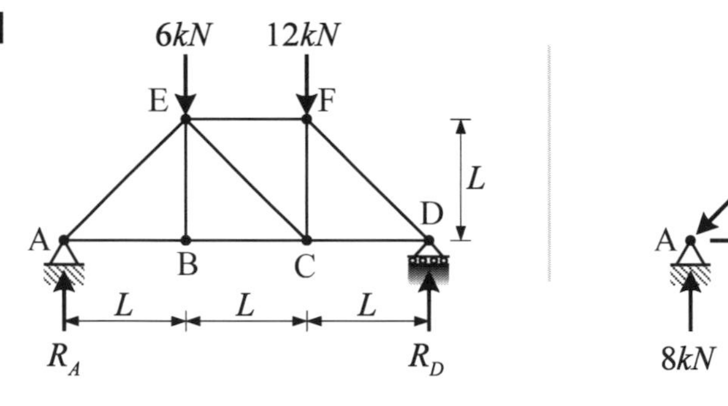


（1）整體結構對 D 點取力矩平衡

$$\sum M_D = 0，R_A \times 3L = 12 \times L + 6 \times 2L \;\therefore R_A = 8kN$$

（2）A 節點平衡

$$\sum F_y = 0，S_{AE} \times \frac{1}{\sqrt{2}} = 8 \;\therefore S_{AE} = 8\sqrt{2}（壓力）$$

$$\sum F_y = 0，S_{AE} \times \frac{1}{\sqrt{2}} = S_{AB} \;\therefore S_{AB} = 8kN（拉力）$$

（B）9. 如圖所示之 AB 及 BC 桿件，桿件之彈性係數 E 均相同，AB 及 BC 之斷面積分別為 40 cm$^2$ 及 20 cm$^2$，該組合桿件於 B 點及 C 點分別承受 800 N 和 400 N 之作用力，下列敘述何者正確？

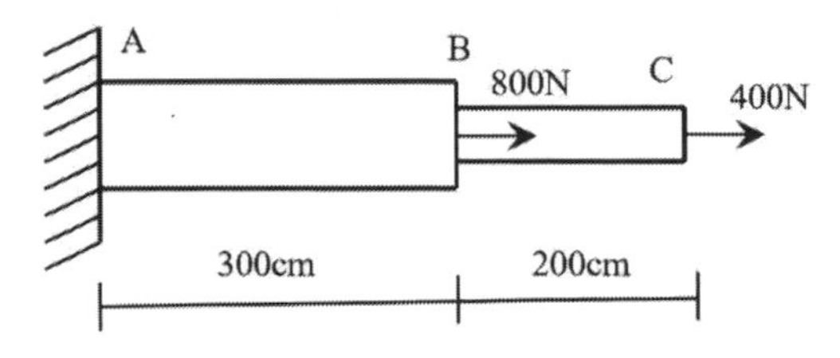

(A)AB 桿件及 BC 桿件所受之應力相等

(B)AB 桿件所受之應力大於 BC 桿件所受之應力

(C)AB 桿件之伸長量等於 BC 桿件之伸長量

(D)AB 桿件之伸長量小於 BC 桿件之伸長量

【解析】（1）AB 桿軸力：$N_{AB}=800+400=1200N$

AB 桿應力：$\sigma_{AB}=\dfrac{N_{AB}}{A_{AB}}=\dfrac{1200}{40}=30N/cm^2$

AB 桿伸長量：$\delta_{AB}=\dfrac{N_{AB}L_{AB}}{E_{AB}A_{AB}}=\dfrac{(1200)(300)}{E(40)}=\dfrac{9000}{E}$

（2）BC 桿軸力：$N_{BC}=400N$

BC 桿應力：$\sigma_{BC}=\dfrac{N_{BC}}{A_{BC}}=\dfrac{400}{20}=20N/cm^2$

BC 桿伸長量：$\delta_{BC}=\dfrac{N_{BC}L_{BC}}{E_{BC}A_{BC}}=\dfrac{(400)(200)}{E(20)}=\dfrac{4000}{E}$

（3）AB 桿應力大於 BC 桿應力，答案為 B。

（C）10.如下圖所示之桁架，關於 A、B、C 三桿件的受力敘述，何者正確？

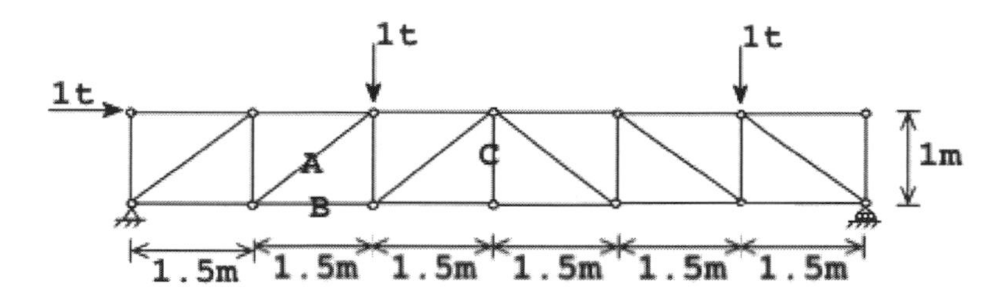


(A)A 桿、B 桿均受張力　　(B)A 桿受張力、B 桿受壓力

(C)B 桿受張力、C 桿不受力　　(D)A 桿受壓力、C 桿受張力

【解析】

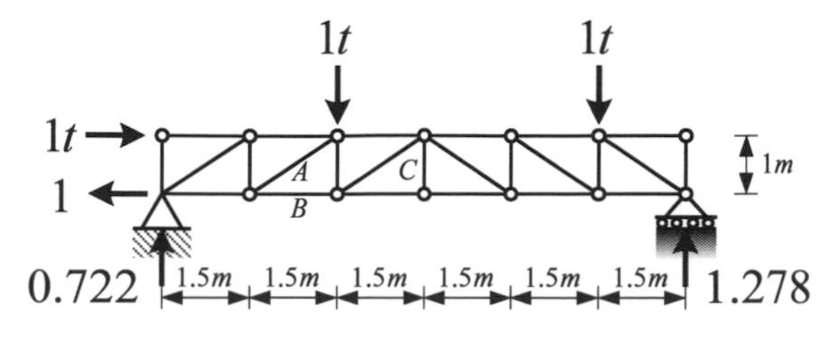


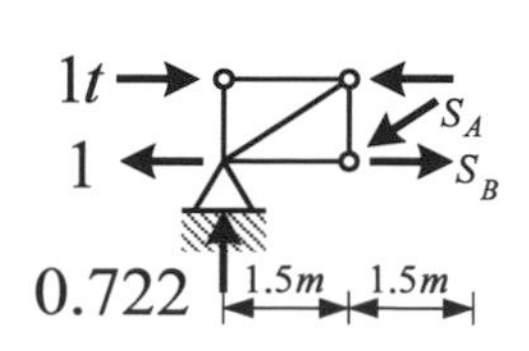


A 桿受壓、B 桿受拉、C 桿為零力桿（不受力）。答案選 C。

（#）11. 有一座五跨度之連續梁，建構之各梁斷面與材料均相同。就以下四種不同之均布載

重作用下，何者在 A 點（第一跨右端）之剪力最大？　**【答 A 給分】**

(A) 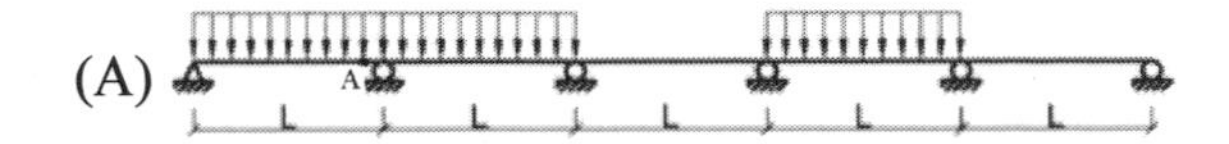

(B) 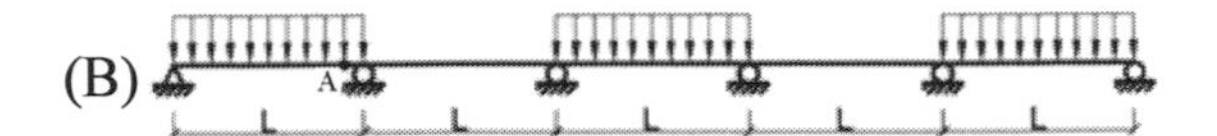

(C) 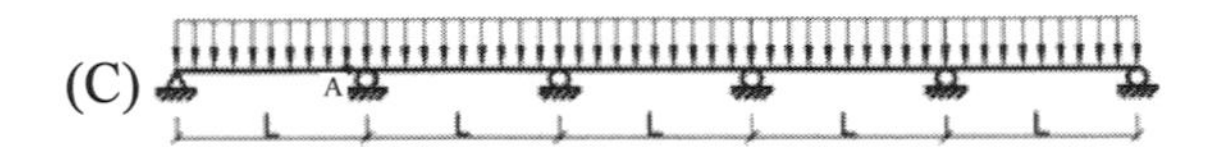

(D) 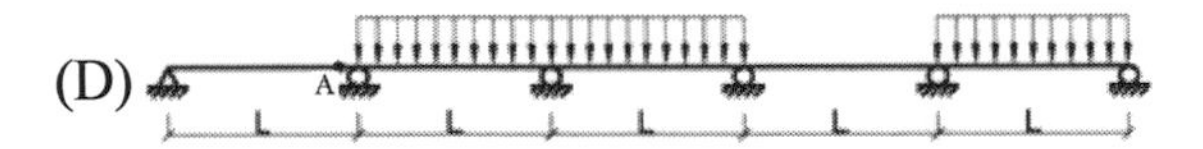

（D）12.圖示桿件在中央 b 點及自由端 a 點分別承受 2P 及 P 之軸力作用，若 a 點垂直向下之伸長量為 δ = *K*PL/(EA)，試問 *K* 值為何？

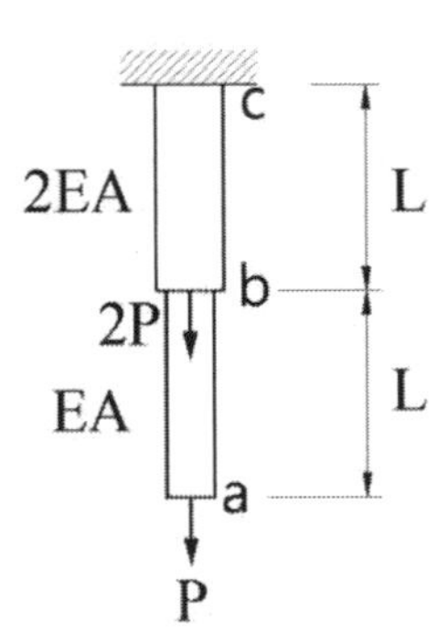


(A)3/5　　(B)1

(C)2　　(D)2.5

【解析】（1）ab 桿伸長量：$\delta_{ab}=\dfrac{N_{ab}L_{ab}}{E_{ab}A_{ab}}=\dfrac{(P)(L)}{EA}=\dfrac{PL}{EA}$

（2）bc 桿伸長量：$\delta_{bc}=\dfrac{N_{bc}L_{bc}}{E_{bc}A_{bc}}=\dfrac{(3P)(L)}{2EA}=\dfrac{3}{2}\dfrac{PL}{EA}$

（3）a 點垂直向下之伸長量 $\delta=\delta_{ab}+\delta_{bc}=\dfrac{PL}{EA}+\dfrac{3}{2}\dfrac{PL}{EA}=\dfrac{5}{2}\dfrac{PL}{EA}\quad\therefore K=2.5$

（C）13.鋼筋混凝土斷面寬度 b = 30 cm，有效深度 d = 50 cm，拉力筋之 As = 22.5 $cm^2$，fc' = 210 kgf/$cm^2$，$f_y$ = 4200 kgf/$cm^2$，當梁斷面達到其彎矩計算強度（$M_n$）時，中性軸距受壓面之距離約為多少公分？

(A)15　　(B)18　　(C)21　　(D)24

【解析】$C_c=0.85f_c^{'}ba=0.85(210)(30)(0.85x)=4551.75x$

$T=A_sf_y=22.5(4200)=94500\ kgf$

$C_c=T\Rightarrow 4551.75x=94500\quad\therefore x=20.76cm\approx 21cm$

∴答案選 C。

（B）14.承上題，該梁斷面的彎矩計算強度（$M_n$）約為多少 tf-m？

(A)30　　(B)39　　(C)48　　(D)57

【解析】$M_n = C_c\left(d-\frac{a}{2}\right) = 4551.75x\left(50-\frac{0.85x}{2}\right)$

$= 4551.75\times21\left(50-\frac{0.85\times21}{2}\right) = 3926226\ kgf-cm \approx 39.26tf-m$

答案選 B。

（B）15.結構材料之承載效率可利用強度除以比重來評估，則在建築結構常用之鋼鐵、混凝土及木材中，三者抗拉承載效率之大小順序為何？

(A)鋼鐵>混凝土>木材　(B)鋼鐵>木材>混凝土

(C)木材>鋼鐵>混凝土　(D)木材>混凝土>鋼鐵

【解析】鋼鐵抗拉強度最佳（如鋼筋），混凝土抗拉強度最差，木材抗拉強度居中。故答案選 B。

（C）16.鋼製桿件其彈性係數 E = 200 GPa，長度 L = 3 m，斷面積 A = 300 mm²，受拉力 P = 120 kN 作用，桿件之伸長量 δ 為多少 mm？

(A)2　(B)4　(C)6　(D)8

【解析】$\delta = \frac{PL}{EA} = \frac{(120)(3\times10^3)}{(200)(300)} = 6mm$，答案選 C。

（B）17.一高樓結構採具剪力牆之二元系統，其平面如圖所示。樓層之剛心最有可能在何處？

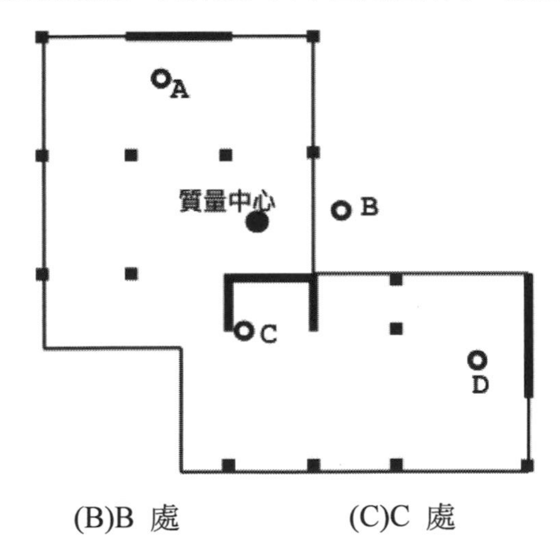


(A)A 處　(B)B 處　(C)C 處　(D)D 處

（D）18.關於拱結構之敘述，下列何者正確？

(A)無論拱形狀為何，拱斷面內只受壓力，不受彎矩及剪力

(B)跨距固定時，支點處之水平推力隨拱高度增加而增加

(C)高度固定時，支點處之水平推力隨拱跨距增加而減少

(D)三鉸拱屬於靜定結構

【解析】(A) 拱的形狀為『合理拱軸線』時，斷面才會只受壓力，而不受彎矩及剪力。

(B) 拱支承處的水平推力與『拱高成反比』，故跨距固定時，拱高增加，水平推力會減少。

(C) 拱支承處的水平推力與『拱跨成正比』，故拱高度固定時，拱跨增加，水平推力會增加。

(D) 三鉸拱是靜定結構無誤。

答案選 D。

（B）19.關於薄膜結構之基本力學原理，下列敘述何者錯誤？

(A)薄膜的曲率愈大，支撐外載重也愈大

(B)薄膜結構元素不可以同時承受張應力與剪應力

(C)圓筒狀薄膜有一斷面之曲率會為零

(D)雨傘為開放式薄膜結構

（A）20.關於鋼筋混凝土結構之敘述，下列何者錯誤？

(A)為了提高柱構材之韌性，通常可增加柱之主筋

(B)梁構材增加受壓側之鋼筋量，有降低潛變變形的效果

(C)隨著大梁主筋的強度愈高，大梁主筋於柱內之錨定長度則愈長

(D)隨著柱的混凝土強度愈高，大梁主筋於柱內之錨定長度則愈短

（B）21.臺北 101 大樓（臺北國際金融中心）曾為世界最高的建築結構，有關此一地標性建築的結構設計，下列敘述何者錯誤？

(A)以巨型外柱、核心斜撐構架及外伸桁架（outrigger）構成巨型構架（mega frame）系統

(B)以裙樓連結主樓結構來強化低層部的結構系統

(C)以調諧質量阻尼器（Tuned Mass Damper）來降低風致振動

(D)基礎採用基樁並貫入岩盤

（B）22.正方形斷面面積為 A，承受剪力 V，則此斷面之最大剪應力為何？

(A)1.0 V/A　　(B)1.5 V/A　　(C)2.0 V/A　　(D)2.5 V/A

【解析】矩形（含方形）斷面的最大剪應力為 $\frac{3}{2}\frac{V}{A}$

PS：圓形則為 $\frac{4}{3}\frac{V}{A}$

（D）23.有關圓頂殼（dome shell）結構的敘述，下列何者正確？

(A)自重下，沿圓頂支座邊約束構材徑向（radial），主要是拱作用

(B)自重下，深圓頂殼之環箍應力（hoop stress）為壓應力

(C)自重下，淺圓頂殼之環箍應力具有張應力

(D)在水平側力下，圓頂殼之厚度主要是由彎矩決定

（D）24.下列有關傾角變位法之敘述，何者錯誤？

(A)此法係以節點的傾角與變位為未知量，將每一構件桿端的力矩用傾角與變位來表示，並利用其相互的關係作成未知量（即傾角與變位）的聯立方程式，來求出未知量

(B)傾角變位法可用於分析各種靜不定剛架

(C)傾角變位法可用於分析各種靜不定梁

(D)此法亦適用於解析桁架結構物

【解析】(D) 錯誤，傾角變位法僅適用於梁、剛架結構物，不可用於『含有二力桿』的結構物（如桁架結構）。

（A）25.下列敘述何者正確？

(A)鋼骨結構施工不一定比鋼筋混凝土結構施工期間短

(B)鋼骨結構的 RC 樓板，其鋼支承板（deck plate）在施工階段時短向跨度可以作到 8 公尺以上不作支撐

(C)鋼骨鋼筋混凝土結構主構架之梁鋼筋與鋼柱連接可採用搭接

(D)鋼骨結構歸類為綠建材的概念主要是產製過程

（D）26.如圖所示之懸臂柱構件頂端承受軸壓力 N 與側力 V，構件斷面寬與深分別為 B 與 D。若忽略自重，當軸壓應力可剛好抵銷柱底最大撓曲拉應力，使斷面完全受壓時，N 與 V 之比值為何？

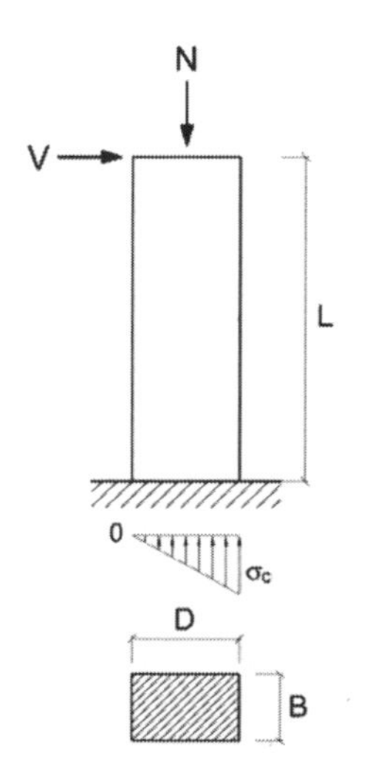

(A)2D/3L　　(B)3L/2D　　(C)3D/L　　(D)6L/D

【解析】$\sigma=\dfrac{P}{A}+\dfrac{My}{I}\Rightarrow 0=\dfrac{-N}{BD}+\dfrac{(VL)\left(\dfrac{D}{2}\right)}{\dfrac{1}{12}BD^3}\Rightarrow N=V\dfrac{1}{6}\dfrac{L}{D}\ \ \therefore\dfrac{N}{V}=\dfrac{1}{6}\dfrac{L}{D}$

（C）27.如下圖所示之鋼結構接合部位設計方式（鋼梁翼板未銲接，腹板以螺栓固定），下列敘述何者正確？

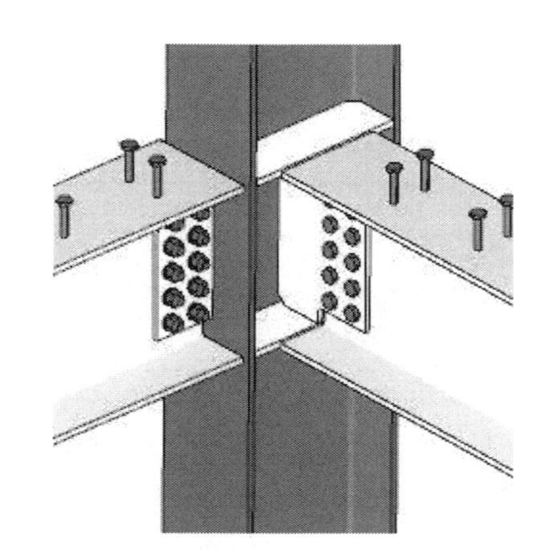

(A)該接合部位主要係用以傳遞梁彎矩及剪力

(B)該接合部位主要係用以傳遞梁彎矩

(C)該接合部位主要係用以傳遞梁剪力

(D)該接合部位主要係用以傳遞梁扭矩

（A）28.結構材料若具有高延展性，可對整體結構產生之正面效應，下列何者正確？

(A)緩和應力集中現象　　(B)對靜不定結構，可防止應力重分配

(C)對靜定結構，可增加其靜不定度　　(D)塑性較不易發生，結構較穩定

（B）29.下列單位中，何者不適合用於混凝土抗壓強度 f'c？

(A)Mpa　　(B)kgf/cm　　(C)psi　　(D)$N/m^2$

【解析】混凝土的抗壓強度為應力單位，應力單位為$\dfrac{力量}{面積}$。

故(B)答案不適用於混凝土抗壓強度 $f_c'$。

（C）30.下列敘述何者正確？

(A)獨立基礎適合設計於軟弱地質

(B)筏式基礎僅用在有地下室的建築物

(C)鋼骨鋼筋混凝土結構不一定比鋼筋混凝土結構安全

(D)在一般建築鋼結構設計上，H 型鋼梁能承受拉力、壓力、彎矩、剪力及扭矩

（B）31.關於建築用鋼材之敘述，下列何者錯誤？

(A)鋼材的比重約為普通混凝土之 3 倍，但是常溫下兩者之線膨脹係數幾乎相同

(B)一般而言，鋼材含碳量愈高則韌性愈好

(C)低降伏鋼由於強度低及延展性高，可使用於金屬降伏阻尼器

(D)鋼材之彈性模數（modulus of elasticity）不會隨著強度提高而增大

（D）32.耐震設計規範有關最小設計水平總橫力計算式中，結構系統地震力折減係數 $F_u$ 值是反應圖示中那一個區段間的折減行為？（圖示中 A 點為最小設計水平總橫力，B 點為結構系統起始降伏地震力，C 點為理想化彈塑性系統的降伏點，O 點→E 點為彈性系統的結構行為，O 點→C 點→D 點為理想化彈塑性系統的結構行為）

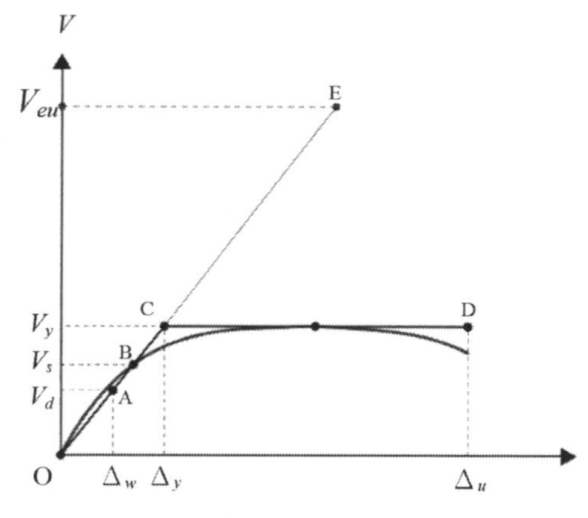


(A)A-B 區段　(B)B-C 區段　(C)C-D 區段內　(D)C-E 區段內

（C）33.國內鋼骨結構在抗彎矩構架的梁柱接頭處之梁端常有類似下圖的減弱式接頭處理，其主要目的為何？

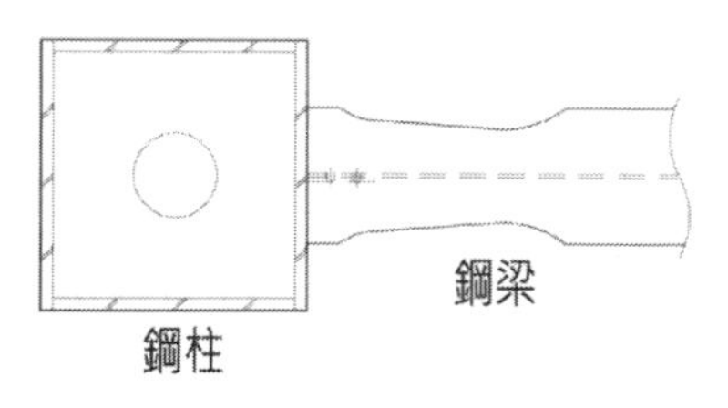


(A)降低鋼骨用量　(B)降低剪力強度需求，以避免剪力降伏

(C)提高梁端之塑性轉角變形能力　(D)提高工作性

（C）34.依據混凝土結構設計規範要求，為達到「強柱弱梁」原則，在梁柱接合處上下柱極限彎矩強 度總和（$\sum M_C$）需要達到鄰接梁極限彎矩強度總和（$\sum M_G$）之比值若干倍以上？

(A)1.05　(B)1.15　(C)1.2　(D)1.25

（B）35.關於抗彎矩構架系統與二元系統之比較，下列敘述何者正確？

(A)二元系統之韌性容量一定較高

(B)兩種系統皆需具完整立體構架以承受垂直載重

(C)二元系統中的抗彎矩構架僅需單獨抵禦 25%以下的設計地震力

(D)高度超過 50 公尺之抗彎矩構架系統需以動力分析進行耐震設計，二元系統則不需要

（D）36.有關高層結構系統規劃之敘述，下列何者錯誤？

(A)純剛構架之中高層建築物，地震時柱之軸力變動，一般而言，角隅柱比中間柱大

(B)結構形式及材料相同時，較高的建築物其基本振動週期較長

(C)高層建築物之耐震設計中，地下層面積大於地上層時，必須檢討地面層樓板的剪力傳遞

(D)由長週期主控之地震，對超高層建築物反應的影響會小於低樓層建築物

（D）37.如圖所示，不同材料之矩形斷面梁在彎矩作用下，其撓曲應力分布之敘述何者錯誤？

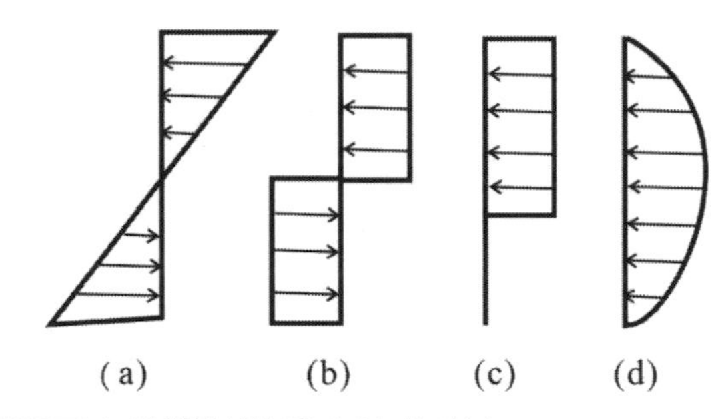

(a)　(b)　(c)　(d)

(A)圖(a)係鋼骨斷面在線彈性階段之撓曲應力

(B)圖(b)係鋼骨斷面在完全塑性階段之撓曲應力

(C)圖(c)係鋼筋混凝土斷面在極限狀態時混凝土之等效矩形應力

(D)圖(d)係木材斷面在線彈性階段之撓曲應力

【解析】（1）鋼骨斷面（韌性材料）在撓曲應力在線彈性階段時，中性軸上下方會是三角形的線形分布，如圖(a)，故 A 對。

（2）鋼骨斷面（韌性材料）到了塑性的全斷面降伏階段時，中性軸上下方會呈現矩形分布，如圖(b)，故 B 對。

（3）鋼筋混凝土的混凝土斷面在極限狀態下，混凝土的應力會被模擬成 whitney 的矩形應力塊，如圖(c)，故 C 對。

（4）木材斷面在線彈性階段之撓曲應力，也會是三角形的線形分布，如(a)圖般，故 D 答案是錯誤的。

（D）38.下圖桁架的穩定與可定性質為何？

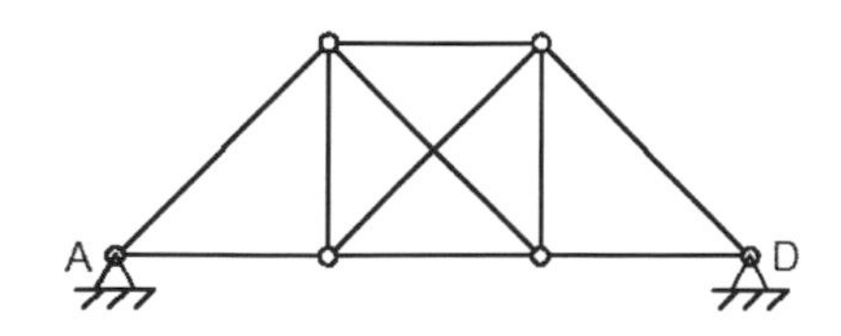


(A)不穩定　(B)靜定　(C)1 次靜不定　(D)2 次靜不定

【解析】（1）此桁架結構為穩定結構。

（2）靜不定度：$R=b+r+s-2j=10+4+0-2(6)=2$

∴為 2 次靜不定。

（B）39.有一鋼筋混凝土之筏基梁，其淨跨長度為 L，梁斷面之總深度為 h，在考慮深梁設計時，則 筏基梁之跨深比（L/h）不得大於：

(A)5　(B)4　(C)3　(D)2

（B）40.如圖所示之 4 個結構，柱的材料相同，梁為剛體。若欲使 4 個結構的頂部均產生 1 單位水平位移時，則何者所需施加之外力最大？

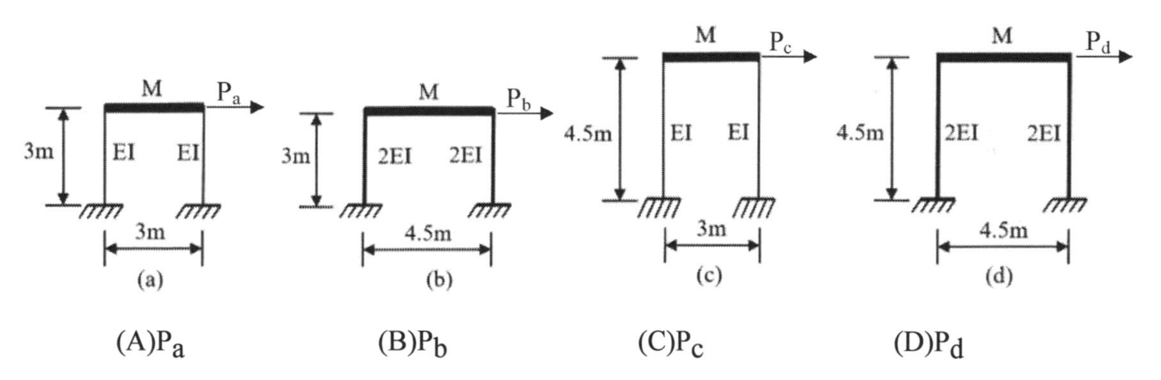


(A)$P_a$　(B)$P_b$　(C)$P_c$　(D)$P_d$

【解析】（1）柱越短，需要施加的外力越大 ∴(a)、(b) > (c)、(d)

（2）EI 越大，需要施加的外力越大 ∴(b) > (a)

答案選 B。

## 107 年專門職業及技術人員高等考試試題／建築構造與施工

（D）1. RC 平屋頂採複合式防水材兩底三度塗佈膜厚 3 mm 以上作防水，並以 PS 隔熱板隔熱時，下列構造排列由下至上何者正確？

①結構混凝土　②複合式防水材　③6cm 厚 3000 PSI PC

④塑木地板　⑤PS 隔熱板

(A)①②③④⑤　(B)①⑤②③④　(C)①②③⑤④　(D)①②⑤③④

【解析】①結構混凝土→②複合式防水材→⑤PS 隔熱板→③6cm 厚 3000 psi PC→④塑木地板。

（C）2. 有關材料特性與隔熱性能之敘述，下列何者錯誤？

(A)材料熱阻係數越高，隔熱性能越佳

(B)材料熱傳導係數越低，隔熱性能越佳

(C)材料的吸水率會影響其隔熱性能，隔熱性能會因吸水率增高而增加

(D)相同材料，其厚度越大隔熱性能越佳

【解析】(C)材料的吸水率會影響其隔熱性能，隔熱性能會因吸水率增高而『減小』。

（C）3. 下列何者不屬於薄片防水材之常用材料？

(A)加硫橡膠　(B)PVC　(C)PU　(D)PE

【解析】PU 不屬於薄片防水材。PU 需塗厚厚一層，且為油性的防水膜，無法和素地中的水氣結合，在潮濕海島台灣，現在比較少人在使用。

（B）4. 有關各種防水工法之敘述，下列何者正確？

(A)熱熔式瀝青（油毛氈）防水工法中，臺灣常用的「七皮」，係指三層瀝青澆置層與四層油毛氈張貼層的交互鋪設

(B)聚氨酯系塗膜防水材的特性在於塗抹一體成型無接縫，較無搭接不良的問題

(C)相較於傳統的熱熔式瀝青防水工法，常溫自黏式防水氈的鋪設面條件可較為粗糙，施工精度要求亦較低

(D)俗稱「黑膠」的乳化瀝青塗膜防水材，比起亞克力（丙烯酸酯）橡膠系塗膜防水材具有更高的抗紫外線與耐久性能

【解析】(A)熱熔式瀝青（油毛氈）防水工法中，臺灣常用的「七皮」，係指『四』層瀝青澆置層與『三』層油毛氈張貼層的交互鋪設。

(C)相較於常溫自黏式防水氈，傳統的熱熔式瀝青防水工法的鋪設面條件可較為粗糙，施工精度要求亦較低。

(D)亞克力（丙烯酸酯）橡膠系塗膜防水材，比俗稱「黑膠」的乳化瀝青塗膜防水材，具有更高的抗紫外線與耐久性能。

（D）5. 有關建築物外殼隔熱性能設計，下列何種方法可提升隔熱效果？

(A)選擇低熱阻性及低反射性之材料　　(B)選擇低熱容量之材料

(C)降低外殼構造之厚度　　(D)選用低熱傳導率之材料

【解析】(A)選擇『高』熱阻性及『高』反射性之材料。

(B)選擇『高』熱容量之材料。

(C)『增加』外殼構造之厚度。

（B）6. 下列何者不是薄殼系統？

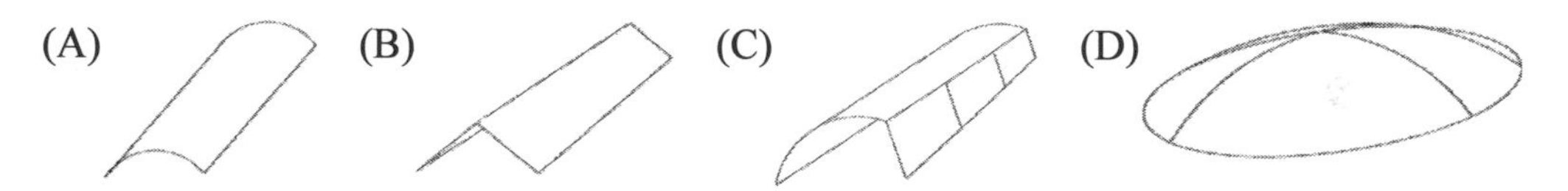


【解析】(B)不完全可以定義為薄殼系統。是斜屋頂，可是用多種建材製作。

（#）7. 有關空氣音隔音設計中，下列那個部位不在管制範圍？【答 A 給分】

(A)①　　(B)②　　(C)③　　(D)④

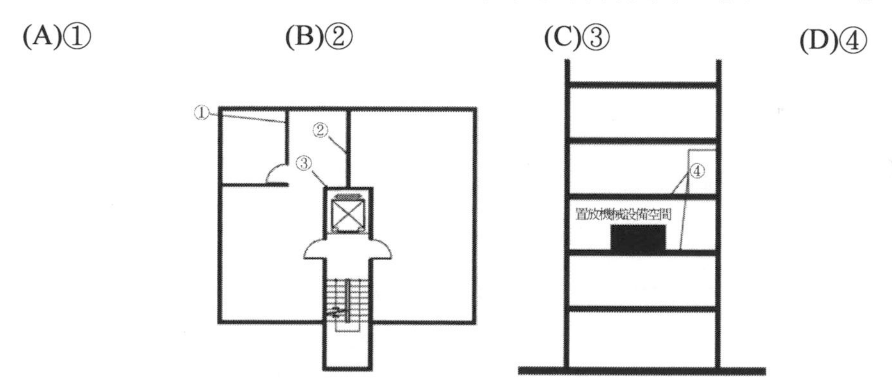


【解析】有關空氣音隔音設計中，①及④部位不在管制範圍。

（C）8. 有關水灰比對混凝土之影響，下列敘述何者錯誤？

(A)水灰比愈大，坍度及流度也會增大

(B)水灰比愈大，泌水及凝結收縮也會增大

(C)水灰比愈小，混凝土的水密性也會降低

(D)水灰比愈小，混凝土的體積收縮也會降低

【解析】(C)水灰比愈小，混凝土的水密性會『增加』。

（D）9. 下列建材何者無法符合綠建材評定標準？

(A)使用天然材料 80%（體積比或重量比）以上之壁紙

(B)低甲醛及低 TVOC 逸散的合成地毯

(C)使用回收材料 20%(回收材料除水泥外之比率)以上的 A 級高壓混凝土地磚

(D)具有石綿成分之水泥板

【解析】(D)具有『木質成分』之水泥板,為綠建材。

(#) 10. 有關玻璃性質之敘述,下列何者正確?【一律給分】

(A)鐵絲網玻璃為唯一可用於防火門窗的玻璃

(B)膠合玻璃係以 2 片或 2 片以上之平板玻璃,以黏著劑膠合而成

(C)採用熱強化玻璃可減緩結露現象的發生

(D)FRP(玻璃纖維強化塑膠)製採光罩雖具備良好之耐熱性但其耐寒性不佳

【解析】選項(B)描述不完全正確,膠合玻璃中間是夾有韌性之塑膠膜膠合在一起,故本題最後考選部裁定送分!

(C) 11. 有關建築結構體補強工法之敘述,下列何者錯誤?

(A)增設耐震壁時,其與原結構體的接合,一般採機械式錨栓(俗稱壁虎)及樹脂錨栓(化學錨栓)居多

(B)加設箍筋的補強方法適用於鋼筋混凝土柱剪力強度不足的結構物

(C)梁的彎矩補強位置一般而言以梁的兩端底部 1/4 跨距為主

(D)碳纖維繞線補強法係利用專用之碳纖維線纏繞柱材達到補強目的,適用於圓形的構造物

【解析】(C) 梁的彎矩補強位置一般而言以梁的兩端,一般為兩倍梁深的長度範圍左右。

(D) 12. 工地現場常用的 5 號竹節鋼筋,其標稱與直徑,下列何者正確?

(A)D13,15.9 mm (B)D13,12.7 mm (C)D16,12.7 mm (D)D16,15.9 mm

【解析】鋼筋號數(N)幾乎相等於周長,因此直徑=號數/$\pi$ (cm),標稱=3*N+1,選項(D)的數字最接近。

(B) 13. 梁最好儘量不要有穿孔,萬不得已要穿梁時,下列敘述何者最不適當?

(A)梁一旦有穿孔就會因斷面減小而使其抗剪強度與剛性降低,同時孔的周圍也會產生應力集中的現象

(B)梁若有穿孔的話,穿孔的位置應設在剪力最小的跨度兩側近柱處

(C)開口的形狀若為長方形時容易造成應力集中及容易使梁產生龜裂的現象,因此開孔應儘可能越圓越佳

(D)補強筋以在孔的周圍設置斜向補強筋最為有效

【解析】(B) 梁若有穿孔的話,穿孔的位置應設在距柱面 2 倍梁深範圍外,穿孔孔徑不得大於 1/3 梁深。

（D）14.有關玻璃之敘述，下列何者正確？

(A)在製造的過程中將平板玻璃強化後得到的強化玻璃，製成後再整批加工切割需要的大小形狀

(B)膠合玻璃是把 2 塊或 2 塊以上的強化玻璃夾入柔強韌的透明塑膠膜膠合而成

(C)雙層玻璃的缺點為無法清理因玻璃內外溫濕差而引起的結露現象

(D)鐵絲網玻璃中嵌鐵絲的性質形同於鋼筋混凝土材料中鋼筋的效果

【解析】(A)在製造的過程中將平板玻璃強化後得到的強化玻璃，製成後無法再加工切割。

(B)膠合玻璃是把2塊或2塊以上的玻璃夾入強韌而富熱可塑性的樹脂中間膜（PVB）而製成。

(C)雙層玻璃因中間層為乾燥氣體，所以有防霧效果。

（C）15.下列有關 Low-E 玻璃的敘述，何者錯誤？

(A)Low-E 玻璃即低輻射鍍膜玻璃（Low-Emissivity Glass）

(B)Low-E 玻璃符合現行綠建材標章

(C)Low-E 玻璃用於建築室內裝修時，亦屬於低逸散健康綠建材

(D)Low-E 玻璃屬於高技術產品，價格比一般玻璃高很多

【解析】(C)Low-E 玻璃用於建築室內裝修時，『非』屬於低逸散健康綠建材。

PS：低逸散健康綠建材是指具有揮發性有機化合物之綜合評定指標。

（B）16.下列何者不屬於現有健康綠建材之評定項目？

(A)木質地板　(B)鋁門窗　(C)填縫劑　(D)油性粉刷塗料

【解析】健康綠建材評定項目：

1. 地板類：木質地板、地毯、架高地板、木塑複合材等。
2. 牆壁類：合板、纖維板、石膏板、壁紙、防音材、粒片板、木絲水泥板、木片水泥板、木
3. 質系水泥板、纖維水泥板、矽酸鈣板、木塑複合材等。
4. 天花板：合板、石膏板、岩綿裝飾吸音板、玻璃棉天花板等。
5. 填縫劑與油灰類：矽利康、環氧樹脂、防水塗膜材料等。
6. 塗料類：油漆等各式水性、油性粉刷塗料。
7. 接著（合）劑：油氈、合成纖維、磁磚黏著劑、白膠（聚醋酸乙烯樹脂）等。
8. 門窗類：木製門窗（單一均質材料）。

（A）17.下列敘述何者並非生態綠建材標章中，有關木構造結構材的評定要項？

(A)木材應百分之百產自天然森林，且無匱乏危機

(B)低耗能

(C)低毒害處理

(D)附製程程序及使用物質成分說明，或其他相關證明文件

【解析】(A)木材『不一定要』百分之百產自天然森林，也可是永續／人工森林。

（A）18.下列何者為以連續壁作為擋土設施的地下室逆打工法，由先而後之施工順序，下列何者正確？①連續壁擋土設施構築　②抽排水及開挖棄土　③梁版及逆打柱頭工程　④基樁及逆打鋼柱插放　⑤二次牆柱及無收縮水泥砂漿灌注工程

(A)①④②③⑤　(B)①②③④⑤　(C)②①④③⑤　(D)④②①⑤③

【解析】①連續壁擋土設施構築→④基樁及逆打鋼柱插放→②抽排水及開挖棄土→③梁版及逆打柱頭工程→⑤二次牆柱及無收縮水泥砂漿灌注工程。

（A）19.住宅的基礎結構採筏式基礎。一樓高程為+20 cm 且無地下室，其地梁深度為 140 cm 之基準從何高程算起？

(A)一樓地坪結構面　(B)GL±0　(C)GL±40　(D)GL±100

【解析】建築物為無地下室，所以平面圖會是依照一樓平面圖開始繪製結構圖也是一樓地坪結構面開始換算。

（B）20.有關鋼骨鋼筋混凝土構造施工之敘述，下列何者最不適當？

(A)梁柱接頭區內之柱箍筋，可採用 4 支 L 形箍筋貫穿梁腹板後，再以銲接方式續接

(B)SRC 梁之鋼骨斷面翼板原則上可設置鋼筋貫穿孔

(C)鋼梁翼板上已完成銲接之鋼筋續接器，於運送、搬運、吊裝過程中容易遭到碰撞損壞

(D)在澆置混凝土時，SRC 梁柱接頭處或是 I 形鋼梁之翼板下方容易發生蜂窩或填充不實的現象

【解析】(B)SRC 梁之鋼骨斷面翼板原則上『不可』設置鋼筋貫穿孔。

（B）21.混凝土澆置時，為避免產生蜂窩現象，下列有關鋼筋間距之規定何者錯誤？

(A)同層平行鋼筋間之淨距不得小於 1.0 db，或粗粒料標稱最大粒徑 1.33 倍，亦不得小於 2.5 cm

(B)若鋼筋分置兩層以上者，兩層間之淨距不得小於 2.5 cm，各層之鋼筋須交錯排列

(C)受壓構材之主筋間淨距不得小於 1.5 db，或粗粒料標稱最大粒徑之 1.33 倍，亦不得小於 4 cm

(D)除混凝土格柵版外，牆及版之主筋間距不得大於牆厚或版厚之 3 倍，亦不得超過 45cm

【解析】(B) 若鋼筋分置兩層以上者，兩層間之淨距不得小於 2.5 cm，各層之鋼筋須上下對齊不得錯列。

（C）22.有關鋼材塗裝施工規範之敘述，下列何者錯誤？

(A)鋼材應在表面處理完成後 4 小時內進行防銹底漆之塗裝

(B)除預塗底漆外，同一噴塗面應使用同一廠牌之塗料

(C)工地銲接部位及其相鄰接兩側部分，為使完工後鋼材顏色一致可進行整體塗裝

(D)鋼材表面溫度在 50℃以上時塗膜可能產生氣泡，故應停止施工

【解析】(C)工地銲接部位及其相鄰接兩側部分，『不可進行』塗裝。

（D）23.新拌混凝土減少泌水現象之方法，下列何者錯誤？

(A)增加水泥細度

(B)使用高鹼性摻合劑，加摻快凝劑，以增加水化作用速度

(C)使用輸氣劑

(D)在工作性容許範圍內，應儘量增加水灰比

【解析】(D)在工作性容許範圍內，應儘量『降低』水灰比。

（A）24.窗戶是 RC 建築最常見漏水的地方，其漏水的關鍵原因可能為何？

①塞水路不確實　②窗角剪力裂縫　③粉刷不確實　④止水帶施作失敗

(A)①②　(B)③④　(C)①③　(D)①④

【解析】塞水路不確實與窗角剪力裂縫為題目提供的 4 個項目當中相對與漏水最為相關。

（B）25.有關 RC 梁主筋搭接位置，下圖何者正確？

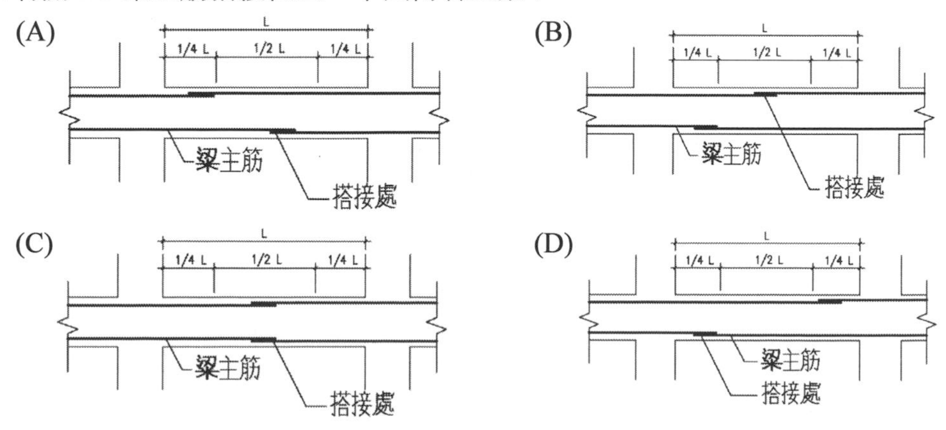


【解析】上層鋼筋搭接位置在（中間處），下層鋼筋搭接處在（兩側距柱 L/4 處）。

因為上層鋼筋為壓力筋，大部分的抗壓強度由混凝土抵抗，壓力筋很少降伏，又以中央處壓應力為最大，所以上層筋於梁中間作搭接。

（A）26.圖示木構材的組構方式，最有可能屬於那一類型的建築？

(A)傳統日式木構建築

(B)傳統閩南民居建築

(C)2×4 構築住宅

(D)西式木構造住宅

【解析】木地檻為傳統日式木構建築會出現的構件。

（A）27.下列高層公寓平面圖中，那一支梁受力情形（結構行為）與其他梁有顯著的不同，因此需要特別注意其配筋方式？

(A)圖中標示 A 處　(B)圖中標示 B 處

(C)圖中標示 C 處　(D)圖中標示 D 處

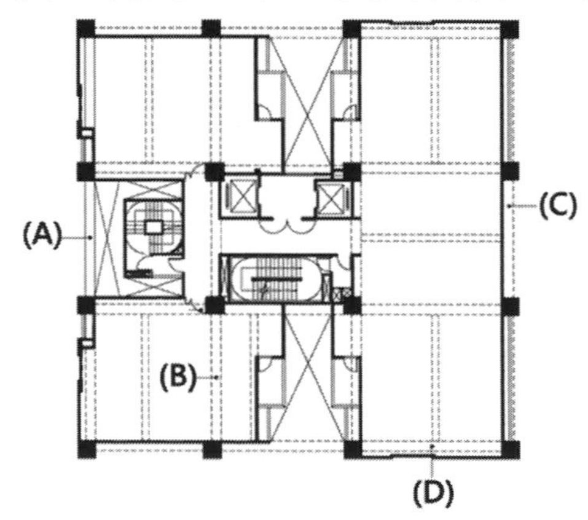


【解析】(A)圖中標示 A 處，兩側皆無樓版。

（C）28.有關薄層綠屋頂的結構由上而下排序，下列何者正確？

①植栽層　②介質層　③排（蓄）水層　④過濾層　⑤防水層　⑥阻根層　⑦樓板

(A)①②③④⑤⑥⑦　(B)①②④⑤⑥③⑦

(C)①②④③⑥⑤⑦　(D)①②③④⑥⑤⑦

【解析】①植栽層；②介質層；④過濾層；③排（蓄）水層；⑥阻根層；⑤防水層；⑦樓板。

（C）29.有關屋頂瀝青防水施工法之敘述，下列何者錯誤？

(A)油毛氈之四邊重疊接合長度應在 9 公分以上

(B)若不做步行或其他用途時，則屋頂露出部分常以砂粒油毛氈作為外層之保護層

(C)底油之主要功用在提供瀝青層與油毛氈之密著黏結

(D)瀝青使用時需加熱熔解，若施工後鍋內仍有殘留時亦不得隔日使用

【解析】(C)底油之主要功用在提供瀝青層與樓板混凝土之密著黏結。

（A）30.有關外牆石材貼掛規範之敘述，下列何者錯誤？

(A)石材砌築採用濕式工法時，因繫件在水泥砂漿內，故無需作防銹處理

(B)拉鉤繫件僅能拉扣石材而不具承重之作用

(C)為防止石材剝離，每 3 m 或每樓層應設置承重繫件，每片石材至少需要 2 個支撐點

(D)乾式工法之金屬支撐系統，其固定繫件應採用 SUS 304 不銹鋼製造

【解析】(A)石材砌築採用濕式工法時，因繫件在水泥砂漿內，也需作防銹處理。

（C）31.下列四種帷幕牆系統中，何者最能因應建築結構體的誤差，可於施工現場裁切帷幕牆材料？

(A)單元式系統（Unit System）

(B)柱覆裙板系統（Column Cover & Spandrel System）

(C)直橫料系統（Stick System）

(D)板系統（Panel System）

【解析】直料系統(Stick System)把帷幕牆之元件在工地上一件一件組合，首先裝上固定系統(Anchor)，其次是直料(Mullion)，再次是橫料(Horizontal)，再加上窗間板(Spandrel Panel)後再加上橫料，最後加上玻璃及內部裝飾(Interior Trim)。

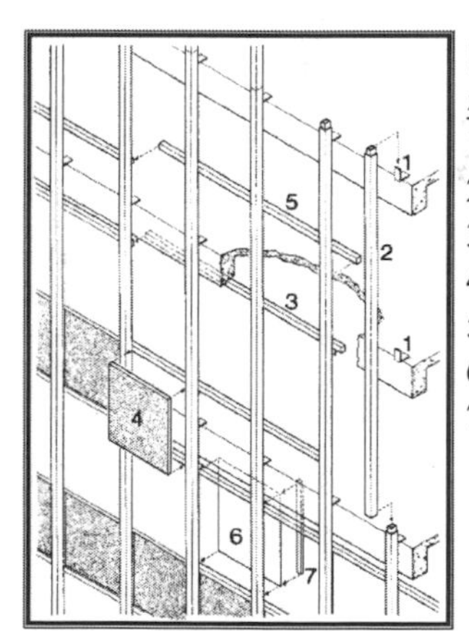


圖 直橫料系統施工順序
1.繫件
2.直料
3.橫料
4.樓版邊板片
5.橫料
6.視窗邊玻璃
7.直料內壓條

參考來源：http://curtainwall-blog.blogspot.com/

（D）32.明架天花板廣泛運用於教室及辦公室，下列那一項不是主要原因？

(A)可選擇不同面材板，符合預算需求

(B)選擇吸音面板時，可創造合宜的室內音環境

(C)可增加耐震細部設計，抵抗較大地震

(D)可完全隱藏骨架，創造全平空間

【解析】明架天花板(D)『無法』隱藏骨架，骨架為外漏式。

（B）33.室內裝修塗裝作業應注意事項，下列何者錯誤？

(A)素地處理應力求完善，且須充分乾燥；塗料必須充分攪拌，以防色調或光澤不均

(B)塗料用量要多，且塗膜要厚

(C)塗膜由較多度數構成者為佳，不得有花斑、流痕、皺紋等現象，塗膜顏色應力求均勻，不得有刷痕存在

(D)每層塗膜必須在十分乾燥後，方可進行次一度之塗裝

【解析】室內裝修塗裝作業(B)塗料用量『不用』多，因依材料屬性需求為主。

（C）34.有關鋼構工程作業中須設置之安全母索，下列敘述何者正確？

(A)安全母索得由鋼索、尼龍繩索或合成纖維之材質構成，其最小斷裂強度應在 210 公斤以上

(B)水平安全母索之設置高度應大於 3 公尺

(C)每條安全母索應僅供一名勞工使用

(D)原則上安全母索得掛或繫結於護欄之杆件

【解析】(A)安全母索得由鋼索、尼龍繩索或合成纖維之材質構成，其最小斷裂強度應在 2300 公斤以上。

(B)水平安全母索之設置高度應大於 3.8 公尺。

(D)原則上安全母索『不得』掛或繫結於護欄之杆件。

（A）35.垂直移動為建築物中不可或缺的設備構造，下列敘述何者正確？

(A)由於電扶梯式相當於挑空空間，故必須依挑空空間相關規定設置防火區劃

(B)昇降階梯設計其速度不可小於每分鐘 60 公尺

(C)昇降機只要人進得去無論用途就可供人搭乘

(D)個人住家用昇降機因非供公共使用故不必定期檢查

【解析】(B)昇降階梯設計其速度『無硬性規定』，應符合中華民國國家標準 CNS12651 之相關規定。

(C)昇降機得依用途使用。

(D)個人住家用昇降機因非供公共使用『也需』定期檢查。

（D）36.使用兩部吊車共同吊抬作業時，下列敘述何者錯誤？

(A)儘量把工作限於捲上捲下，以及桁架之俯仰

(B)共抬吊以 2 部吊車為限

(C)儘量選用同一機種之吊車

(D)可由 2 人指揮吊抬作業

【解析】(D)只可由『1人』指揮吊抬作業。

（B）37.有關在混凝土樓板安裝屋頂硬質隔熱材料時，下列敘述何者錯誤？

(A)將隔熱板片與樓板邊緣平行放置，隔熱板表面或底面視需要加以刻痕以配合屋頂曲度

(B)隔熱材料上下層間之接縫必須統一在同一斷面上

(C)在屋頂蓋板與垂直面相接處之絕緣材料，須依實際情況做適度之切割，但在所有垂直面泛水處須留下 6 mm 之距離

(D)在絕緣材料所有接合面，應有足夠之接合面積，但須注意勿使其變形，配合使用黏著劑，將絕緣材料黏附在樓板上

【解析】(B)隔熱材料上下層間之接縫『不可』在同一斷面上。

（C）38.有關玻璃磚施工規範之敘述，下列何者錯誤？

(A)玻璃磚之施築面如為地面時，應檢查其是否水平；如為牆或壁柱時，應先檢查其是否垂直。工作面缺點未改正以前，不得進行工作

(B)水平接縫每 60 cm 應設置一錨定板

(C)補強筋應跨越伸縮縫

(D)須在砂漿仍為塑性狀態且未固結前將接縫整平

【解析】(C)補強筋『不可』跨越伸縮縫。

（C）39.若建築物外牆瓷磚的脫落介面發生於面磚與黏著水泥砂漿之間，則最不可能的原因為何？

(A)面磚的背溝過淺或背溝的形狀不良

(B)黏著水泥砂漿塗佈後至面磚張貼前的靜置時間（Open Time）過長

(C)打底水泥砂漿施作前混凝土軀體面未保持濕潤狀態

(D)面磚張貼後的敲壓不足導致水泥砂漿無法填滿背溝間的間隙

【解析】(C)打底水泥砂漿施作前混凝土軀體面保持濕潤狀態。

（B）40.建築物之防火，關於分戶牆及分間牆構造，下列何者錯誤？

(A)連棟式或集合住宅之分戶牆，應以具有 1 小時以上防火時效之牆壁及防火門窗等防火設備與該處之樓板或屋頂形成區劃分隔

(B)建築物使用類組為 B-3 組餐飲場所之廚房，應以具有半小時以上防火時效之牆壁及防火門窗等防火設備與該樓層之樓地板形成區劃

(C)建築物使用類組為 B-3 組餐飲場所之廚房，其天花板及牆面之裝修材料以耐燃一級材料為限

(D)無窗戶居室者，區劃或分隔其居室之牆壁及門窗應以不燃材料建造

【解析】(B)建築物使用類組為 B-3 組餐飲場所之廚房，應以具有『一』小時以上防火時效之牆壁及防火門窗等防火設備與該樓層之樓地板形成區劃。

（A）41.有關混凝土澆置時之注意事項，下列敘述何者錯誤？

(A)澆置時應保持混凝土落下之方向與澆置面呈 45 度

(B)先後澆置時間間隔不宜太長，以免形成冷縫

(C)澆置面為斜面時，應由下而上澆置混凝土

(D)柱之混凝土若與梁版同時澆置，須等到柱混凝土達無塑性且 2 小時後，始可澆置梁版混凝土

【解析】(A)澆置時應保持混凝土落下之方向與澆置面呈 90 度。

（D）42.有關輕質隔間牆之使用維護，下列敘述何者錯誤？

(A)附掛或鑽孔時，應採專用之膨脹螺絲及掛勾

(B)若使用振動鑽孔機將影響牆體強度

(C)石膏版牆應避免受潮或水洗

(D)牆若有孔洞需要修補，可使用水泥砂漿材料加以填補

【解析】(D)牆若有孔洞需要修補，禁止使用水泥砂漿，應採用一般批土或專用的補孔材料為宜。

（A）43.有關預鑄中空樓板與 KT（K truss）板的比較，下列敘述何者錯誤？

(A)預鑄中空樓板的開口較靈活

(B)預鑄中空樓板的隔音較佳

(C)KT 板可事先在工廠預埋出線盒

(D)相同規模下，KT 板的板片數量可較少，工期較節省

【解析】(A) KT（K truss）板的開口較靈活。

（B）44.CNS 13295 高壓混凝土地磚材料之規定，適用於中小型車道者為何？

(A)A 級抗壓強度平均值應在（590kgf/$cm^2$）以上

(B)B 級抗壓強度平均值應在（500 kgf/$cm^2$）以上

(C)B 級抗壓強度平均值應在（450 kgf/$cm^2$）以上

(D)C 級抗壓強度平均值應在（408 kgf/$cm^2$）以上

（D）45.若欲知地質軟硬之 N 值，應採用下列何種試驗方法？

(A)鑽探法試驗　(B)水平加力試驗　(C)載重試驗　(D)標準貫入試驗

（B）46.有關帷幕牆之施工與性能，下列敘述何者正確？

(A)帷幕牆為建築物之外牆，為安全起見，安裝時不可有任何自由端，必須全部要固接於結構體上，以免地震掉落

(B)金屬帷幕牆層間為防止火災時延燒，必須要加入防火材料及裝置

(C)預鑄混凝土帷幕牆可當作承重牆

(D)帷幕牆為現場溼式組裝施工

【解析】(A)帷幕牆為建築物之外牆，為安全起見，須經風雨試驗檢附報告或現場預埋拉拔試驗。

(C)預鑄混凝土帷幕牆『不』可當作承重牆。

(D)帷幕牆為現場『乾』式組裝施工。

（D）47.臺灣目前基樁工程，依材料分類不包括下列何者？

(A)預鑄鋼筋混凝土基樁　(B)場鑄鋼筋混凝土基樁

(C)鋼管樁　(D)木樁

【解析】建築物基礎構造設計規範 90.10.02

第五章 樁基礎

5.6 樁體結構設計

5.6.1 木樁

5.6.2 預鑄混凝土樁

5.6.3 場鑄混凝土樁

5.6.4 鋼樁

依設計規範的內容有木樁，雖本題答案(D)，但此題應可向考選部提出疑義。

（D）48.RC 外牆的窗邊經常滲水，較有可能的原因是：

①窗太大　②RC 外牆厚度不足　③窗框料件太小　④窗框與 RC 牆間填塞不實

⑤RC 牆開口與窗框尺寸間距太大

(A)①②　(B)②③　(C)③④　(D)④⑤

【解析】傳統 RC 住宅從窗戶滲水有兩種可能，一是窗扇本身滲水，二是從窗框與牆邊隙縫滲水。

（A）49.在鋼構建築中，如何確認扭剪型高拉力螺栓已經完全鎖緊？

(A)根據長尾部（Pintail）斷裂並脫離時為鎖緊

(B)根據長尾部（Pintail）仍然存在尚未脫離時為鎖緊

(C)根據螺栓的墊圈是否鬆動來判斷

(D)根據螺栓表面是否有摩擦痕跡來判斷

【解析】高強度 T.C 螺栓施加預拉力-斷尾扭力控制型（torque control bolts）。

（D）50.下列何種外牆窗台之作法較為妥善？

(A) 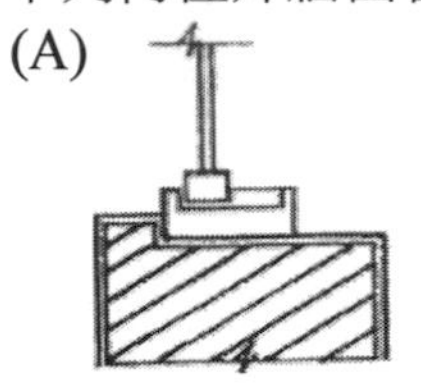
(B) 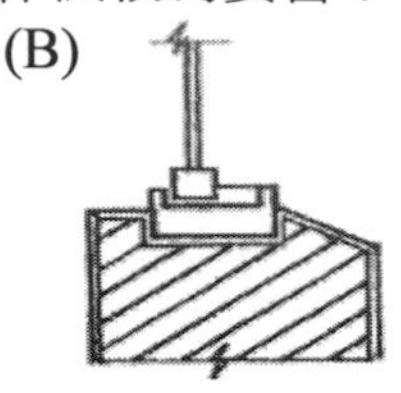
(C) 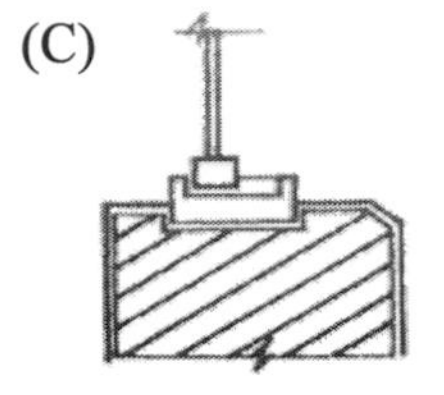
(D) 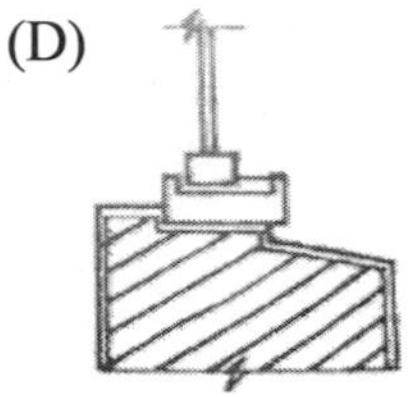

【解析】窗台設計，水路設計尤為重要，一般原則為窗外之雨水無法進入或停留於窗框內，選項(D)有階梯狀向下排水設計。

（D）51.下圖為鋼骨工程之銲接部位詳細圖，下列敘述何者錯誤？

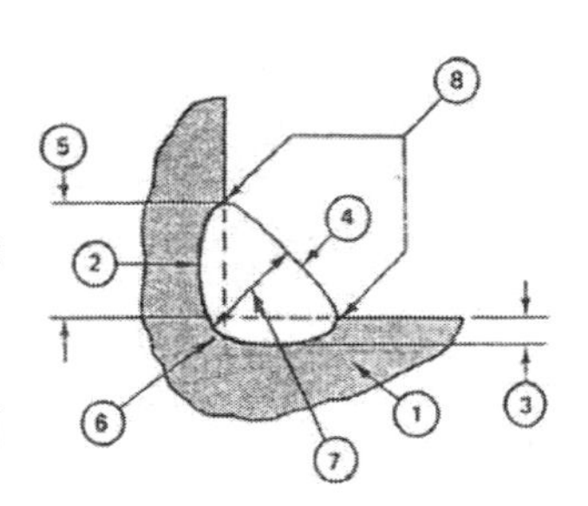


(A)①為母材（Base Metal），意指欲施銲的工件

(B)③為熔合深度（Depth of Fusion），意指銲接金屬融入母材的深度

(C)⑤為角銲腳長（Leg of a Fillet Weld），意指角銲根部到趾部的距離

(D)⑦為角銲喉深（Throat of Fillet Weld），意指根部到銲面間的最大距離

【解析】(D)⑦為角銲喉深（Throat of Fillet Weld），意指根部到銲面間的最大等腰三角形的高度。

（C）52.鋼構造樓板剖面詳圖中，A 構件名稱為何？

(A)預力螺栓　(B)預力鋼鍵　(C)剪力釘　(D)火藥植筋

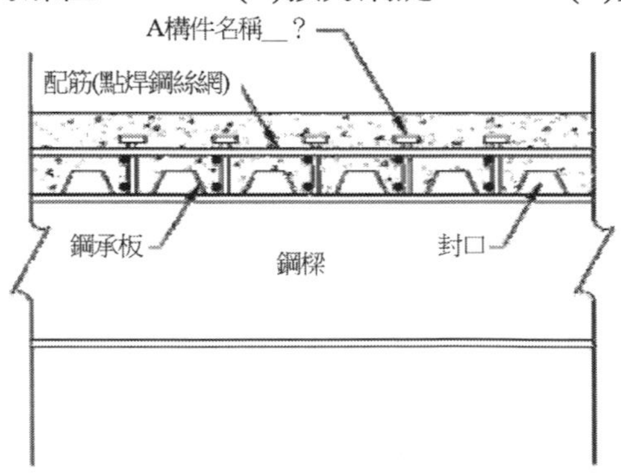


鋼構造樓板剖面詳圖

【解析】「剪力釘」是多種剪力連接器中的其中一種，也是一種高效率的剪力傳遞機制。

（C）53.依據建築物無障礙設施設計規範，無障礙樓梯兩端扶手應水平延伸最小多少 A 公分以上，並作端部防勾撞處理，扶手水平延伸，不得突出於走道上？

(A)10　(B)20　(C)30　(D)40

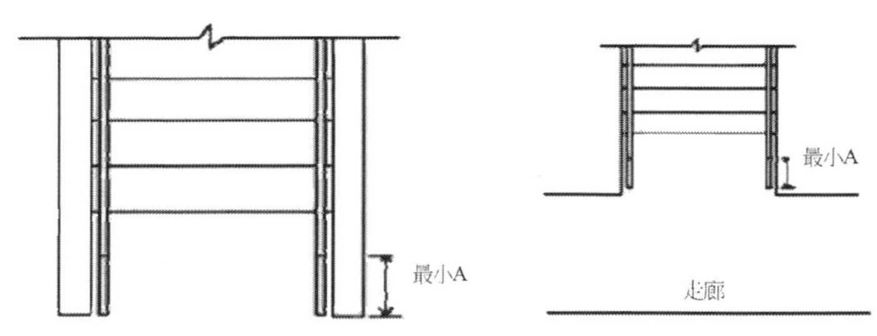


【解析】第三章　樓梯

304.2 水平延伸：樓梯兩端扶手應水平延伸 30 公分以上。

（A）54.依據建築物無障礙設施設計規範，無障礙汽車相鄰停車位得共用下車區，寬度最小為多少 A 公分，包括寬為多少 B 公分之下車區？

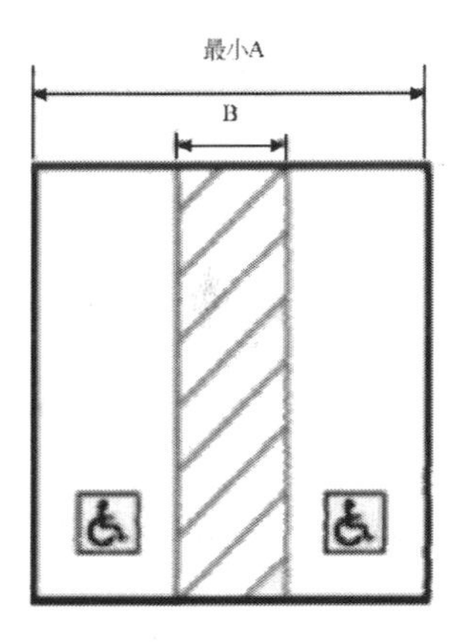


(A)A 最小為 550　(B)A 最小為 500

(C)B 為 120　(D)B 為 160

【解析】第八章　停車空間

804.2 相鄰停車位：相鄰停車位得共用下車區，長度不得小於 600 公分、寬度不得小於 550 公分，包括寬 150 公分的下車區。

（D）55.有關建築屋頂細部施工之敘述，下列何者正確？

(A)屋頂花園的屋頂版最底層設置抗根層，上面再設置防水層

(B)屋頂花園防水層的高度與覆土高度相同即可

(C)屋頂戶外停車防水必須施作在瀝青混凝土上才可達到防水

(D)屋頂花園的植栽必須考慮到樹根部竄伸結構體破壞防水層之問題

【解析】(A)屋頂花園的屋頂版最底層設置防水層，上面再設置抗根層。

(B)屋頂花園防水層的高度與覆土高度略高。

(C)屋頂戶外停車防水必須施作在瀝青混凝土下才可達到防水。

（B）56.依據結構混凝土規範，有關混凝土的澆置，下列敘述何者錯誤？

(A)混凝土自拌和、輸送至澆置完成應連貫作業不宜中途停頓，須於一定時間內完成，其時間除經監造人依溫度、濕度、運送攪動情況做適當規定者外，應不超過 1.5 小時

(B)澆置面為土質地面時，其表面夯實後即可進行澆置

(C)搗實時，振動棒插入點之間距應約為 45 cm

(D)搗實時，振動棒進入前層混凝土之深度應約為 10 cm

【解析】(B)澆置面為土質地面時，其表面夯實後即可進行澆置<u>一層 PC</u>。

（D）57.依據無障礙設計技術規範，下列敘述何者錯誤？

(A)設置無障礙通路時，若高低差在 0.5 公分至 3 公分者，應作 1/2 之斜角處理

(B)設置無障礙通路時，若高低差大於 3 公分者，則另依「坡道」、「昇降設備」或「輪椅昇降台」之規定

(C)設置樓梯時，距梯級終端 30 公分處，應設置深度 30～60 公分，顏色且質地不同之警示設施

(D)戶外平台階梯之寬度在 5 公尺以上者，應於中間加裝扶手

【解析】建築物無障礙設施設計規範

第三章　樓梯

306 戶外平台階梯：戶外平台階梯之寬度在 6 公尺以上者，應於中間加裝扶手。

（C）58.有關鋼材符號，下列敘述何者錯誤？

(A)L：角鋼　(B)C：槽型鋼　(C)PL：鋼管　(D)Z：Z 型鋼

【解析】(C) PL：鋼板。

（D）59.現代建築中雖將磚視為非建築構造來使用，但為了使其仍有一定的強度束制，於磚的中間常用何者予以加固？

(A)FRP　(B)保麗龍　(C)H 型鋼　(D)鋼筋

【解析】於磚的中間常用(D)鋼筋予以加固，仍有一定的強度束制。

（B）60.鋼構在梁柱接合的方式與施工，常用鉸接或剛接來表示，下列符號何者為剛接合的表現方式？

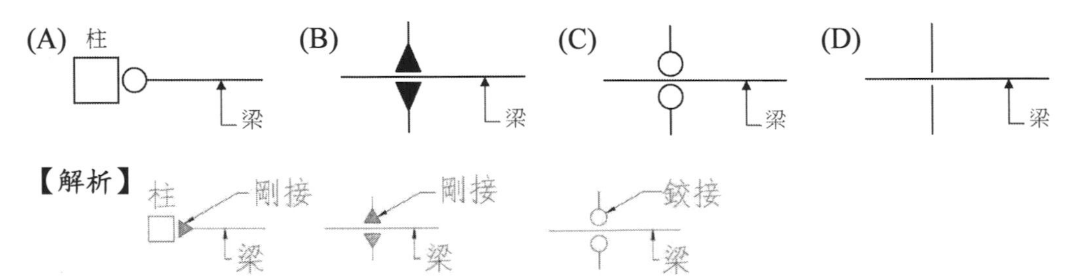


（B）61.下列何者不是木構造建築物之構架斜撐方式？

(A)對角斜撐　(B)偏心斜撐　(C)平角撐　(D)斜柱

【解析】木構造斜撐可分為：對角斜撐、斜角撐、平角撐、斜柱四種，偏心斜撐是鋼構造的支撐方式。

（A）62.下列有關電梯車廂緊急救出口之敘述何者錯誤？

(A)只能由車廂內開啟不能由外部開啟　(B)位在車廂頂端

(C)為標準配備　　　　(D)各邊長度不得小於 400 mm

【解析】有關電梯車廂緊急救出口能由車廂內開及外部開啟。

（C）63.依公共工程施工綱要規範之內容，有關噴附式防火被覆之設計與施工，下列敘述何者錯誤？

(A)廠商應提出材料產品被覆厚度計算書

(B)原製造廠為進口者，須提送我國海關進口證明

(C)除非圖說上另有規定，凡室內部分均採用內部材料，其餘均採外露材料

(D)風管、水管管線及其他懸掛於樓板下之設備，須於防火被覆完成後，始得施作

【解析】(C)除非圖說上另有規定，否則凡室內梁板被天花板或其他封板遮蔽之部份得採用內部材料，其餘均採外露材料。

（A）64.在密閉室內進行裝修工程時，下列何者需注意中毒危害？

(A)牆面刷油性水泥漆　　　　(B)平頂水泥砂漿粉光

(C)地面鋪貼花崗石　　　　(D)天花輕鋼架石膏板

【解析】(A)油性水泥漆-有毒部分是甲苯或二甲苯有機溶劑或可塑劑，其中苯是致癌物質或對神經系統或造血功能或肺部功能都有一定傷害。

（B）65.有關水泥砂漿粉刷相關施工要求，下列何者不符合規範？

(A)粉刷工作不得曝曬於烈日下，如在室外應搭蓬架，氣溫維持常溫溫度

(B)混凝土面或圬工面於水泥粉刷前應予保持乾燥，以利水泥砂漿附著

(C)為控制粉刷面之精準度及平整度，承包商應先做控制用粉刷灰誌，地坪配合洩水坡度，應考量做灰誌條，以控制品質

(D)表面粉光完成後應養護 48 小時，以細水霧噴灑，使塗面濕潤，但不致飽和，表層即予乾置

【解析】(B)混凝土面或圬工面於水泥粉刷前應予保持『濕潤』，以利水泥砂漿附著。

（B）66.CNS 對於陶瓷面磚分為 Ia、Ib、II 及 III 四類，主要分類之依據為該材料的：

(A)耐磨耗性　　(B)吸水率　　(C)硬度　　(D)耐釉裂性

【解析】依 CNS9737 R1018 陶瓷面磚總則國家標準以吸水率區分材料等級

Ia 類（瓷質）：吸水率 0.5%以下。

Ib 類（瓷質）：吸水率超過 0.5%，3.0%以下。

II 類（石質）：吸水率 10.0%以下。

III 類（陶質）：吸水率 50.0%以下。

（C）67.俗稱 4 尺 8 尺夾板尺寸規格為下列何者？

(A)60 cm×150 cm　(B)90 cm×180 cm　(C)120 cm×240 cm　(D)150 cm×300 cm

【解析】1 分 = 0.3CM、1 寸 = 3CM、1 尺 = 30CM，4 尺 × 8 尺= 120 cm × 240 cm

（D）68.從工地隨機取出紅磚樣本，尺寸為 21×10×6 cm，依 CNS 規範測試出荷重值為 12600 kgf，則抗壓強度為：

(A)60 kgf/cm$^2$　(B)80 kgf/cm$^2$　(C)100 kgf/cm$^2$　(D)120 kgf/cm$^2$

【解析】S = P/A = 12600 kgf / (10.5cm × 10cm) = 120kgf/cm$^2$。

（C）69.有關車道透水磚之設計，下列敘述何者錯誤？

(A)目的之一是讓雨水滲入土中

(B)透水磚必須能承載車行重量

(C)為了透水，不必標註土壤層與級配層的夯實度

(D)同樣材質厚度較高的，可以承載較大的車行重量

【解析】(C)為了透水，必需標註土壤層與級配層的夯實度。

（B）70.臺灣 EEWH 綠建築中認為優良的草皮種類，不包含下列那一項特質？

(A)省水　(B)細緻　(C)耐旱　(D)容易維修

【解析】選項(B)描述的細緻這點特色與綠建築對草皮種類特性的要求相悖。

（B）71.有關土壤液化之要件，下列何者錯誤？

(A)鬆砂土層　(B)低地下水位　(C)強烈地震　(D)高地下水位

【解析】(B)低地下水位非土壤液化之要件。

（C）72.有關新建建築物對土壤液化之對策，下列敘述何者錯誤？

(A)土壤改良　(B)樁基礎

(C)採連續基礎設計　(D)基礎底面加深挖除

【解析】(C)採連續基礎設計對新建建築物土壤液化之對策較為無效。

（B）73.有關建築施工管理之敘述，下列何者錯誤？

(A)起造人自領得建築執照之日起，應於 6 個月內開工，若因故不能於期限內開工時，應敘明原因申 請展期一次，期限為 3 個月

(B)地上 5 層建築物其外牆距離境界線及道路均達 3 公尺，施工中可不設置防止物體飛落的防護圍籬

(C)在工地中，須禁止勞工使用 2 公尺以上的合梯進行泥作、油漆等作業，應改為設置工作平台使其進行作業

(D)自地面高度 3 公尺以上投下垃圾或其他容易飛散之物體時，應使用垃圾導管或

其他防止飛散之有效設施

【解析】建築法

第六十六條　墜落物之防止

二層以上建築物施工時，其施工部分距離道路境界線或基地境界線不足二公尺半者，或五層以上建築物施工時，應設置防止物體墜落之適當圍籬。

（D）74.磨石子地磚工法比現場磨石子工法普及的原因，不包含下列何種特質？

(A)工廠預製，施工迅速　(B)會施工的工人數量較多

(C)現場磨石子產生的污染較多　(D)採用石子的大小沒有限制

【解析】磨石子工法採用石子的大小考量做工必須有限制。

（D）75.下圖為某一工程作業之施工網圖，試判斷何者為要徑？

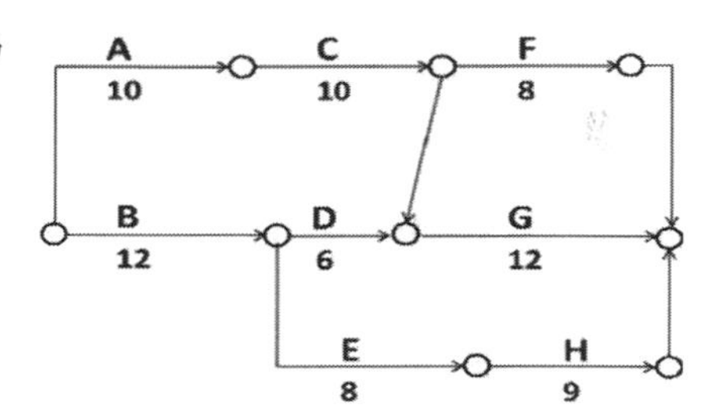


(A)B→D→G　(B)B→E→H

(C)A→C→F　(D)A→C→G

【解析】要徑定義：累積工作天數最長的路徑。

（D）76.有關工地控制進度常用之進度曲線（S 曲線），下列敘述何者錯誤？

(A)工程初期因修飾、整備等原因，工程速度較工程中期為慢

(B)橫軸為工期，縱軸為累計工程費

(C)進度曲線之反曲點發生於每日完成數量之高峰期

(D)當實際進度曲線超出容許上限，表示進度已經落後，須進行趕工措施

【解析】(D)當實際進度曲線超出容許上限，表示進度已『超前』。

（B）77.有關地基調查事項，下列敘述何者錯誤？

(A)五層以上或供公眾使用建築物之地基調查，應進行地下探勘

(B)基地面積每 300 平方公尺應設一調查點

(C)樁基礎之調查深度應為樁基礎底面以下至少 4 倍樁直徑之深度

(D)同一基地之調查點數不得少於 2 點

【解析】建築物基礎構造設計規範

3.2 調查方法

(B)基地面積每六百平方公尺或建築物基礎所涵蓋面積每三百平方公尺者，應設一處調查點，每一基地至少二處，惟對於地質條件變異性較大之地區，應增加調查點數。

（C）78.有關避免施工鄰損爭議之敘述，下列何者錯誤？

(A)施工前應做好鄰房鑑定，若遇軟弱地層應於開挖前進行基地內地盤改良

(B)投保營造綜合保險，移轉工程風險

(C)預先設置傾度盤、沉陷釘進行監控，一般角變量達 1/200 為鄰損判定標準

(D)可利用托基工法、微型樁保護緊鄰之鄰房

【解析】(C)預先設置傾度盤、沉陷釘進行監控，一般角變量達 1/200 為鄰損判定標準。

（A）79.某一工地，需要完成之模板面積約 2,400 平方公尺，若模板生產力 12 平方公尺／人日，作業時間為 5 日，則每日應派多少位模板工？

(A)40 人　(B)60 人　(C)80 人　(D)100 人

【解析】2400 / 5 / 12 = 40（人）

（B）80.為確保公共工程品質，政府有各式各樣的法規來督導及查核，有關採購及品管之敘述，下列何者正確？

(A)三級品管中的第三級工程主管機關，為監督施工廠商，故抽查施工品質也抽驗材料設備品質，以保持良好工程品質

(B)我國政府採購法有公開招標、選擇性招標、限制性招標三種

(C)經常性採購經上級核准得採用選擇性招標但並不需建立合格廠商名單

(D)總價承包契約與統包契約是一樣的契約種類

【解析】(A)三級品管中的第三級工程主管機關，為查核施工廠商，故抽查施工品質也抽驗材料設備品質，以保持良好工程品質。

(C)經常性採購經上級核准得採用選擇性招標『可』建立合格廠商名單。

(D)總價承包契約與統包契約是『不』一樣的契約種類。

## 107 年專門職業及技術人員高等考試試題／敷地計畫與都市設計

一、申論題：（30 分）

（一）説明你對都市或城鄉廣場的定義及種類？描繪一處臺灣都市或城鄉的廣場，説明其廣場空間形成的原因及變遷、廣場與周遭涵構的互動、不同時間活動與空間關係、空間型態與視野。

（二）繪製這個廣場的配置示意圖、剖面示意圖，表達空間構成、空間型態與尺度，並説明廣場成功的因素及未來的期待。

二、設計題：（70 分）

（一）題目：都市中的文創園區

住商混合的都市環境，擬開發為文創園區，以期帶來都市活力、創造新產業。

（二）基地概況：

基地周邊為住商混合區，基地旁有一歷史建物（一層樓三合院），基地內有既有樹木。建蔽率 40%、容積率 200%，須留 3.6 m 無遮簷人行道。

（三）設計內容：

1. 文創工作坊（共同工作室 300 $m^2$ × 2 間，個人工作室 40 $m^2$ × 5 間）
2. 文創辦公室 90 $m^2$
3. 展示空間 200 $m^2$
4. 多功能使用演講廳 250 $m^2$
5. 會議室 60 $m^2$
6. 餐廳區 300 $m^2$、開放式廚房 60 $m^2$
7. 咖啡廳 200 $m^2$
8. 公共服務空間自訂
9. 地下停車位 120 輛（含 1 輛裝卸貨車位），機車 25 輛
10. 地面公共腳踏車 10 輛
11. 室外多功能廣場 600 $m^2$（不定期供短期臨時展場使用）
12. 既有樹木可保留或於基地內移植

（四）圖面要求：

1. 規劃設計説明：需含敷地量體配置、動線計畫、室內外活動交流構想、景觀設計

2. 配置圖：應含景觀設計、周邊街廓，比例自訂
3. 剖面圖比例自訂
4. 空間透視圖
5. 地下室需點出其範圍，並標示停車場地面人行出入口

（五）基地附圖

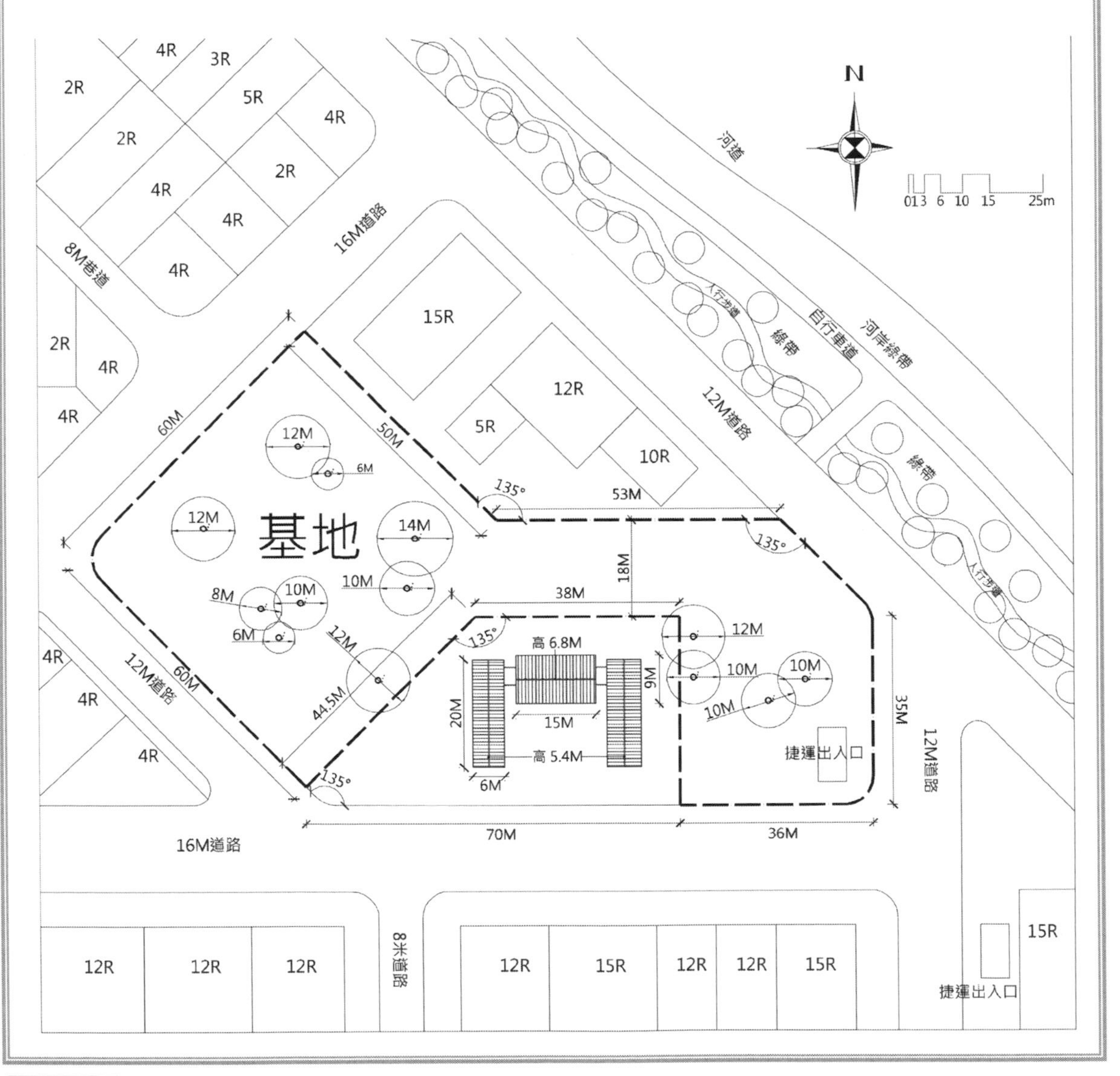


**參考題解**

請參見附件二。

## 107 年專門職業及技術人員高等考試試題／建築計畫與設計

一、題目

國民運動中心

二、題旨

近年全民運動風氣日益興盛，運動族群從青壯族群逐漸擴展到銀髮族群，為提供足夠的運動場所，大型都市如臺北市早已密集設置運動中心，惟部分中小型市鎮之類似設施尚付之闕如，居民多只能利用學校附設的運動設施，然而這些設施原本僅為教學需求而設，無法應付一些需要專屬場地以及專屬設備之運動項目，是以為了提升全民運動風氣，於公共資源較為缺乏的中小型市鎮，興建符合現代標準的運動設施成為當務之急。

三、建築基地（詳附圖）

（一）建築基地位於臺灣南部之某中小型市鎮，地勢平坦，國道巴士站就在不遠處，雖離大型都市較遠，但因氣候宜人、房價較低，加上田園風光優美，近年逐漸吸引了不少青壯族群返鄉居住，他們或投入觀光產業、或開設主題餐廳、或從事精緻農業，不一而足。

（二）基地所屬之都市計畫使用分區為文教區，東側為國民中學，設有八水道戶外游泳池一座；西側及南側皆為住宅區，建築物型態以二～三層透天店舖住宅為主；北側則為鎮立圖書館。

（三）基地面積約 6500 $m^2$，開發強度上限為建蔽率 40%、容積率 80%。

四、建築計畫需求（30 分）

（一）室內球場一處，其空間至少需能容納標準籃球場一面（15 m * 28 m），球場必須的緩衝空間及附屬空間請自行規劃。

（二）面積 350～400 $m^2$ 之重量訓練室一處，附屬空間請自行規劃。

（三）面積 350～400 $m^2$ 之多功能大教室一處，使用內容包含桌球、集會以及運動課程等，附屬空間請自行規劃。

（四）多功能韻律教室四間，每間面積約 6～75 m$^2$。

（五）建築配置需呼應周邊街區之使用屬性。

（六）本地區少雨且日照時數長，建築計畫須妥善因應以增加設施之使用品質。

（七）停車空間設置於法定空地，惟應考慮可供假日市集使用，需設置汽車停車位 24 部、無障礙停車位 2 部，以及機車停車位 50 部。

（八）本案採委外經營（OT）之方式經營管理。

五、建築設計，圖面要求如下：（70 分）

（一）含戶外景觀之配置平面圖，比例 1：600。

（二）各層平面圖，比例 1：300。

（三）雙向剖面圖，比例 1：200。

（四）主要立面圖，比例 1：200。

（五）主要空間之外牆剖面圖，比例自訂。

（六）透視圖。

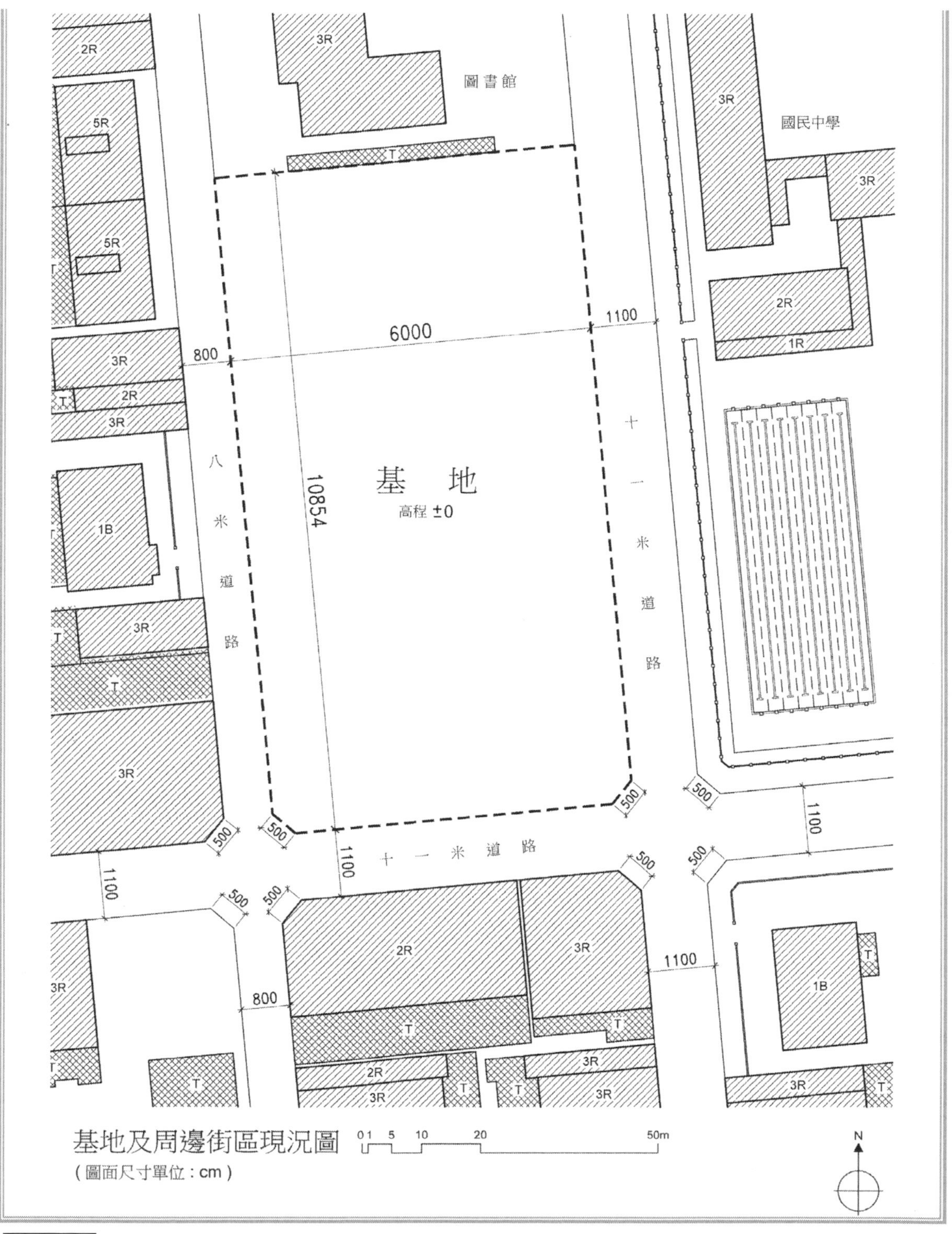
圖書館
國民中學
基地
高程 ±0
八米道路
十一米道路
十一米道路
6000
10854
800
1100
500
2R
3R
5R
1B
1R
T
基地及周邊街區現況圖
(圖面尺寸單位 : cm)
0 1 5 10 20 50m
N

## 參考題解

請參見附件三。

## 107 年專門職業及技術人員高等考試試題／建築環境控制

### 甲、申論題部分：（40 分）

一、某美術館於展覽室之牆面展出畫作，僅上方可設計自然採光。請繪圖說明兩種可避免過多日射熱得，但可滿足良好視覺條件且較不傷畫作的採光方式。（20 分）

**參考題解**

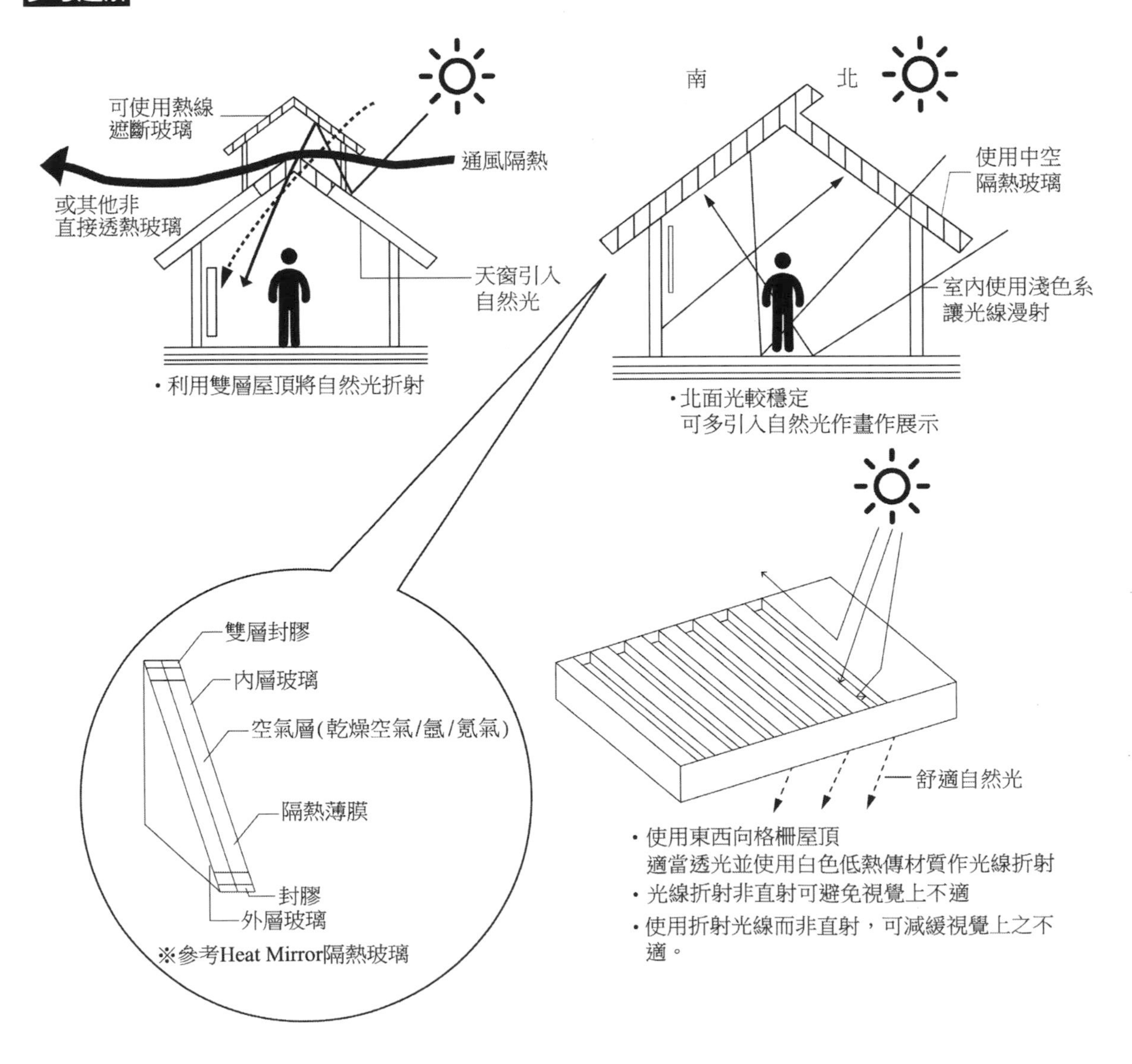

二、有關綠建築評估之生物多樣性指標，請回答下列問題：
（一）何謂小生物棲地？（8 分）
（二）一公頃以上大規模開發基地，如何導入設計營造小生物棲地？（8 分）
（三）規劃設計時應注意那些事項？（4 分）

**參考題解**

（一）綠建築評估手冊中所指的生物棲息地指的是「具備某種特定環境條件，可讓某些生物群集而聚，賴以為生的區域」。小生物棲地泛指所有由微生物至高層級動物構成的生活基盤環境，即基地中具備特定環境條件，使某些生物群集，成為能長久生存的環境。
小生物棲地的意義在於創造多樣性生物環境，增進多樣性遺傳基因、多樣性物種、多樣性生態系環境。
以多樣性的土壤、植被、水文、氣候、空間來提供多樣化的棲地品質，以造就藏身、築巢、覓食、求偶、產卵、繁殖等功能的生物棲息環境，並藉此恢復大自然界原本豐富之生態基盤。在不干擾人類生活之前提下，盡可能在基地內一隅保留枯木、樹根、亂石堆、土丘、岩洞等充滿孔洞的「多孔隙環境」以便容納水分空氣、滋養微生物，其意義在於創造復育多樣性生物環境，以便能增進多樣性的遺傳基因、多樣性的物種、多樣性的生態系環境。

（二）小生物棲息地需與人類活動區之間需設有一隔離緩衝區（混合密林或雜生灌木草原等人類不易輕易進入）之少受人為干擾的隱蔽空間，在不干擾人類生活之前提下，可以盡量在基地內一隅保留枯木、樹根、亂石堆、土丘、岩洞等充滿孔洞的「多孔隙環境」以便容納水分空氣、滋養微生物……，其意義更在於創造復育多樣性生物環境，以便能增進多樣性的遺傳基因、多樣性的物種、多樣性的生態系環境。進行規劃設計時，應盡量在綠地中保有水域生物棲地、綠地生物棲地、多孔隙生物棲地等多樣化之小生物棲地。

1. 「水域生物棲地」設計：改變過去以鋼筋水泥來防洪治水之工法，盡量保留溪流、埤塘、水池或溼地之自然護岸（生態邊坡），甚至能利用生態池在水中創造生態植生島嶼（中央浮島）。
   此基地為一公頃以上，建議留設自然護岸溪流、埤塘或水池（中央應配置具隔離人畜干擾之島嶼）搭配具有平緩、多孔隙、多變化之近自然護岸（寬 1m 以上）或水生植物綠帶（寬 0.5m 以上）。
2. 「綠塊生物棲地」設計：創造被隔離、少人為干擾之多層次、高密度之生態密林區，或是當地原生雜草、野花、小灌木叢生的自然灌木綠地，以提供野鳥與野生路行小動物之棲地。

在此大規模的基地中廣植多層次、多種類、高密度之喬灌木、地被植物混種之密林，每一密林面積必須大於 $30m^2$；設置雜生草原、野花、小灌木叢生的自然綠地、少灌溉、少修剪，每一雜生草原面積必須大於 $50m^2$ 且被隔離而少受人為干擾。

3. 「多孔隙生物棲地」設計：以多孔隙材料疊砌，並有植生攀附的生態邊坡、圍牆或透空綠籬，或是在圍牆隱蔽綠地中堆置枯木、薪材、亂石、瓦礫、空心磚的生態小丘，以人為力量輔佐建立高度濃縮的小生物世界。

（三）小生物棲地應盡可能達到生物多樣化，必須要具備多樣化的地形、地質環境，尤其要有小生物可以藏身、覓食、築巢的多孔隙、多洞穴、多角隅、多溫濕氣候變化的環境，才能能滋養細菌、微生物，分解生物的屍體、排泄物，進一步才能供養昆蟲、鳥類乃至人類的高層次消費生物。所以設計規劃時應以多樣性的土壤、植被、水文、氣候、空間來提供多樣化的棲地品質為考量；培育多樣化植物物種、氣候、空間之多樣性，來創造多樣化生物棲地條件，並且亦納入「原生植物與誘鳥誘蝶植物綠化」與「多層次雜生混種綠化」，形成生物鏈中共利的互動關係，建立穩定的小生物生態圈。

參考文獻：

1. 花蓮縣政府綠建築網
   http://green.hl.gov.tw/web/03regulation/02target_9.htm
2. 義守大學環保先鋒隊
   http://www.isu.edu.tw/interface/showpage.php?dept_mno=321&dept_id=7&page_id=15199
3. 大妍老師於大學授課之上課講義。

## 乙、測驗題部分：(60 分)

（A）1. 當室內乾球溫度增加而空氣中水蒸氣量維持不變時，相對濕度的變化為何？

(A)降低　(B)增加　(C)不變　(D)達到 100%

【解析】

在當前的氣溫之下，空氣裏的水分含量達至飽和，相對濕度就是 100%。空氣中相對濕度超過 100%時，水蒸氣會凝結成水出來。隨著溫度的增高空氣中可以含的水就越多，**在同樣多的水蒸氣的情況下溫度降低相對濕度就會升高，相反之，溫度增加相對濕度就會降低。**

（A）2. 下列相同厚度材料的隔熱性能，由隔熱佳至隔熱差之順序為何？

①保麗龍　②乾燥木板　③混凝土

(A)①②③　　(B)①③②　　(C)②①③　　(D)②③①

【解析】

保麗龍利用發泡產生厚度，厚度裡的空氣不會流動，隔熱效果最佳。

乾燥木板較混凝土比熱大，吸熱慢，相對散熱也慢，故乾燥木板較混凝土隔熱佳。

（A）3. 有關高性能綠建材中節能玻璃之敘述，下列何者錯誤？

(A)遮蔽係數 Sc 值越高，代表玻璃建材阻擋外界熱能進入之性能越好

(B)3 mm 清玻璃的遮蔽係數 Sc 值較 3 mm 反射玻璃來得大

(C)可見光反射率越高，代表玻璃建材造成周遭環境光害之程度越大

(D)可見光穿透率越高，代表太陽光轉為有效室內採光之效益越大

【解析】

**遮蔽係數 Sc 值**（shading coefficient）**代表玻璃建材對建築外殼耗能之影響程度**，一般以 3mm 透明玻璃日光輻射熱取得率 $\eta$s（0.87 為基準）之比值。

遮蔽係數越低代表玻璃建材阻擋外界熱能進入建築物之能量越少。**高性能節能玻璃綠建材之遮蔽係數評定基準不得大於** 0.35。遮蔽係數越低越好。

(B)選項解釋

清玻璃為一般的玻璃，基本上沒有遮陽效果，而反射玻璃能將太陽輻射反射，故反射玻璃的遮蔽係數較輕玻璃來得大

(C)選項解釋

**可見光反射率為太陽光之可見光部分照射至玻璃建材後反射之比例**。可見光反射率越高代表玻璃建材造成環境光害之程度愈大。高性能節能玻璃綠建材之可見光反射率評定基準不得大於 0.25。光反射率越大越不好。

(D)選項解釋

可見光穿透率為太陽光之可見光部分照射至玻璃建材後直接穿透進入室內之比例。可見光穿透率愈高代表太陽光轉為有效室內照明之效益愈大。高性能節能玻璃綠建材之**可見光穿透率評定基準為不得小於** 0.5。可見光穿透率越大越好。

（B）4. 有關市面上使用常溫水噴霧搭配風扇吹出之「冷風扇」，空氣吹出前後在濕空氣線圖上之變化為何？

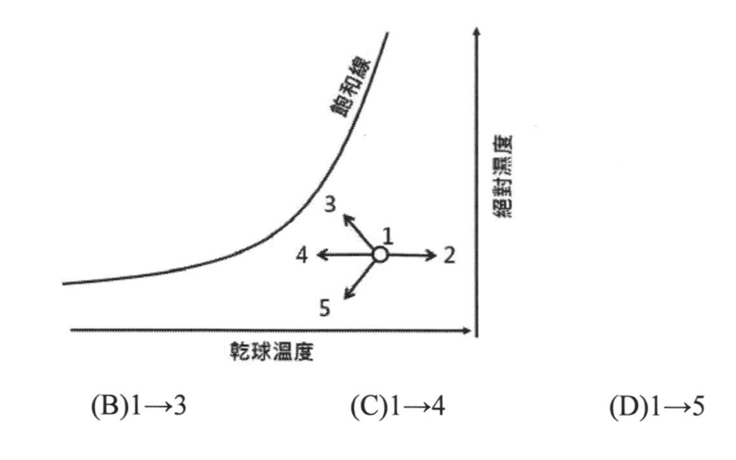


(A)1→2　(B)1→3　(C)1→4　(D)1→5

【解析】

吹水氣風扇出來，因為室內水氣變多，溫度又降低所以在濕空氣線圖上絕對濕度一定會增加（水變多），然後溫度變低（可以容納的水氣壓變少），所以一定會是 3 號點。

（A）5. 在冷氣空調系統中，下列那個部位最容易產生結露現象？

(A)室內出風口　(B)室內回風口　(C)風管內側表面　(D)空氣濾網表面

【解析】

風口表面的溫度和室內環境溫度相差過大，風口表面溫度較低，室內空氣濕度較大，導致室內出風口最容易產生結露。

（C）6. 有關室內空氣污染來源，下列敘述何者錯誤？

(A)甲醛、TVOC 主要逸散來源為室內裝修建材

(B)粉塵、黴菌是室內常見污染

(C)$PM_{2.5}$、$PM_{10}$ 在室內並無產生源，屬於外氣污染

(D)$CO_2$ 主要來源為室內人員產生

【解析】

(A)選項解釋

（一）甲醛為天然存在的有機化合物。無色的刺激性氣體，對人眼、鼻等有刺激作用。

我國室內空氣品質管理法中對於甲醛的 1 小時平均值上限為 0.08 ppm。

（二）TVOC 總揮發性有機化合物。TVOC 的在室外主要來源為自燃料燃燒和交通運輸；在室內主要來自燃煤和天然氣等燃燒產物、吸菸、採暖和烹調等的煙霧，建築和裝飾材料。

我國室內空氣品質管理法中對於總揮發性有機化合物(TVOC，包含：十二種揮發性有機物之總和)的 1 小時平均值上限為 0.56 ppm。

(B)選項解釋

（一）我國室內空氣品質管理法中對於**細菌的最高值為** 1500 CFU/m3（**菌落數／立方公尺**）。

（二）我國室內空氣品質管理法中對於**真菌的最高值為** 1000（**但真菌濃度室內外比值小於等於** 1.3 **者，不在此限。**）CFU/m3（**菌落數／立方公尺**）。

(C)選項解釋

（一）在室內也會有 PM2.5、PM10 例如粉塵、二手菸、指甲油、油煙、燒香與燒金紙、外來的髒空氣等。

（二）我國室內空氣品質管理法中對於 PM2.5 **的** 24 **小時平均值上限為** 35μ g/m3（**微克／立方公尺**）。

（三）我國室內空氣品質管理法中對於 PM10 **的** 24 **小時平均值上限為** 75μ g/m3(**微克／立方公尺**)。

(D)選項解釋

CO2 主要來源為室內人員呼吸作用產生，若人體吸入太多 CO2 會產生身體不適、呼吸不順、胸悶等症狀。

（B）7. 二氧化碳是室內空氣的指標污染物，我國室內空氣品質管理法中對於二氧化碳的 8 小時平均值上 限規定為多少 ppm？

(A)1200　(B)1000　(C)800　(D)600

【解析】

我國室內空氣品質管理法中對於二氧化碳的 8 小時平均值上限需控制 1000 PPM 以內。

（D）8. 室內採用高壓放電式空氣清淨機時，可能產生何種空氣污染物？

(A)一氧化碳　(B)氡氣　(C)甲醛　(D)臭氧

【解析】

室內採用高壓放電式空氣清淨機時會產生臭氧。

（C）9. 某房間有兩個窗戶可對流通風，假設外氣進入室內之風速為 0.2 m/s，有效開口面積為 0.4 $m^2$，該房間的通風量是多少 $m^3/h$？

(A)57.6　(B)28.8　(C)288　(D)576

【解析】

3600 /（0.2 × 0.4）= 288

題目問的是 $m^3$/hr（一小時多少米立方的空氣量通過）

單位換算為 60（分鐘）× 60（秒）= 3600

0.2 m/s（一秒 0.2 公尺的風速）

（B）10.下列何者是美術教室或畫廊等使用北面高側窗之主要理由？

(A)較佳的色溫度　(B)穩定且漫射之光源

(C)最高的照度　(D)讓室內空間與物件產生顯著的光影與反差

【解析】

美術教室或畫廊等使用北面高側窗是為穩定且漫射之光源。

（C）11.配光曲線圖是用來表示何種照明物理量的分布狀態？

(A)輝度　(B)眩光指數　(C)發光強度（光度）　(D)照度

【解析】

配光曲線圖主要是用來表示發光強度（光度）的分布狀態。

(A)選項解釋（資料來源：維基百科）

**輝度**（luminance）**又稱亮度**，是表示人眼對發光體或被照射物體表面的發光或反射光強度實際感受的物理量，亮度和光強這兩個量在一般的日常用語中往往被混淆使用。簡而言之，當任兩個物體表面在照相時被拍攝出的最終結果是一樣亮、或被眼睛看起來兩個表面一樣亮，它們就是亮度相同。國際單位制中規定，**「亮度」的符號是 B，單位為** nit **或** $cd/m^2$。

(B)選項解釋

眩光就是令人不舒服的照明，光源與環境背景對眼睛造成刺激。眩光指數 UGR 標準是由國際照明委員會（CIE）提出，眩光值 UGR 在 10--15 左右的時候，使用者的視覺感受比較舒適，不會受到眩光的影響。

(D)選項解釋（資料來源：維基百科）

**照度**（Illuminance）**是每單位面積所接收到的光通量**。SI 制單位是勒克斯（lx=lux）或輻透（ph = phot），1lux（勒克斯）= 1lm（流明）/$m^2$（平方米），1 輻透 = 1lm（流明）/ $mm^2$（平方厘米），1 輻透 = 10000 lux（勒克斯）。

（D）12.有關照明設計節約能源原則，下列何者錯誤？

(A)在考慮光源與演色性之配合條件下，應用高發光效率之光源

(B)考慮降低安裝燈具高度來增加照度或維持相同照度而減少燈具

(C)確認明視工作桌面位置，使桌面獲得足夠照度，而降低桌面以外照度

(D)照明回路配線設計應垂直窗戶，以配合窗邊利用晝光而可以熄燈

【解析】

照明回路配線設計應平行窗戶，以配合窗邊利用晝光而可以熄燈。

（A）13.有關人工光源之敘述，下列何者錯誤？

(A)人工光源的平均演色性指數 Ra 愈低，演色性愈佳

(B)人工光源的色溫度愈低，光色愈偏紅黃

(C)人工光源的 lm/W 數值愈高，表示愈省能

(D)一般常用的螢光燈，較鹵素燈更為省能

【解析】

人工光源的平均演色性指數 Ra 愈高，演色性愈佳。

(B)選項解釋

人工光源的色溫度愈低，光色愈偏紅黃；人工光源的色溫度愈高，光色愈偏藍白。

(C)選項解釋

人工光源的 lm / W（發光效率）數值愈高，表示愈省能。

(D)選項解釋

一般常用的螢光燈發光效率較高，較鹵素燈更為省能。

（A）14.有關視覺生理量之敘述，下列何者錯誤？

(A)在燈光昏暗處，人眼對紅色的感覺最敏銳

(B)眩光指數愈高，感覺愈刺眼

(C)暗適應所須的時間較明適應來得長

(D)採光之方向與光亮的多寡，會影響物體的立體感

【解析】

紅色是人眼在燈光昏暗處最先上喪失的顏色，因為明視的時候較亮，暗視就會較暗，所以**藍色**才是明顯於微光中在明亮環境中，**人眼對中波長黃綠色光**（555 nm）**最靈敏，感覺最明亮；在暗視覺下，人眼尖峰敏感度轉向較低波長的藍綠色光**（507 nm），敏感曲線在暗視覺下往光譜藍端位移的現象稱為 Purkinje Shift。在明視覺下看起來較亮的一表面，可能在暗視覺下反而會顯得較暗，反之亦然；此外，天色漸黑時，辨色力最先喪失的是紅色，早晨最先感應的則是藍色。

(B)選項解釋

眩光就是令人不舒服的照明；光源與環境背景對眼睛造成刺激。故眩光指數愈高，感覺愈刺眼。

(C)選項解釋

（一）暗適應：人長時間在明亮環境中突然進入暗處時，能看見在黑暗中的物體，這種現象稱為暗適應。

（二）明適應：人長時間在暗處而突然進入明亮處時，只有稍待片刻才能恢復視覺，這種現象稱為明適應。暗適應所須的時間較明適應來得長。

(D)選項解釋

採光之方向與光亮的多寡能使物體具有立體感；由主體側面打光，可展現表面的形狀、紋理產生亮面和陰影，達成質感的表現。

（D）15.相較於中高頻率，下列何種構造低頻的吸音率最高？

(A)10 mm 岩棉版平貼於混凝土壁面

(B)10 mm 岩棉版背後留 200 mm 空氣層

(C)6 mm 石膏版平貼於混凝土壁面

(D)6 mm 石膏版背後留 300 mm 空氣層

【解析】

低頻的能量較中高頻強，波長也較長，選擇較厚材料對大能量的低頻效果越好；空氣層越厚能夠吸音的能力也較好。

（C）16.有關餘響時間（殘響時間）之特性，下列敘述何者錯誤？

(A)室容積增加，則餘響時間也變長

(B)餘響時間一般都以 1000 Hz 為代表值

(C)室內總吸音力增加，餘響時間變短，低音域餘響時間一般低於中音域餘響時間

(D)音樂廳的最佳餘響時間比演講廳長

【解析】

室內總吸音力增加，餘響時間變短，低音域餘響時間一般高於中音域餘響時間。

(A)選項解釋

餘響時間與室容積成正比；餘響時間與材料的吸音力成反比。

(B)選項解釋

餘響時間一般都以 1000 Hz 為代表值。

<u>(D)選項解釋</u>

音樂廳要求聲音豐滿而圓潤的空間，需較長餘響時間，反之，演講聽要求清晰聲音的空間需較短的餘響時間。

（A）17.下列何者不是「樂音四要素」？

(A)基音　(B)音強　(C)音色　(D)音調

【解析】

樂音只有三要素分別為音強、音色、音調。

（B）18.下列那一種給水系統最不易因分區輪流供水而影響日常生活的用水？

(A)壓力水櫃方式　(B)高架水槽方式　(C)自來水直結方式　(D)泵直接給水方式

【解析】

高架水槽方式最不易因分區輪流供水而影響日常生活的用水。

<u>(A)選項解釋</u>

壓力水櫃方式設備重量輕、佔地小，可設於任何較低樓層位置，能自動控制，節省電力。

<u>(C)(D)選項解釋</u>

自來水直結方式及泵直接給水方式都不藉助水泵、水箱、貯水池，直接由外界的壓力供水。經濟方便，但水壓依賴外界水壓，若外界斷水，內部立即斷水。

（A）19.污水處理設備的處理性能與微生物分解有機物質時所需的耗氧量有關，其簡稱為何？

(A)BOD　(B)TOC　(C)COD　(D)DO

【解析】

與污水處理設備的處理性能與微生物分解有機物質時所需的耗氧量有關為 BOD。

<u>(B)選項解釋</u>

TOC（Total Organic Carbon）指的是水中有機物的碳元素濃度。

<u>(C)選項解釋</u>

COD 化學需氧量為分解水中某種污染的物質時，所需要的氧氣多寡。**需氧量越高表示水質愈差，可做為水質好壞的一種指標以 mg/L 表示**。它反映了水中受還原性物質污染的程度。該指標也作為有機物相對含量的綜合指標之一。

<u>(D)選項解釋</u>

DO 溶氧：溶解於水中之氧量，常用單位為 mg/L。**溶氧量被視為是判斷水質好壞之**

**主要指標，一般而言，濃度愈高代表水質狀況愈好。**水中之飽和溶氧量受水溫及水中含有之雜質量之影響，水溫愈高飽和溶氧量（濃度）愈低。

（D）20.有關造成存水彎的破封現象，與下列何者現象較無關？

(A)當排水器具大量排水時，將存水彎的封水排除，存水彎中無水分留存而形成破封

(B)當排水立管或同一排支管有大量排水流過時

(C)當毛髮、纖維等雜質附著於存水彎的溢水口時

(D)地板落水口等封水高度較大或使用頻率較高的器具

【解析】

使用頻率比較高，水較不會蒸發；封水高度較大表示更不容易造成破封。

(B)選項解釋

當排水時水流至立管，因管中原有空氣被吸出而導致破封現象稱為自行虹吸作用。

(C)選項解釋

因毛髮、各種纖維雜物積於水封處，逐漸導致破封之現象，稱為毛細管作用。

（C）21.依據建築物給水排水設備設計技術規範，有關受水槽、屋頂水槽或水塔之規定，下列敘述何者錯誤？

(A)應設置適當之人孔、通氣管及溢流排水設備

(B)槽（塔）底應設置 1/50 之洩水坡

(C)受水槽之牆壁與平頂應與其他結構物分開，並應保持至少 30 公分之人員維修空間

(D)受水槽之進水管徑應大於 50 mm

【解析】

受水槽之牆壁與平頂應與其他結構物分開，並應保持至少 60 **公分之人員維修空間。**

(A)(B)選項解釋

（資料來源：建築物給水排水設備設計技術規範）

第三章　給水及熱水設備

3.2　儲水設備

3.2.2　受水槽、屋頂水槽或水塔應設置適當之人孔、通氣管及溢排水設備；**槽（塔）底並應設坡度為 1/50 以上之洩水坡。**受水槽之牆壁及平頂應與其他結構物分開，**並應保持至少 60 公分之人員維修空間**（與結構柱緊臨時，維護檢查之距離至少為 45 公分以上），池底需與接觸地層之基礎分離，並設置適當尺寸之

集水坑。

(D)選項解釋

（資料來源：建築物給水排水設備設計技術規範）

第四章　給水及熱水設備

3.2　儲水設備

3.2.6　受水槽、消防蓄水池或游泳池等之供水，應採跌水式；**其進水管之出口，應高出溢水面一管徑以上，且不得小於 50 公釐**。裝有盛水器之衛生設備，其溢水面與自來水出口之間隙，應依前項之規定辦理。無法維持前項間隙時，應於手動控制閥之前端裝置逆止閥。

（B）22.某工廠所排放之污水需採用耐酸鹼腐蝕性之污水管，下列配管材料何者最不適合？

(A)鋼筋混凝土管　(B)鍍鋅鋼管　(C)塑膠管　(D)陶管

【解析】

鍍鋅鋼管不耐酸鹼不可以拿來當汙水管，可用混凝土管、塑膠管、陶管等。

（A）23.下列何者不屬於長照機構防火安全規劃的三大原則之範疇？

(A)各火災階段應採取垂直避難策略

(B)居室隔間牆高度應與樓層同高，貫穿部亦應有防火填塞，以隔絕火煙蔓延

(C)每個居室均應設置火警探測器，並增設簡易式自動撒水設備

(D)除避難層外，各樓層應防火牆及防火設備分隔為兩個以上之防火區劃

【解析】

(A)選項解釋

長照機構防火安全規劃的三大原則為「**火災抑制**」、「**隔絕火煙蔓延**」及「**設置水平避難空間**」。

考慮老人、身心障礙或其他行動能力較差人員，應設置水平避難方式。垂直避難策略為以往避難方式，並不適合長照機構使用。

(B)選項解釋（資料來源：中華民國內政部建築研究所）

在「**隔絕火煙蔓延**」方面，居室隔間牆高度應與樓層同高，且隔間牆及門扇應具有半小時以上防火時效及遮煙性，管線貫穿部亦應施以防火填塞，以隔絕居室火煙蔓延；另外，整棟建築若有直通樓梯，亦應設置防火、防煙區劃，以防止火、煙在樓層間垂直擴散。

(C)選項解釋（資料來源：中華民國內政部建築研究所）

在「火災抑制」方面，首先，應正確使用電器並管制使用數量，以降低火災發生機率；其次，應使用具防焰性能之寢具及家具，且裝修應符合室內裝修管理辦法之規定，以防止火源擴大；**最後，每個居室均應設置火警探測器，並增設簡易式自動撒水設備，像是水道式撒水系統、低壓細水霧系統等，以有效抑制火災初期成長。**

(D)選項解釋（資料來源：中華民國內政部建築研究所）

在「**設置水平避難空間**」方面，除避難層外，各樓層應以具 1 小時以上防火時效之牆壁及防火設備分隔為兩個以上之區劃，**做為水平避難及等待救援空間**。在新店樂活安養中心及台南長和老人長照中心火災事件中，驗證了水平避難空間確可降低避難傷亡的功能。

（D）24.下列何者不屬於消防設備之範疇？

(A)出口標示燈　(B)避難器具

(C)緊急廣播設備　(D)諧波自動偵測設備

【解析】

各類場所消防安全設備設置標準之消防設備包含出口標示燈、避難器具、緊急廣播設備。

（D）25.以臺灣所在緯度而言，下列那一部位的建築外殼全日所接受的總日射量最多？

(A)東向立面　(B)西向立面　(C)南向立面　(D)屋頂水平面

【解析】

以臺灣所在緯度而言，屋頂水平面全日所接受的總日射量最多；以台灣濕熱氣候而言，屋頂隔熱與防水尤為重要。

（C）26.在冷凍循環中，當冷媒經過壓縮機時，其狀態會如何改變？

(A)高溫高壓（氣態）→高溫低壓（液態）

(B)低溫低壓（液態）→低溫低壓（氣態）

(C)低溫低壓（氣態）→高溫高壓（氣態）

(D)低溫高壓（液態）→高溫高壓（氣態）

【解析】

在冷凍循環中，當冷媒經過壓縮機時狀態會由低溫低壓（氣態）轉為高溫高壓（氣態）。

（B）27.下列名詞中，何者不是空調箱設備構成的範疇？

(A)送風機　(B)壓縮機　(C)空氣過濾器　(D)冰水盤管

【解析】

空調箱設備由送風機、空氣過濾器、冰水盤管等構成。

空調箱是作為空氣調節設備，主要調節所需的溫度、濕度、清淨度等，種類有 AHU 空調箱、MAU 外氣空調箱、RCU、循環空調箱、PAH 預冷空調箱等。

（A）28.有關中央空調系統之熱交換，下列敘述何者錯誤？

(A)冰水主機中冷凝器是將冰水管中之水降溫

(B)全熱交換器可結合空調箱之回風使用

(C)空調箱中可裝置加濕器

(D)空調箱可以引進新鮮空氣

【解析】

冷凝器是將氣態的冷媒凝結成液態冷媒的裝置。

(B)選項解釋

為保持清新的室內空氣品質，全熱交換裝置引進室外側新鮮空氣，進行熱交換，減少因換氣導致室溫改變，可降低引入外氣時增加的空調機負載。

（A）29.為減少空調負荷達到節能效益，下列敘述何者錯誤？

(A)採用全面玻璃造型設計　　(B)開窗部位設置外遮陽或陽台

(C)避免採用屋頂水平天窗設計　　(D)屋頂隔熱 U 值應≦0.8 W/m$^2$K

【解析】

採用全面玻璃造型設計不符合減少空調負荷達到節能效益，應盡量避免。

(B)選項解釋

開窗部位設置外遮陽或陽台，可有效減少空調負荷達到節能效益。

(C)選項解釋

屋頂水平天窗設計造成日射量最大，不符合減少空調負荷達到節能效益，應盡量避免。

(D)選項解釋

屋頂隔熱的強化 U 值由 1.0 W/m$^2$K，強化為 0.8 W/m$^2$K。

（B）30.有關輸送設備之敘述，下列何者錯誤？

(A)辦公大樓電梯等候時間一般低於集合住宅

(B)對 60 層樓以上的超高層建築而言，電梯區劃採用一般高度區劃會比採用空中梯廳更能節省各層樓之電梯坑所占面積

(C)當建築條件相同時，雙層車廂電梯的一周時間較一般單層電梯短

(D)百貨公司之電扶梯的單位時間輸送能力較電梯大

【解析】

對 60 層樓以上的超高層建築而言，電梯區劃採用空中梯廳會比採用一般高度區劃更能節省各層樓之電梯坑所占面積。

(A)選項解釋

RTT 是電梯的一周運轉時間，辦公大樓電梯等候時間一般低於集合住宅。

(C)選項解釋

當建築條件相同時，雙層車廂電梯只停單數層或奇數層，一周時間較一般單層電梯（逐層停）短。

(D)選項解釋

百貨公司之電扶梯是川流不息的載人，電梯有載重限制，故百貨公司電扶梯的單位時間輸送能力較電梯大。

全之災害，達到事先防範、防止其擴大。

（B）31. 有關避雷設備之設置，下列何者錯誤？

(A)避雷針設置，普通建築物之保護角不得超過 60°

(B)接地電阻必須＜20 Ω

(C)避雷針之突針應用直徑 12 ㎜ 以上之銅棒製成，尖端成圓錐體

(D)突針之尖端在裝置完成後不得低於被保護物 25 cm 以下

【解析】（資料來源：建築技術規則建築設備編）

第五節　避雷設備

第 25 條

避雷設備之安裝應依下列規定：

**四、避雷系統之總接地電阻應在十歐姆以下。**

(A)選項解釋（資料來源：建築技術規則建築設備編）

第五節　避雷設備

第 21 條

避雷設備受雷部之保護角及保護範圍，應依下列規定：

一、受雷部採用富蘭克林避雷針者，其針體尖端與受保護地面周邊所形成之圓錐體即為避雷針之保護範圍，此圓錐體之頂角之一半即為保護角，除危險物品倉庫之保護角不得超過四十五度外，其他建築物之保護角不得超過六十度。

二、受雷部採用前款型式以外者，應依本規則總則編第四條規定，向中央主管建築

機關申請認可後，始得運用於建築物。

(C)選項解釋（資料來源：建築技術規則建築設備編）

第五節　避雷設備

第 22 條

受雷部針體應用直徑十二公厘以上之銅棒製成；設置環境有使銅棒腐蝕之虞者，其銅棒外部應施以防蝕保護。

(D)選項解釋（資料來源：避雷設備）

2.2.1　**避雷針**

**避雷針之突針應用直徑 12 ㎜以上之銅棒製成，尖端成圓錐體，如附近有腐蝕性氣體，則銅棒外部應鍍錫。突針之尖端在裝置完成後不得低於被保護物 25cm 以下。**

（C）32.有關儲冰式空調之敘述，下列何者錯誤？

(A)儲冰式空調可因時間電價而減少電費支出

(B)採用儲冰式空調可減少冷凍主機的容量

(C)儲冰式空調整體系統的設備占用空間較非儲冰式空調小

(D)儲冰式空調可抑制夏季尖峰時間的用電負載

【解析】

儲冰式空調整體系統的設備占用空間較非儲冰式空調大。

(A)(D)選項解釋

儲冰式空調可選擇某段可利用之時間（離峰或半尖峰時間），使壓縮機運轉，以冰的形態儲存起來，等到白天尖峰時段，需使用冰水時，即可讓冰溶化，如此即可將白天尖峰時段的冷氣用電，轉移至夜間離峰時段。

（D）33.有關照明設備之敘述，下列何者錯誤？

(A)若光源種類與數量相同，T-bar 燈所產生的照度較層板燈高

(B)製作成 T5 或 T8 型式的 LED 燈管無安定器

(C)照明燈具的配線應搭配分區開關，以因應不同的使用需求

(D)在挑高的空間欲維持相同的桌面照度，使用吸頂燈比懸吊式燈具節能

【解析】

在挑高的空間欲維持相同的桌面照度，使用懸吊式燈比吸頂燈具節能。

(A)選項解釋

T-bar 燈為直接照明，層板燈為間接照明，故 T-bar 燈所產生的照度較層板燈高。

(B)選項解釋

LED 無安定器，LED 需要提供交流電轉直流電並可輸出電壓穩定。LED 已內藏電源，可提供足夠的電流。

（A）34.有關照明設備之敘述，下列何者錯誤？

(A)辦公室照明的平均演色性指數 Ra 標準為 50～70 之間

(B)TAL（Task Ambient Lighting）照明可兼顧節能與照度需求

(C)照明功率密度（Lighting Power Density）愈低，表示愈節能

(D)頻繁開關螢光燈，會減少其使用壽命

【解析】

CIE（國際照明委員會）規定平均演色評價指數 Ra 值的燈的適用範圍。

| 評價指數 | 用途範圍 |
|---|---|
| Ra＞90 | 顏色檢查、色彩校正、臨床檢查、畫廊、美術館 |
| 90＞Ra ≧ 80 | 印刷廠、紡織廠、飯店、商店、醫院、學校、精密加工、辦公大樓、住宅等 |
| 80＞Ra ≧ 60 | 一般作業場所 |
| 60＞Ra ≧ 40 | 粗加工工廠 |
| 40＞Ra ≧ 20 | 一般照明場所 |

(B)選項解釋

TAL（Task Ambient Lighting）照明設計，**此種照明是降低環境照度與搭配桌面重點式照明的設計方式**，來提升照明環境舒適度與降低能源消耗，TAL 比起普通照明有節能 40%左右的效益。

可透過照明配置手法改善來達到所需空間之照明需求，例如多盞燈具作重點式桌面照明、燈源選擇以 LED 作為省電裝置、照明方式則依照空間需求採用不同照明方式（直接、間接、工作面照明等）

(C)選項解釋

**將照明區域內之照明用電量除以照明區域面積，即得照明功率密度**，簡稱 LPD，亦稱照明用電密度（unit power density），單位為 $W/m^2$。

綠建築標章照明功率密度基準

| 空間型態 | 照明功率密度基準（$W/m^2$） |
|---|---|
| 辦公室 | 15 |
| 教室、視聽教室 | 15 |
| 會議室 | 10 |
| 飯店、餐廳之餐飲區及門廳 | 15 |
| 實驗室 | 15 |
| 閱覽室 | 15 |

(D)選項解釋

因為節能需求而隨手關燈為國人的一般教育常識，但也是需要依據燈具種類情況而採之，因為瞬間產生的電壓是正常電壓的兩倍，開燈剎那消耗的電量是正常情況下的三倍。

而日光燈在開燈的瞬間會有一個燈管預熱的過程，會消耗更多的電量，而頻繁的開關日光燈會消耗更多的螢光粉和損壞燈具。

（#）35. 有關臭氧層的破壞，下列敘述何者錯誤？**【答 A 或 B 或 AB 者均給分】**

(A)大氣層臭氧的含量非常少，但卻集中在成層圈的下層，因此被稱為臭氧層

(B)臭氧由三個氧原子結合而成，可吸收太陽輻射中有害於生物的紅外線，降低地面的紅外線照射量

(C)研究指出臭氧層破壞的原因，是排放於大氣中的氟氯碳化物及鹵素氣體

(D)一旦臭氧濃度減少，平流層溫度失衡，隨之而來的氣候變化會影響地球生態環境

【解析】

臭氧由三個氧原子結合而成，可吸收太陽輻射中有害於生物的紫外線，降低地面的紫外線照射量。

（C）36.綠化量指標中總二氧化碳固定量基準值 $TCO_2c = 1.5\times(0.5\times A'\times\beta)$，其中 $\beta$ 為單位綠地 $CO_2$ 固定量基準（$kg/m^2$），依使用分區或用地而有所不同，故當進行校園規劃設計時，應選用 $\beta$ 值為何？

(A)300($kg/m^2$)　(B)400($kg/m^2$)　(C)500($kg/m^2$)　(D)600($kg/m^2$)

【解析】

單位綠地 $CO_2$ 固定量基準 $\beta$（kg/m$^2$）

| 使用分區或用地 | $CO_2$ 固定量基準值 $\beta(kg/m^2)$ |
| --- | --- |
| **學校用地** | **500** |
| 商業區、工業區 | 300 |
| 前兩類以外之建築基地 | 400 |

（C）37.有關綠建材之敘述，下列何者錯誤？

(A)低 TVOC 逸散的建材屬於健康綠建材

(B)天然纖維隔熱材屬於生態綠建材

(C)竹子快速生長且不虞匱乏，屬於再生綠建材

(D)透水率佳、耐久安全性高的透水磚屬於高性能綠建材

【解析】

竹子快速生長且不虞匱乏，屬於生態綠建材。生態綠建材係指「**採用生生不息、無匱乏危機之天然材料，具易於天然分解、符合地方產業生態特性，且以低加工、低耗能等低人工處理方式製成之建材。**」

(A)選項解釋（資料來源：財團法人台灣建築中心）

「**健康綠建材**」以台灣本土室內氣候條件為考量，訂定建材逸散之「總揮發性有機化合物（TVOC）」及「甲醛（Formaldehyde）」逸散速率基準，其 TVOC 基準以 12 種指標性污染物累加計算，考量健康綠建材標章性能特性，「健康綠建材」名稱亦可稱為「綠建材」。

(B)選項解釋

天然纖維隔熱材屬於生態綠建材。生態綠建材係指「採用生生不息、無匱乏危機之天然材料，具易於天然分解、符合地方產業生態特性，且以低加工、低耗能等低人工處理方式製成之建材。」

(D)選項解釋

**高性能綠建材**為對地表逕流具良好透水性之產品，符合基地保水之要求，減緩公共排水設施的負擔，降低都市中洪水規模。

（B）38.有關我國智慧建築標章之敘述，下列何者正確？

(A)各評估指標之鼓勵項目中，以「健康舒適」項目所占之配分為最高

(B)中央監控系統須採用 Web 化操作環境

(C) 在「系統整合指標」的基本規定中，子系統均須整合於採同一通訊協定之整合平台

(D)「安全防災指標」不涵蓋門禁系統、停車管理、緊急求救等內容

【解析】

(A)選項解釋（資料來源：智慧建築評估手冊 2016 年版）

各評估指標之鼓勵項目中，以「系統整合」項目所占之配分為最高

第二章 智慧建築標章評估方式說明

表 1.1 各指標鼓勵項目配分原則

| 指標名稱 | 綜合佈線 | 資訊通信 | 系統整合 | 設施管理 | 安全防災 | 節能管理 | 健康舒適 | 智慧創新 | 合計 |
|---|---|---|---|---|---|---|---|---|---|
| 分數 | 30 | 30 | 40 | 30 | 17 | 30 | 10 | 13 | 200 |
| 占比 | 15% | 15% | 20% | 15% | 8.5% | 15% | 5% | 6.5% | 100% |

(D)選項解釋

安全防災指標是於評估建築物透過**自動化系統，分別從「偵知顯示與通報性能」、「侷限與排除性能」、「避難引導與緊急救援」**三個層面下，對於可能危害建築物或威脅使用者人身安全之災害，達到事先防範、防止其擴大與能順利避難之智慧化性能指標。

（A）39.依據建築物無障礙設施設計規範，下列那些號碼組合，屬於應設置「兩處」求助鈴之空間？

①無障礙浴室內　②無障礙昇降機內　③無障礙客房內　④無障礙停車位旁

⑤無障礙廁所內　⑥輪椅觀眾席位旁

(A)①③⑤　(B)①②⑤　(C)②④⑤　(D)①③⑥

【解析】

（資料來源：建築物無障礙設施設計規範修正規定）

第五章　廁所盥洗室

504　廁所盥洗室設計

504.4　求助鈴

504.4.1　位置：**無障礙廁所盥洗室內應設置 2 處求助鈴**，1 處按鍵中心點在距離馬桶前緣往後 15 公分、馬桶座墊上 60 公分，另設置 1 處可供跌倒後使用之求助鈴，按鍵中心距地板面高 15 公分至 25 公分範圍內，且應明確標示，易於操控。

第六章　浴室

605　　浴缸

605.5　　求助鈴

605.5.1　　位置：**無障礙浴室內設置於浴缸時應設置 2 處求助鈴**。1 處設置於浴缸以外之牆上，按鍵中心點距地板面 90 公分至 120 公分，並連接拉桿至距地板面 15 公分至 25 公分範圍內，可供跌倒時使用。另 1 處設置於浴缸側面牆壁，按鍵中心點距浴缸上緣 15 公分至 30 公分處，且應明確標示，易於操控。

1005　　客房內求助鈴

1005.1　　位置：**應至少設置 2 處**，1 處按鍵中心點設置於距地板面 90 公分至 120 公分範圍內；另設置 1 處可供跌倒後使用之求助鈴，按鍵中心點距地板面 15 公分至 25 公分範圍內，且應明確標示，易於操控。

（C）40.有關智慧建築標章中建築物安全防災之規劃設計，下列敘述何者錯誤？

(A)建築物於重要出入口及區域，安裝如熱感應或微波等防盜警報設備

(B)在建築物昇降機、直通樓梯、室內停車場等處，設置緊急求救按鈕或對講設備

(C)於地下停車場設置二氧化碳偵測設備，能發出警報或引導疏散

(D)門禁系統能與消防系統連動，在發生火災時能即時啟動消防通道和安全門

【解析】

智慧建築評估手冊 2016 年版並未說明於地下停車場設置二氧化碳偵測設備，能發出警報或引導疏散

<u>(A)選項解釋</u>（資料來源：智慧建築評估手冊 2016 年版）

五、安全防災

5.3 防盜系統

設置防盜自動警報設備：

5.3.1　**建築物於重要出入口及區域，安裝如熱感應或微波等防盜警報設備。**

5.3.2　系統能顯示警報位置和相關警報資訊，並能記錄及提供連動控制所需之介面信號。

5.3.3　**系統能按照時間或位置之需求，限制防盜警報設備之解除或設定。**

5.3.4　系統能對自動防盜警報設備之運轉狀態和信號傳輸線路進行檢測，並及時發出故障警報和指示故障位置。

(B)選項解釋（資料來源：智慧建築評估手冊 2016 年版）

五、安全防災

5.8 緊急求救系統

5.8.1　設置緊急求救按鈕或可對外聯繫之緊急電話：在建築物昇降機、直通樓梯、室內停車場等處設置緊急求救按鈕或對講設備等。

5.8.2　緊急求救系統需與監視攝影系統整合連動（重要出入口、停車場區、屋頂區）。

(D)選項解釋（資料來源：智慧建築評估手冊 2016 年版）

5.5 門禁系統

5.5.1　依據建築物公共安全防範管理之需要，在通行門、出入口通道、昇降機等位置設門禁管制設備。

5.5.2　系統能對門禁管制區域的範圍、通行對象以及通行時間進行即時控制或設定程序式控制。

5.5.3　門禁系統能與消防系統連動，在發生火災時能即時啟動消防通道和安全門。

5.5.4　系統對於重要門禁區域能與監視系統連動以錄製現場聲音及現場影像畫面。

單元

# 4 地方特考三等

## 107 年特種考試地方政府公務人員考試試題／建築結構系統

一、如下示意圖，ABD 為均勻矩形斷面的簡支梁、BC 為拉索段、A 與 D 為簡支端、B 為梁中點與拉索接合、E＝彈性模數；EI＝梁斷面的撓曲剛度（flexural rigidity）；$EA_c$＝拉索斷面軸向剛度（axial rigidity），已知 $H=L/3$。基於小變形 Euler-Bernoulli 梁理論，不計梁自重，在圖示 $P$ 力通過梁中點 B 之斷面形心下。

（一）計算拉索 BC 之內力。（10 分）

（二）計算 B 點之位移。（10 分）

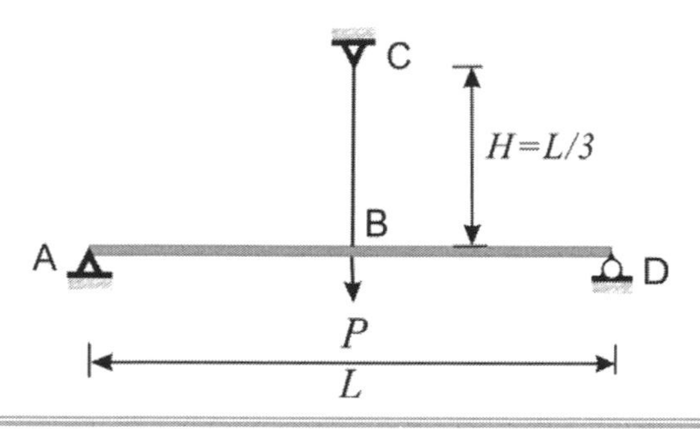


**參考題解**

（一）簡支梁中點受集中載 $N$，中點 B 向下位移，$\delta_{B1}=\frac{NL^3}{48EI}$，

可知該點產生向下單位變形所需的力，即勁度 $K_1=\frac{48EI}{L^3}$

BC 拉索受拉力產生向下單位變形所需的力，即勁度 $K_2=\frac{EA_c}{H}$

B 為梁中點與拉索接合，該處兩者變位相同，受力依勁度分配，

拉索 BC 受力 $S=\frac{K_2}{K_1+K_2}P=\frac{\frac{EA_c}{H}}{\frac{48EI}{L^3}+\frac{EA_c}{H}}=\frac{EA_cL^3}{48EIH+EA_cL^3}P$，$H=\frac{L}{3}$ 代入

得 $S=\frac{EA_cL^2}{16EI+EA_cL^2}P$

（二）B 點位移，$\delta_B=\frac{H}{EA_c}S=\frac{L/3}{EA_c}\times\frac{EA_cL^2}{16EI+EA_cL^2}P=\frac{PL^3}{48EI+3EA_cL^2}$

二、依照現行建築物耐震設計規範及解說，考慮靜力法進行結構分析，採用以下符號列式說明設計地震力計算要領及（$F_u$、$S_{aD}$、$\alpha_y$）等參數考量要素。（30 分）

$I$：用途係數、$S_{aD}$：工址設計水平加速度反應係數、$W$：建築物全部靜載重、$\alpha_y$：起始降伏地震力放大係數、$F_u$：結構系統地震力折減係數。

**參考題解**

地震力靜力分析，構造物各主軸方向分別所受地震之最小設計水平總橫力 $V$ 依下式計算：

$$V = \frac{S_{aD}I}{1.4\alpha_y F_u}W$$

以一般震區設計地震力靜力分析概略程序如下：

判斷是否可使用靜力分析→計算建築物基本週期 $T$（考量週期上限係數 $C_u$修正）→依基地位置查表震區相關係數（$S_s^D$，$S_1^D$）→判斷地盤分類（共三類），查放大係數 $F_a$，$F_V$值→考量是否有近斷層效應（$N_A$，$N_V$）→計算得工址相關係數（$S_{DS}$，$S_{D1}$）→計算週期分界（$T_0^D$）→查表及計算 $S_{aD}$→依韌性容量$R$計算容許韌性容量 $R_a$，計算 $F_u$→加上用途係數 $I$ 及$\alpha_y$可得 $V$ 值。

其中 $S_s^D$ 與 $S_1^D$ 分別為震區短週期及一秒週期之設計水平譜加速度係數，分別代表工址所屬震區在堅實地盤下，設計地震作用時之短週期結構與一秒週期結構之 5% 阻尼譜加速度與重力加速度 $g$ 之比值。

而 $S_{DS}$：工址短週期水平加速度反應譜係數；$S_{D1}$：工址一秒週期水平加速度反應譜係數。$T_0^D$：工址設計水平加速度反應譜短週期與中、長週期之分界。

靜力分析理念概要：

韌性結構物在計算地震力時係藉由彈性系統的線性行為（彈性地震反應譜）來推求彈塑性系統的非線性行為，首先以彈塑性系統建築物承受水平地震力之 $P-\Delta$ 曲線中觀察，在設計地震力 $P_d$時結構尚未降服，當地震力增加 $\alpha_y$ 倍達 $P_y$ 後，第一個構材斷面才降伏，在設計均勻，各斷面降伏時機接近下，保守估計，外力增加至 $1.4P_y$ 後，結構達能承受最大外力 $P_u$，並以結構韌性考量結構系統之地震力折減（$F_u$值），

可求得設計地震力 $P_d = \frac{P_e}{1.4\alpha_y F_u}$。$P_e = S_{aD}W$，再加上用途係數 $I$，得上述 $V$。

$P_e$：彈性結構破壞時地震力，使用慣性力計算，分析時視為等效靜力作用。

參數：$\alpha_y = \frac{P_y}{P_d}$，$F_u = \frac{P_e}{P_u}$，$\frac{P_u}{P_y} = 1.4$

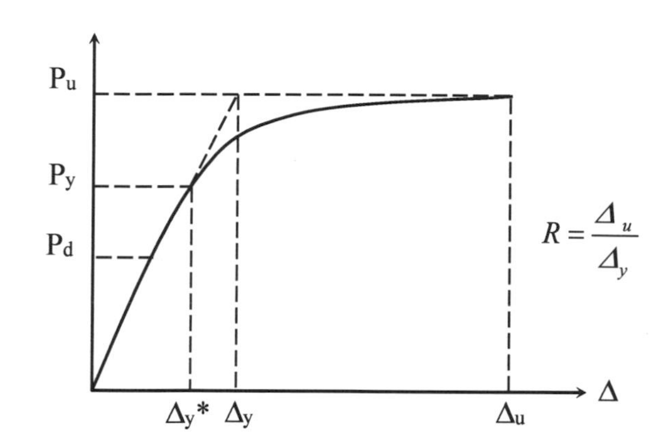


$\alpha_y$值：與所採用之設計方法有關，就鋼結構容許應力設計而言，可採 1.2；鋼構造或 SRC 採極限設計法者，可取與地震力之載重因子相同，即為 1.0；鋼筋混凝土構造之地震力載重因子取 1.0 設計者，$\alpha_y$ 取 1.0。若按其他設計方法設計，應分析決定。

$F_u$之計算：長週期建築物（$> T_0^D$）採位移相等法則，$F_u = R$；短週期建築物（$0.2T_0^D$~$0.6T_0^D$）以能量相等法則，可求得$F_u = \sqrt{(2R-1)}$。其他週範圍採用內差方式求得。

$S_{aD}$值：分布形式如圖，可由 $S_{DS}$、$T_0^D$ 及建物週期 $T$ 等資料求得。

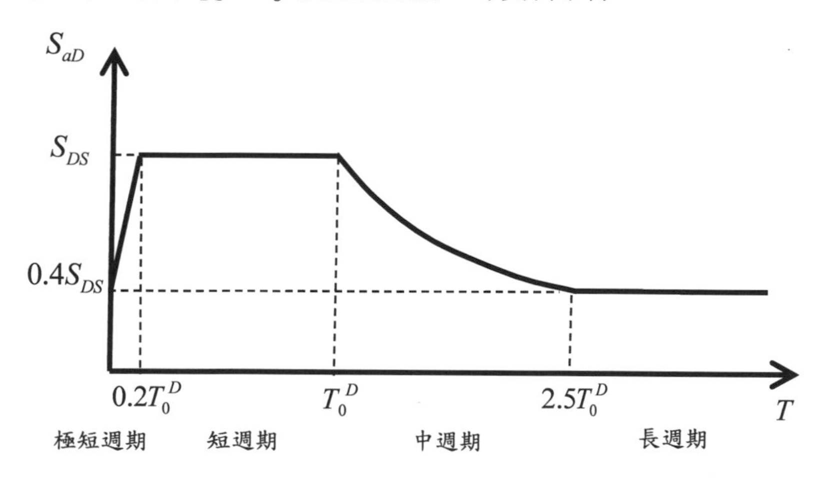


三、如下圖之鋼筋混凝土梁，梁斷面為矩形，於受圖示二集中力作用下，就梁內力圖說明本混凝土梁之開裂狀況及配筋要領（20 分）

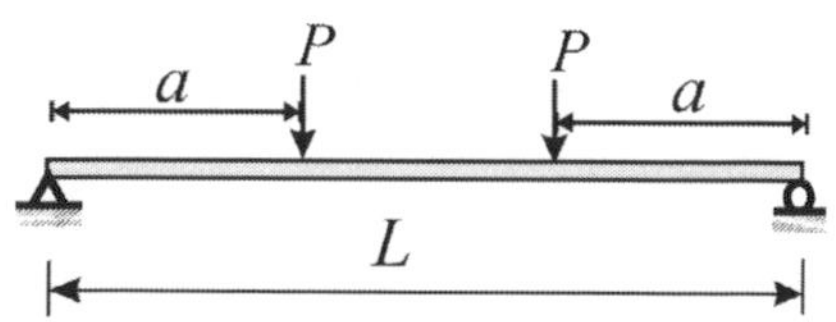


**參考題解**

依 RC 梁受力情況，繪剪力圖及彎矩圖如下：

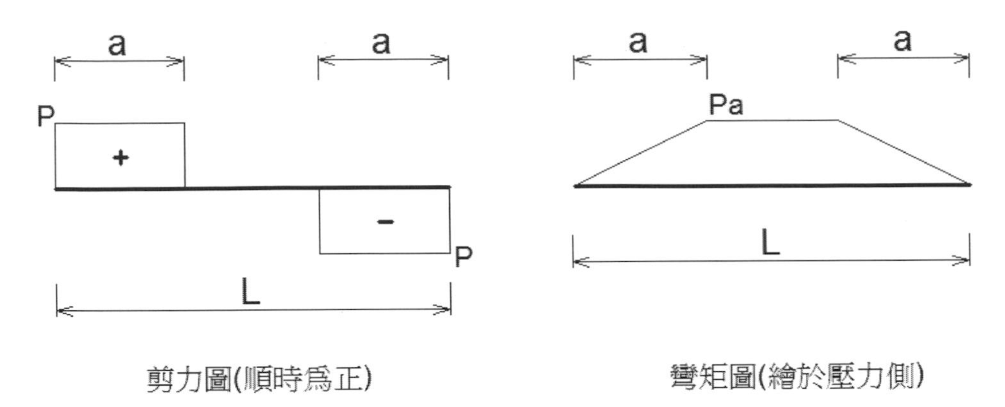


剪力圖(順時為正)　　　　彎矩圖(繪於壓力側)

由內力圖可知，中間段為彎矩較大處，剪力為零，其開裂為撓曲裂縫，由 RC 梁下方處拉裂，垂直向上延伸。兩端為剪力較大處，彎矩為零，鄰近處開裂主要為腹剪裂縫，在梁斷面中性軸位置鄰近產生斜向裂縫。另在彎矩及剪力皆大處，可能產生撓剪裂縫，簡言之為兼有撓曲及剪斜裂縫形式。

依內力圖進行配筋作業，彎矩皆為同向，主筋配置梁下方，中央處鋼筋量較多，兩側可降低。而剪力筋則採兩端採較密配置，中間段雖剪力為零，惟仍需配置，間距則可調大。實際配筋量及間距等需以彎矩、剪力值及規範規定設計。

四、2018 年 2 月 6 日的花蓮震災中，在結構嚴重受損的大樓中，部分大樓之一樓作為停車場，主要支撐系統以梁柱構架為主，而形成所謂的軟弱底層建築。今以六樓公寓建物為對象，一樓仍為停車場、二樓以上作為住宅，若部分住戶不願配合在自家補強施工情況下，就抗震補強目標，提出單棟大樓之可行作法。（30 分）

**參考題解**

（一）基本資訊：

6 樓公寓建築物，1 樓停車場，2 樓以上住宅，結構系統以梁柱構架為主。

（二）狀況：軟弱底層，抗震能力不足，需進行補強。

（三）限制：部分住戶不願配合在自家補強施工。

（四）抗震補強建議：因缺圖面及詳細資料，就題意資訊及提出假設及建議作法。

1. 本案為 6 樓建物，假設具電梯設置，評估利用電梯井空間進行增設剪力牆（牆面加厚）或設翼牆，施工較不影響住戶自家且可進行全棟耐震補強，抗側力之強度及勁度可有效且均勻提升。

2. 因有住戶不願配合在自家補強施工，評估僅就軟弱底層進行補強之可行性，若可行，考慮底層採擴柱、增設翼牆、剪力牆及加設附屬鋼構架等方式。
3. 若外圍土地及空間足夠，可評估於現有建築物外圍新設構架。若土地空間侷限，則在外牆面加設鋼構架抗側力。此法可提升整體建物耐震能力，惟對於建築外觀及住戶視野之影響需加以考量。
4. 若上述皆不可行，考量對於空間配置、結構偏心等影響較小之補強方式（如擴柱），選擇施工影響及阻力較小且適當位置再與住戶溝通。

## 107 年特種考試地方政府公務人員考試試題／營建法規

一、請試述下列名詞之意涵：（每小題 5 分，共 20 分）

（一）分戶牆

（二）區域計畫法環境敏感地區

（三）防火間隔

（四）永久性空地

**參考題解**

（一）分戶牆（技則 I-1）

分戶牆：分隔住宅單位與住宅單位或住戶與住戶或不同用途區劃間之牆壁。

（二）區域計畫法環境敏感地區（經建會，台灣地區環境敏感地區管理制度之研究（民 77 年）係指對於人類具有特殊價值或具有潛在天然災害，極容易受到人為的不當開發活動之影響而產生環境負面效應的地區。

（三）防火間隔（技則 I-79）

71 年 6 月 15 日內政部修正之建築技術規則建築設計施工編第 110 條規定，將「防火巷」乙語修正為「防火間隔」，防火間隔其留設防火間隔之目的係當發生火災時，阻隔火勢蔓延，藉以逃生避難；又於 92 年 8 月 19 日及 93 年 2 月 5 日修正為得以加強外牆及其開口部之防火性能換取外牆與境界線或其他外牆間留設之淨距離，同樣達到防止火災蔓延至他棟建築物之功能。

（四）永久性空地（技則 I-1）

永久性空地：指下列依法不得建築或因實際天然地形不能建築之土地（不包括道路）：

1. 都市計畫法或其他法律劃定並已開闢之公園、廣場、體育場、兒童遊戲場、河川、綠地、綠帶及其他類似之空地。
2. 海洋、湖泊、水堰、河川等。
3. 前二目之河川、綠帶等除夾於道路或二條道路中間者外，其寬度或寬度之和應達四公尺。

二、近年來常發生地主阻礙道路，引發當地居民抗議，而演變成爭訟案件。其爭點多半在於「既成道路」與「現有巷道」之定義與認知差異。請分析 此類爭議之緣由，並比較「既成道路」與「現有巷道」之異同處。（20 分）

**參考題解**

（一）既成道路（大法官釋憲字 400 號）

依「未產生經濟效益公共設施保留地及具公用地役關係既成道路認定標準」（97.7.21 台內營字第 0970805405 號）

本法所稱未產生經濟效益具公用地役關係之既成道路，指具有下列情形之道路：

一、為不特定之公眾通行所必要。

二、於公眾通行之初，土地所有權人無阻止情事。

三、公眾通行事實經歷年代久遠且未曾中斷。

依建築法規及民法等規定提供土地作為公眾通行之道路，不適用前項規定。

（二）現有巷道（臺北市廢改條例-3）

現有巷道，指供公眾通行且因時效而形成公用地役 關係之非都市計畫巷道。

（三）異同之處（張意文／台南市都發局電子報）

「現有巷道」既為建築法規所訂，基於法律保留原則，即需踐行行政法上的各項義務與程序。既成道路只是條件之一，還須依法公告、並依據建築法規規定兩旁均等退讓達法定寬度（4 公尺或 6 公尺等），及依法留設道路截角。

三、依據建築法第 30 條規定，起造人申請建造執照時，應備具土地權利證明文件…。試說明何謂「土地權利證明文件」？（20 分）

**參考題解**

土地權利證明文件：

所有權人證明（自然人、法人）

土地登記簿謄本。（掛號前三個月）

地籍圖謄本。（掛號前三個月）

土地使用權同意書（限土地非自有者）。

四、某建築物領有建造執照，並已開工興建，因涉及債務糾紛，其建物或土地經法院假處分查封，試問建管機關可否准予繼續辦理施工勘驗？其進度已達竣工，是否可核發該建築物之使用執照？（20 分）

**參考題解**

中華民國 66 年 8 月 18 日台內營字第 742380 號

67 年 3 月 9 日台內營字第 769667 號

75 年 11 月 29 日台（75）內營字第 450466 號

100 年 5 月 5 日內授營建管字第 1000087835 號

建築基地如生私權爭執，其建築許可應如何辦理一案，前經奉行政院 62.2.23.台（62）內一六一〇號函核釋在案。建築物或建築基地經法院假處分查封，主管建築機關應不予施工勘驗，當事人並應依規定維持暫時狀態。至建築物使用執照之發給，應以建築物之合法完成為前提，建築物在施工中，因建築基地為法院假處分查封，喪失建築使用權利，縱令主管建築機關未命停工，亦應受法院查封之拘束。其在查封原因未消滅之前，擅自繼續興工完成者，即屬侵害他人權利，顯難認其為合法，應不得發給使用執照，以維公益。

五、請比較說明都市更新條例與都市危險及老舊建築物加速重建條例兩者之：（每小題 10 分，共 20 分）

（一）立法意旨　　（二）適用範圍

**參考題解**

（一）立法意旨

1. 都市更新條例（都更條例-1）

   為促進都市土地有計畫之再開發利用，復甦都市機能，改善居住環境，增進公共利益，特制定本條例。

   本條例未規定者，適用其他法律之規定。

2. 都市危險及老舊建築物加速重建條例（危老條例-1）

   為因應潛在災害風險，加速都市計畫範圍內危險及老舊瀕危建築物之重建，改善居住環境，提升建築安全與國民生活品質，特制定本條例。

（二）適用範圍

1. 都市更新條例（都更條例-6~7）

（1）有下列各款情形之一者，直轄市、縣（市）主管機關得優先劃定或變更為更新地區並訂定或變更都市更新計畫：

一、建築物窳陋且非防火構造或鄰棟間隔不足，有妨害公共安全之虞。

二、建築物因年代久遠有傾頹或朽壞之虞、建築物排列不良或道路彎曲狹小，足以妨害公共交通或公共安全。

三、建築物未符合都市應有之機能。

四、建築物未能與重大建設配合。

五、具有歷史、文化、藝術、紀念價值，亟須辦理保存維護，或其周邊建築物未能與之配合者。

六、居住環境惡劣，足以妨害公共衛生或社會治安。

七、經偵檢確定遭受放射性污染之建築物。

八、特種工業設施有妨害公共安全之虞。

（2）有下列各款情形之一時，直轄市、縣（市）主管機關應視實際情況，迅行劃定或變更更新地區，並視實際需要訂定或變更都市更新計畫：

一、因戰爭、地震、火災、水災、風災或其他重大事變遭受損壞。

二、為避免重大災害之發生。

三、符合都市危險及老舊建築物加速重建條例第三條第一項第一款、第二款規定之建築物。

前項更新地區之劃定、變更或都市更新計畫之訂定、變更，中央主管機關得指定該管直轄市、縣（市）主管機關限期為之，必要時並得逕為辦理。

2. 都市危險及老舊建築物加速重建條例（危老條例-3）

本條例適用範圍，為都市計畫範圍內非經目的事業主管機關指定具有歷史、文化、藝術及紀念價值，且符合下列各款之一之合法建築物：

一、經建築主管機關依建築法規、災害防救法規通知限期拆除、逕予強制拆除，或評估有危險之虞應限期補強或拆除者。

二、經結構安全性能評估結果未達最低等級者。

三、屋齡三十年以上，經結構安全性能評估結果之建築物耐震能力未達一定標準，且改善不具效益或未設置昇降設備者。

前項合法建築物重建時，得合併鄰接之建築物基地或土地辦理。但鄰接之建築物基地或土地之面積，不得超過該建築物基地面積。

## 107 年特種考試地方政府公務人員考試試題／建管行政

一、請試述下列名詞之意涵：（每小題 5 分，共 25 分）

（一）退讓建築

（二）建築執照簽證制度

（三）實質違建

（四）建築線指定

（五）社會住宅

**參考題解**

（一）退讓建築（建築-49）

在依法公布尚未闢築或拓寬之道路線兩旁建造建築物，應依照直轄市、縣（市）（局）主管建築機關指定之建築線退讓。

（二）建築執照簽證制度（建築-34）

直轄市、縣（市）（局）主管建築機關審查或鑑定建築物工程圖樣及說明書，應就規定項目為之，其餘項目由建築師或建築師及專業工業技師依本法規定簽證負責。對於特殊結構或設備之建築物並得委託或指定具有該項學識及經驗之專家或機關、團體為之，其委託或指定之審查或鑑定費用由起造人負擔。

前項規定項目之審查或鑑定人員以大、專有關系、科畢業或高等考試或相當於高等考試以上之特種考試相關類科考試及格，經依法任用，並具有三年以上工程經驗者為限。

第一項之規定項目及收費標準，由內政部定之。

（三）實質違建

違章建築：（違章建築處理辦法、營建署）

違章建築：為建築法適用地區內，依法應申請當地主管建築機關之審查許可並發給執照方能建築，而擅自建築之建築物。

實質違章建築：建築物擅自建造經主管建築機關勘查認定其建築基地及建築物不符有關建築法令規定，構成拆除要件者必須拆除者。

1. 當建築物已達到基地容許興建的建蔽率、容積率與高度時，任何加蓋的建築均屬違建。
2. 違反土地使用分區容許的使用用途。
3. 在不得興建建築物的土地上興建。

（四）建築線指定（建築-48）

直轄市、縣（市）（局）主管建築機關，應指定已經公告道路之境界線為建築線。但都市細部計畫規定須退縮建築時，從其規定。

前項以外之現有巷道，直轄市、縣（市）（局）主管建築機關，認有必要時得另定建築線；其辦法於建築管理規則中定之。

（五）社會住宅（住宅-3）

指由政府興辦或獎勵民間興辦，專供出租之用之住宅及其必要附屬設施。

二、鑒於近年國內發生多起住宅裝修成多間套（雅）房火災事件，基於公共安全考量，內政部 107 年 4 月 24 日台內營字第 10708039692 號函示：集合住宅、住宅任一住宅單位（戶）之任一樓層分間為 6 個以上使用單元（不含客廳及餐廳）或設置 10 個以上床位之居室者，其使用類組歸屬 H-1 組，並屬建築法所稱供公眾使用之建築物。請說明前揭 H-1 組住宿場所與 H-2 組集合住宅，於應否辦理室內裝修審查許可、分間牆構造及內部裝修材料檢討標準、建築物公共安全檢查之申報頻率、檢查簽證項目等，就相關法令比較兩者之差異。（25 分）

**參考題解**

（一）應否辦理室內裝修審查許可：（建築法-77-2、供公眾-20）

H-2 組若屬五層以上之集合住宅（公寓）則屬非供公眾使用建築物，無需申請室內裝修；H-1 組符合供公眾使用建築物則需要。

建築物室內裝修應遵守下列規定：

一、供公眾使用建築物之室內裝修應申請審查許可，非供公眾使用建築物，經內政部認有必要時，亦同。但中央主管機關得授權建築師公會或其他相關專業技術團體審查。

二、裝修材料應合於建築技術規則之規定。

三、不得妨害或破壞防火避難設施、消防設備、防火區劃及主要構造。

四、不得妨害或破壞保護民眾隱私權設施。

五、建築物室內裝修應由經內政部登記許可之室內裝修從業者辦理。

（二）分間牆構造及內部裝修材料檢討標準（技則 I-88）

1. H-1 組：

供該用途之專用樓地板面積合計：全部

居室或該使用部分：耐燃三級以上

通達地面之走廊及樓梯：耐燃二級以上

2. H-2 組：

內部裝修材料無限制

（三）建築物公共安全檢查之申報頻率、檢查簽證項目（公安檢查-5）

建築物公共安全檢查申報時間：

一、依建築物之類別、組別、規模（樓層、樓地板面積）分別適用其申報時間（頻率及期限）。

二、六層以上未達八層，及八層以上未達十六層且建築物高度未達五十公尺之 H-2 組別建築物，其施行日期由當地主管建築機關依實際需求公告之。（大都尚未實施）

三、H-1 依面積，三百平方公尺以上每二年一次；三百平方公尺以下每四年一次。

三、依「公寓大廈管理條例」第 57 條規定，起造人應將公寓大廈共用部分、約定共用部分與其附屬設施設備移交予管理委員會或管理負責人。請就「公寓大廈管理條例」有關規定回答下列問題：

（一）新建公寓大廈之起造人，應於什麼時機召開區分所有權人會議，俾便協助公寓大廈成立管理組織？若起造人怠於履行召集義務，當地主管機關應如何處置？（8 分）

（二）起造人依法應於什麼時機辦理公寓大廈共用部分、約定共用部分與其附屬設施設備之移交？須移交的圖說文件及應檢測的設施設備為何？（9 分）

（三）承上，起造人辦理移交之相關設施設備若不能通過檢測，或其功能有明顯缺陷，管理委員會或管理負責人依法如何處理？又起造人若遲不辦理移交，或相關設施設備缺陷遲不改善，當地主管機關有何監督機制？（8 分）

**參考題解**

（一）怠於履行召集義務（公寓-28、47）

1. 依第二十八條第一項公寓大廈建築物所有權登記之區分所有權人達半數以上及其區分所有權比例合計半數以上時，起造人應於三個月內召集區分所有權人召開區分所有權人會議，成立管理委員會或推選管理負責人，並向直轄市、縣（市）主管機關報備。

2. 有下列行為之一者，由直轄市、縣（市）主管機關處新臺幣三千元以上一萬五千元以下罰鍰，並得令其限期改善或履行義務、職務；屆期不改善或不履行者，得連續處罰：

一、區分所有權人會議召集人、起造人或臨時召集人違反第二十五條或第二十八條所定之召集義務者。

二、住戶違反第十六條第一項或第四項規定者。

三、區分所有權人或住戶違反第六條規定，主管機關受理住戶、管理負責人或管理委員會之請求，經通知限期改善，屆期不改善者。

（二）附屬設施設備之移交（公寓-57）

起造人應將公寓大廈共用部分、約定共用部分與其附屬設施設備；設施設備使用維護手冊及廠商資料、使用執照謄本、竣工圖說、水電、機械設施、消防及管線圖說，於管理委員會成立或管理負責人推選或指定後七日內會同政府主管機關、公寓大廈管理委員會或管理負責人現場針對水電、機械設施、消防設施及各類管線進行檢測，確認其功能正常無誤後，移交之。

（三）設備缺陷遲不改善（公寓-49、57）

前項公寓大廈之水電、機械設施、消防設施及各類管線不能通過檢測，或其功能有明顯缺陷者，管理委員會或管理負責人得報請主管機關處理，其歸責起造人者，主管機關命起造人負責修復改善，並於一個月內，起造人再會同管理委員會或管理負責人辦理移交手續。

有下列行為之一者，由直轄市、縣（市）主管機關處新臺幣四萬元以上二十萬元以下罰鍰，並得令其限期改善或履行義務；屆期不改善或不履行者，得連續處罰：

一、區分所有權人對專有部分之利用違反第五條規定者。

二、住戶違反第八條第一項或第九條第二項關於公寓大廈變更使用限制規定，經制止而不遵從者。

三、住戶違反第十五條第一項規定擅自變更專有或約定專用之使用者。

四、住戶違反第十六條第二項或第三項規定者。

五、住戶違反第十七條所定投保責任保險之義務者。

六、區分所有權人違反第十八條第一項第二款規定未繳納公共基金者。

七、管理負責人、主任委員或管理委員違反第二十條所定之公告或移交義務者。

八、起造人或建築業者違反第五十七條或第五十八條規定者。

有供營業使用事實之住戶有前項第三款或第四款行為，因而致人於死者，處一年以上七年以下有期徒刑，得併科新臺幣一百萬元以上五百萬元以下罰金；致重傷者，處六個月以上五年以下有期徒刑，得併科新臺幣五十萬元以上二百五十萬元以下罰金。

四、請就「政府採購法」及相關規定，回答下列問題：

（一）何謂「共同供應契約」？簽訂共同供應契約之時機與目的為何？（10 分）

（二）何謂「轉包」與「分包」？採購機關對於得標廠商「轉包」或「分包」之履約監督有何規定？（15 分）

**參考題解**

（一）共同供應契約（採購法-93）

1. 各機關得就具有共通需求特性之財物或勞務，與廠商簽訂共同供應契約。
2. 中央機關共同供應契約集中採購實施要點（工程企字第 10300022020 號函）
   行政院公共工程委員會（以下簡稱工程會）為利中央政府各機關、學校、公營事業（以下簡稱中央機關）辦理財物、勞務集中採購，依政府採購法第九十三條與廠商簽訂共同供應契約，經由集中採購，以節省人力，發揮大量採購之經濟效益，提升採購執行績效，特訂定本要點。

（二）轉包及分包（採購法-65、66、67；採購法細則-87、89）

1. 轉包：
   （1）定義：指將原契約中應自行履行之全部或其主要部分，由其他廠商代為履行。（※所稱主要部分，指招標文件標示為主要部分或應由得標廠商自行履行之部分。）
   （2）得標廠商應自行履行工程、勞務契約，不得轉包。
   （3）轉包之處置：
   ①得標廠商違反規定轉包其他廠商時，機關得解除契約、終止契約或沒收保證金，並得要求損害賠償。
   ②轉包廠商與得標廠商對機關負連帶履行及賠償責任。再轉包者，亦同。
2. 分包：
   （1）定義：謂非轉包而將契約之部分由其他廠商代為履行。
   （2）得標廠商得將採購分包予其他廠商。
   （3）機關得視需要於招標文件中訂明得標廠商應將專業部分或達一定數量或金額之分包情形送機關備查。

（4）分包契約報備於採購機關，並經得標廠商就分包部分設定權利質權予分包廠商者，民法第五百十三條之抵押權及第八百十六條因添附而生之請求權，及於得標廠商對於機關之價金或報酬請求權。分包廠商就其分包部分，與得標廠商連帶負瑕疵擔保責任。

## 107 年特種考試地方政府公務人員考試試題／建築環境控制

一、因應全球氣候變遷與國際趨勢發展，請從建築生命週期管理闡述我國「低碳城市」與「低碳建築」政策實踐的核心課題與方向？並就建築計畫環控領域技術説明因應策略。（20 分）

**參考題解**

無論低碳城市或是低碳建築，其從建築生命週期最初的搖籃到墳墓（Cradle to Grave），每一個階段應由內而外完整實施低碳策略。遵從循環經濟、生態設計、再生設計以及可持續性等原則，進行生命週期評估（原料取得→生產製造→販售→使用→廢棄→回收…）。

（一）低碳城市：整合地方資源，實現碳中和、城市的韌性與能源安全，支持綠色經濟與穩定的綠色基礎建設，以城市為範疇社區為單位推動零碳政策，除了政策與經費的支援同時也應配合當地生態及環境保育，考慮地理條件及天然資源並配合經濟評估與補助提高居民的自覺來達到低碳城市的願景。

■ 手法策略

1. 願景：完整的法規／整體計畫推動、發展再生能源及提升能源效率、整合城市及鄉村發展、生態及產業轉型。
2. 設定明確的減碳目標。
3. 低碳策略措施：建構低碳交通、發展再生能源、使用生質燃料、扶植低碳產業、推廣低碳建築、環境綠美化、廢棄物與資源回收再利用、落實低碳生活、推動綠色消費、開徵能源稅等。
4. 民間支持與參與：公營企業協助推動低碳策略、民間企業減碳計畫參與、一般民眾配合。

（文獻參考：綠基會通訊，低碳城市成功因素剖析，2010/07）

（二）低碳建築：低碳建築是指在建築材料與設備製造、施工建造和建築物使用的整個生命周期內，減少化石能源的使用，提高能效，降低二氧化碳的排放量。

■ 手法策略

1. 在建築全生命周期過程的進口環節，要用太陽能、風能、生物能等可再生能源替代化石能源等高碳性的能源。
2. 建築使過程中要大幅度提高化石能源的利用效率，加強建築節能。
3. 在生命周期的出口環節，要通過植樹等綠化面積的增加，吸收建築活動所排放的二氧化碳。

（三）使用低輻射玻璃、中水處理系統、雨水再利用系統、外牆外保溫與外牆內保溫系統、太陽能、熱交換等換氣裝置等技術，為低碳建築提供幫助，加上感測器、監控設備、通信設備共同形成智慧建築物聯網系統發揮更佳節能作用。

二、下列有關建築物理環境之問題，請回答：（每小題 6 分，共 30 分）

（一）何謂「日照率」？

（二）何謂「音強」？物理單位為何？

（三）何謂「明視」？明視之條件為何？

（四）何謂「等價外氣溫度」？計算上要考慮因素為何？

（五）影響人體冷熱舒適感覺物理環境要素為何？

**參考題解**

（一）某地之實際日照時數與可照時數之百分比稱為日照率。

（二）音強（sound intensity）指的是聲音的客觀物理強弱，定義為單位時間垂直通過單位面積的能量稱之。其單位為 I, $W/m^2$。（文獻參考：國立臺灣大學生機系講義）

（三）在明亮的地方，視細胞中只有視錐細胞起作用，用這種狀態看物體時稱為明視。（人眼看太遠和太近的物體時，眼球都要進行調節，也就是改變眼球的突起程度，但有一個距離恰能使眼睛不用調節就能看清楚，這個距離就叫明視距離。也就是說眼睛看明視距離處的物體是感覺最舒服的、最適合正常人眼觀察近處較小物體的距離，約為 25 厘米。）

（四）物體表面有輻射熱（日射），其物體表面受輻射熱影響，其溫度高於外氣溫度稱之為等價外氣溫度。壁體外部表面有福射熱時（如日射），其外壁表面受此福射熱流影響，其溫度異於外氣溫度。乃將溫差與福射因素綜合而成一個假想溫差值，以利實際熱流量計算。其評算之主要因素包括日照吸收率、日照量以及外氣膜之熱傳遞率等。

$$Te = To + \alpha \cdot It / ho$$

Te：等價外氣溫度（℃）；To：外氣溫度（℃）；α：日射吸收率；It：全天日射量（$w/m^2$）

ho：外氣膜之熱傳透率（$w/m^2$℃）

（五）室外天氣、熱輻射（陽光）、室內乾球溫度、相對濕度、黑球溫度（平均輻射溫度）、風速、衣著量以及人體新陳代謝、活動量等。

三、下列有關建築設備之問題，請回答：（每小題 6 分，共 30 分）
（一）「五分鐘集中率」與「五分鐘輸送能力」的意義為何？
（二）建築給排水設備中「存水彎水封」的功能與設置規定為何？
（三）建築設備中「不斷電系統（UPS）」的設置目的與構成為何？
（四）建築給水設備規劃必須滿足的要件為何？
（五）火災燃燒的要素為何？

**參考題解**

（一）「五分鐘集中率」為電梯每 5 分鐘输送乘客率（%）。

「五分鐘輸送能力」為 5 分鐘內電梯所能輸送的人數（人／台）

（二）設在衛生器具排水口下，用來抵抗排水管內氣壓差變化，防止排水管道系統中氣體或昆蟲竄入室內的一定高度的水柱。

1. 衛生器具落水口至存水彎堰口之垂直距離不得大於六十公分。
2. 存水彎管徑不得小於本標準第十三條第三款表列規定，並不得大於衛生器具落水口。
3. 封水深度應在五公分至十公分之間。
4. 應附有深潔口之構造，但埋設於地下而有過濾網者，不在此限。
5. 存水彎之直徑不得大於其所連接之排水管。一個存水彎用於一個以上三個以下之衛生器具時，各衛生器具落水口之間距不得大於七十五公分，並應將存水彎設於中央位置，直徑不得小於四十公厘。其為地板落水之存水彎、商業洗碗盆、商業洗盆者，不得小於五十公厘。
6. 存水彎應能自動洗，其無內部間隔及活動部分，並應清理裝置。
7. 不得使用鐘形或 S 形存水彎。

（文獻參考：臺北市衛生排水設備裝置標準）

（三）不斷電系統（或稱 UPS，即 Uninterruptible Power System）是在電網異常（如停電、欠壓、干擾或浪湧「也稱：湧浪電流」）的情況下不間斷的為電器負載設備提供後備交流電源，維持電器正常運作的設備。主要由密封式的鉛酸電池、監控軟體和繼電器等設備所構成。

（四）1. 給水用途大致可分為飲用水以及雜用水兩類。

2. 必須提供建築空間具有適量、適壓而優良品質的穩定供水。
3. 設置目的在於提供適合用途而且容易使用的水。

4. 應確保建築物內居住者之健康與衛生為前提。
5. 給水系統應依自來水用戶用水設備標準規定辦理。
6. 給水設備系統主要分為貯水設備、輸送設備以及末端器具，應針對不同類型的使用者與人數進行給水系統設計裝設及設備容量與管徑之計算。

（文獻參考：內政部建築研究所，增修訂建築技術規則給排水系統及衛生設備條文與規範，2008/12）

（五）1. 可燃物（燃料）。
2. 氧氣（助燃物）。
3. 熱能（溫度、能量）。
4. 連鎖反應（一個現象所產生的結果，再助長了這個現象。而原先的現象，因結果的助長，而逐漸擴大）。

四、根據建築技術規則，學校類建築及大型空間類建築，必須符合之節能評估指標為何？請具體條列說明。（20 分）

**參考題解**

建議使用綠建築評估系統中的社區類 EEWH-EC

生態社區評估系統 EEWH-EC 之評估五大範疇：生態、節能減廢、健康舒適、社區機能與治安維護。

（一）生態：生物多樣性、綠化量、水循環。

（二）節能減廢：取得 ISO14000、節能建築、綠色交通、減廢、社區照明節能、創新節能措施實績、再生能源、資源再利用實績、碳中和彌補措施。

（三）健康舒適：都市熱島（戶外通風，都市熱島緩效益）、人性步行空間、公害污染。

（四）社區機能：文化教育設施、運動休閒設施、生活便利設施、社區福祉、社區意識。

（五）治安維護：空間特徵、防範設備與守望相助。

■ EEWH 綠建築評估系統共用指標部分

| EEWH 家族共用指標部分 | | | | | | |
|---|---|---|---|---|---|---|
| 四大範疇 | 九大指標 | 基本型 BC(強) | 住宿類 RS(強) | 廠房類 GF(自) | 舊建築改善類 RN(自) | 社區類 EC(自) |
| 生態 | 一、生物多樣性指標 | ★ | ★ | | ★ | ★ |
| | 二、綠化量指標 | ★ | ★ | ★ | ★ | ★ |
| | 三、基地保水指標 | ★ | ★ | ★ | ★ | ★ |
| 節能 | 四、日常節能指標 | ★ | | | ★ | |
| 減廢 | 五、CO2 減量指標 | ★ | ★ | ★ | ★ | |
| | 六、廢棄物減量指標 | ★ | ★ | ★ | ★ | |
| 健康 | 七、室內環境指標 | ★ | | | ★ | |
| | 八、水資源指標 | ★ | ★ | ★ | ★ | |
| | 九、汙水垃圾指標 | ★ | ★ | ★ | ★ | |

（文獻參考：莊惠雯，綠建築評估手冊—社區類（EC）解說。）

## 107 年特種考試地方政府公務人員考試試題／建築營造與估價

一、請說明何謂綠建材？（5 分）綠建材具備那些特性與優點？（5 分）請從綠建材的觀點，比較鋼骨結構與鋼筋混凝土結構之優劣點。（5 分）

**參考題解**

依綠建材設計技術規範：

（一）綠建材：指符合生態性、再生性、環保性、健康性及高性能之建材。

（二）依內政部建築建究所-綠建材標章說明

| 綠建材特性 | 綠建材優點 |
|---|---|
| 再使用（Reuse）、再循環（Recycle）、廢棄物減量（Reduce）、低污染（Low emission materials）。 | 1. 生態材料：減少化學合成材之生態負荷與能源消耗。<br>2. 可回收性：減少材料生產耗能與資源消耗。<br>3. 健康安全：使用自然材料與低揮發性有機物質建材，可減免化學合成材之危害。 |

（三）比較鋼骨結構與鋼筋混凝土結構之優劣點

| 項目 | 鋼骨結構 | 鋼筋混凝土結構 |
|---|---|---|
| 再使用 | 優 | 劣 |
| 再循環 | 優 | 劣 |
| 廢棄物減量 | 優 | 劣 |
| 低污染 | 優 | 劣 |
| 生態材料 | - | - |
| 可回收性 | 優 | 劣 |
| 健康安全 | - | - |

二、某國民中學鋼筋混凝土造教室，經評估其耐震能力不足，需進行補強工程，請繪圖並說明何謂 RC 翼牆補強工法？（10 分）另請任意提出其他二種補強工法，繪圖並進行說明。（15 分）

**參考題解**

（一）RC 翼牆補強工法

為結構強度補強工法之一，使用 RC 牆施作於無設置（或過短的）牆面之開間，以增加建築結構強度，其使用時機如下：

1. 建築物變形量大。
2. 柱強度不足。
3. 開間補強無法使用剪力牆者。

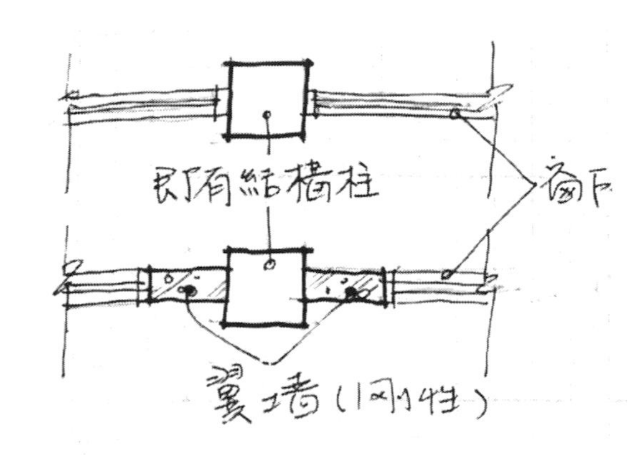


（二）其他補強方式

| 補強方式 | 剪力牆補強 | 消能斜撐 |
|---|---|---|
| 簡圖 | | |
| 構造元件 | RC 剪力牆 | 阻尼器＋斜撐 |
| 補強方式 | 強度補強 | 韌性補強 |
| 適用 | 增加建築結構強度<br>減少架構變形 | 增加建築物韌性（吸收地震力）<br>留設開口需求 |

三、請說明何謂短柱效應？（10 分）對於建築物有何影響？（5 分）並請說明常見於建築物的那些地方？（5 分）

**參考題解**

（一）短柱效應：單位樓層柱有效高度因矮牆或窗台束制而增加側向勁度，受地震力時易造成破壞，嚴重影響建築結構安全。

（二）受地震力時，短柱效應易造成 45 度剪力破壞。

（三）常見於學校建築受窗台束制之柱。

四、請說明公共工程三級品管之內容為何？（10 分）另請列舉 5 種可能造成公共工程品質不良的原因。（10 分）

**參考題解**

（一）依公共工程委員會-公共工程施工品質管理制度（三級品管）簡介，施工品質管理制度（三級品管）應包含：

| 三級品管 | 作業內容 |
|---|---|
| 廠商（一級） | 1. 訂定品質計畫並據以推動實施<br>2. 成立內部品管組織並訂定管理責任<br>3. 訂定施工要領<br>4. 訂定品質管理標準<br>5. 訂定材料及施工檢驗程序並據以執行<br>6. 訂定自主檢查表並執行檢查<br>7. 訂定不合格品之管制程序<br>8. 執行矯正與預防措施<br>9. 執行內部品質稽核<br>10. 建立文件紀錄管理系統 |
| 主辦機關<br>（監造單位）<br>（二級） | 1. 訂定監造計畫並據以推動實施<br>2. 成立監造組織<br>3. 審查品質計畫並監督執行<br>4. 審查施工計畫並監督執行<br>5. 抽驗材料設備品質<br>6. 抽查施工品質<br>7. 執行品質稽核<br>8. 建立文件紀錄管理系統 |
| 工程主管機關<br>（三級） | 1. 設置查核小組<br>2. 實施查核<br>3. 追蹤改善<br>4. 辦理獎懲 |

（二）造成公共工程品質不良的原因：

1. 施工品質不良。
2. 自主檢查不實。
3. 不合格管制未確實。
4. 未執行矯治及預防措施。
5. 監造不實。

五、某工地進行整地作業，若預定之高程為 40 m，該工地經劃分為每邊長 8m 之方格，且每一方格轉角處之高程（單位：m）如下圖所示，請計算其土方量為多少 $m^3$？亦請標示其土方量為挖方或填方？（20 分）

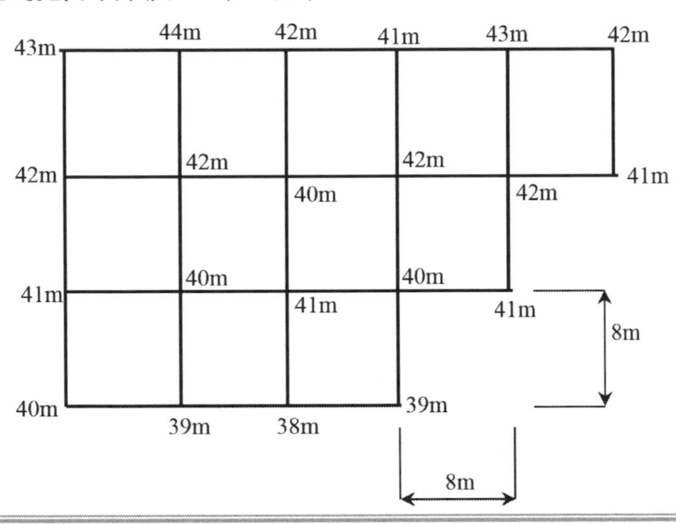


**參考題解**

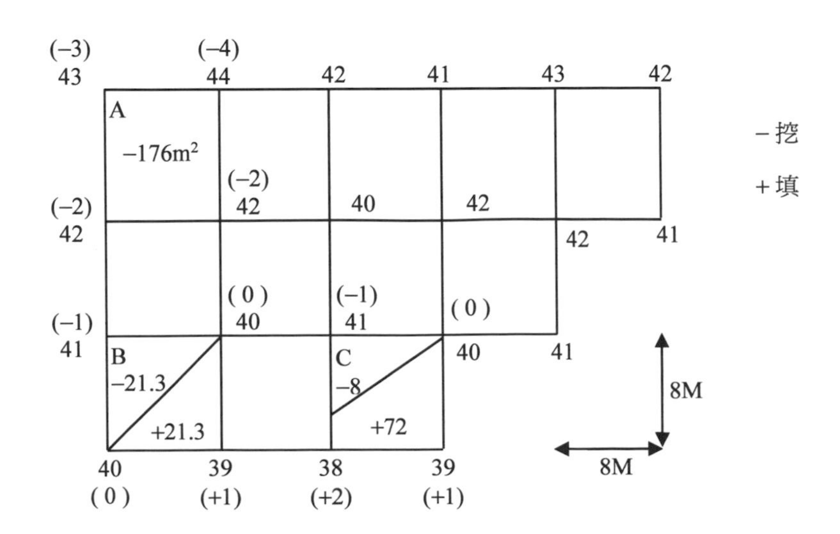

（一）4 邊皆挖方（方格 A 為例）

$$V=\frac{-3-4-2-2}{4}\times 8^2=-176(m^2)$$

（二）單點填方（方格 B 為例）

$$V挖=\frac{-1-1}{6}\times 8^2=-21.3$$

（三）2 角填，2 角挖（方格 C 為例）

$$V挖=\frac{-1^2}{4(-1+2+1)}\times 8^2=-8m^2$$

$$V填=\frac{(2+1)^2}{4(-1+2+1)}\times 8^2=72m^2$$

（未考量鬆方實方）

## 107 年特種考試地方政府公務人員考試試題／建築設計

一、題目

國小附設非營利幼兒園

二、設計概述

臺灣進入高齡化、少子化社會，惟育兒費用對現在的年輕父母來說，一直是非常沉重的負擔，在民間團體多年倡議及教育部的規劃下，從 103 年起各地方政府開始積極推動非營利幼兒園。目前全國各縣市所設立的非營利幼兒園，收費平價，服務優質，並能配合家長上班時間提供服務，而成為全國各縣市最夯的幼兒園類型。該類型幼兒園如設置於國小校園內，廣大戶外活動空間是幼兒每日大肢體活動的最佳場所，只要協調使用區塊或時間，幼兒能在不影響學校作息的情形下使用；再者，也有幼小銜接的地利之便：國小端可由校長、教師帶領，以團隊的方式幫助幼兒園的孩子進入國小教室，試坐桌椅、體驗老師在講台上上課的感覺，同時開放幼兒家長提早與未來的老師熟悉，並認識國小教育。

三、基地概述：（詳基地圖）

（一）基地位置：基地位於某國小校園內的西南一隅，原為停車使用，現因老舊校舍改建後已附設足量的教職員停車空間而閒置。基地形狀為 50m（東西向寬度）*40m（南北向長度）約略呈矩形狀；本案設計標的請於此範圍內配置。北側臨接籃球場、東側臨校園正大門及操場區、西側隔著校園圍牆臨接 6 公尺巷道、南側隔著校園圍牆與 4 公尺寬人行步道而臨接 15 公尺主要道路。校園周邊均為臺灣城鎮常見的 1~3 層樓設有騎樓的連棟式住宅。

（二）土地使用：屬學校用地，本基地範圍內建蔽率 50%，容積率 150%。

（三）氣溫：最熱月平均溫度：32.7℃；最冷月平均溫度：10.9℃。

（四）主導風向：夏季南風，冬季北風。

（五）地質土質概述：GL±0 至-3.50m 為一般土層；-3.50 至-11.61m 為卵礫石層。

（六）其它基地圖上未標註；但有助於本標的物的環境條件，考生可自行設定並加以補充說明。

四、設計要求：

（一）某國民小學呼應該縣市政府推動廣設非營利幼兒園政策，擬興建收容 120 人（大、中、小班各 2 班）之幼兒園。設計成果應能符合非營利幼兒園營運之機能需求。

（二）設計符合智慧綠建築及無障礙設施設計規範、通用設計的原則。

（三）建築造型應考量兒童心理的認同與喜愛；並兼具創新性與安全保護。

（四）空間的配置及關係須合理；考量與國小校園活動區的共用與介面關係。

（五）各空間面積可以在 ±10% 以內調整。

五、空間需求：

（一）教學保育空間：應設置 6 間保育室（每間室內最少 $60m^2$，配套附屬的幼兒廁所、教師角落、家長觀察…空間另外加設），遊戲室 1 間（約 $300m^2$），幼兒室 1 間（約 $80m^2$），兒童閱覽室 1 間（約 $50m^2$）。

（二）行政空間：本幼兒園設園長 1 名，教員每班 2 名，職員工合計 5 名。應設置園長室、教員室、職員室、準備室、保健室等相關之空間。

（三）服務空間：應設置接待室、廚房、廁所，及適量停車空間。

（四）其他空間：應設置幼兒戶外活動空間及其他有助於本幼兒園的附屬設施，考生可自行設定並加以補充說明（如家長接送區域…等）。

六、圖面要求：

（一）設計理念：至少 4 則說明有關配置、造型、動線、空間關係…等設計內容。（各 5 分，共 20 分）

（二）總配置圖（包括景觀設計）：比例不得小於 1/400。（20 分）

（三）各層平面圖：比例不得小於 1/200。（40 分）

（四）建築主要剖立面圖：比例不得小於 1/200。（10 分）

（五）外觀透視圖：比例自訂。（10 分）

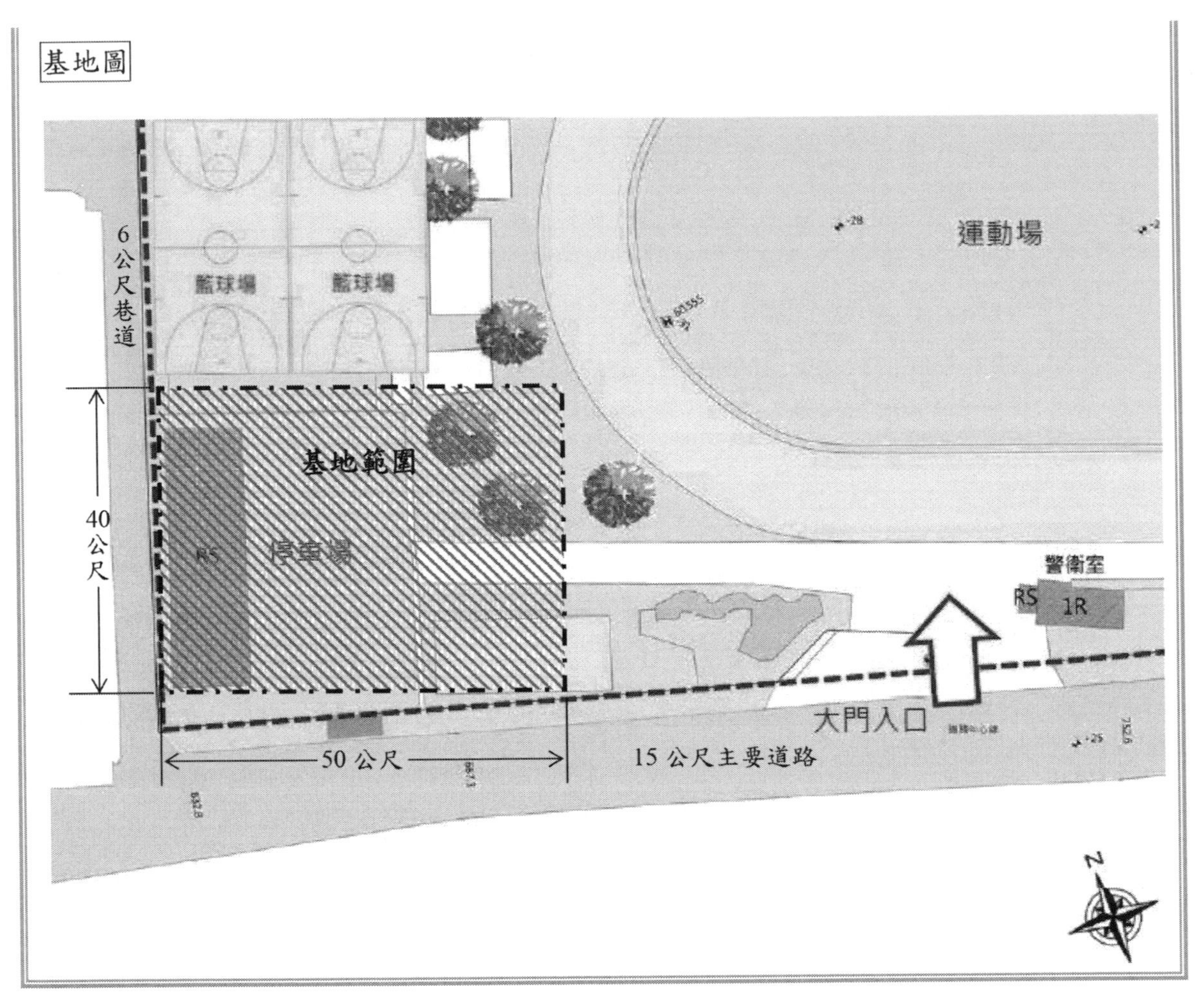
基地圖
運動場
籃球場
籃球場
6 公尺巷道
基地範圍
停車場
RS
40 公尺
50 公尺
警衛室
RS
1R
大門入口
15 公尺主要道路
N

**參考題解**

請參見附件四。

## 107 年特種考試地方政府公務人員考試試題／營建法規與實務

一、依農業用地興建農舍辦法規定，當起造人申請興建農舍時，除應依建築法規定辦理外，還需要備齊那些書圖文件向直轄市、縣（市）主管建築機關申請建造執照？（25 分）

**參考題解**

起造人申請興建農舍，除應依建築法規定辦理外，應備具下列書圖文件，向直轄市、縣（市）主管建築機關申請建造執照：（農舍-8）

一、申請書：應載明申請人之姓名、年齡、住址、申請地號、申請興建農舍之農業用地面積、農舍用地面積、農舍建築面積、樓層數及建築物高度、總樓地板面積、建築物用途、建築期限、工程概算等。申請興建集村農舍者，並應載明建蔽率及容積率。

二、相關主管機關依第二條與第三條規定核定之文件、第九條第二項第五款放流水相關同意文件及第六款興建小面積農舍同意文件。

三、地籍圖謄本。

四、土地權利證明文件。

五、土地使用分區證明。

六、工程圖樣：包括農舍平面圖、立面圖、剖面圖，其比例尺不小於百分之一。

七、申請興建農舍之農業用地配置圖，包括農舍用地面積檢討、農業經營用地面積檢討、排水方式說明，其比例尺不小於一千二百分之一。

申請興建農舍變更起造人時，除為繼承且在施工中者外，應依第二條第一項規定辦理；施工中因法院拍賣者，其變更起造人申請面積依法院拍賣面積者，不受第二條第一項第二款有關取得土地應滿二年與第三款最小面積規定限制。

本辦法所定農舍建築面積為第三條、第十條與第十一條第一項第三款相關法規所稱之基層建築面積；農舍用地面積為法定基層建築面積，且為農舍與農舍附屬設施之水平投影面積用地總和；農業經營用地面積為申請興建農舍之農業用地扣除農舍用地之面積。

二、依都市計畫法規定內容，請詳述當地方政府及鄉、鎮、縣轄市公所為實施都市計畫所需經費時，應以那些方式籌措？並請申論前述經費籌措方式在實務執行上之難易程度。（25 分）

**參考題解**

地方政府及鄉、鎮、縣轄市公所為實施都市計畫所需經費，應以左列各款籌措之：（都計-77）

一、編列年度預算。

二、工程受益費之收入。

三、土地增值稅部分收入之提撥。

四、私人團體之捐獻。

五、中央或縣政府之補助。

六、其他辦理都市計畫事業之盈餘。

七、都市建設捐之收入。

都市建設捐之徵收，另以法律定之。

三、營造無障礙環境是進步國家的重要象徵，依建築技術規則建築設計施工編第十章無障礙建築物之規定，請詳述 H 類（住宿類）在公共建築物之適用範圍規定為何？並請申論前述 H 類在既有老舊建築物的無障礙推動上可能遭遇的實務問題為何？（25 分）

**參考題解**

（一）H 類（住宿類）在公共建築物（技則 I-170）：

1. H1 類：

（1）樓地板面積未達五百平方公尺之下列場所：護理之家、屬於老人福利機構之長期照護機構。

（2）老人福利機構之場所：養護機構、安養機構、文康機構、服務機構。

2. H2 類：

（1）六層以上之集合住宅。

（2）五層以下且五十戶以上之集合住宅。

老舊建築物的無障礙推動上可能遭遇的實務問題（107 年度原有住宅無障礙設施改善先期計畫／內政部）

（二）依據相關研究國內無障礙空間環境仍有以下問題尚待改善：

1. 五樓以下老舊建築，設置昇降設備不易：

為確保原有住宅，能擁有無障礙的居住環境空間，爰規定由中央主管機關以無障礙通路概念推行補助措施，藉以改善行動不便者生活所必需之設施，但五層樓以下之建築多為老舊建築，亦無建築法規強制規定需設置昇降設備，其設計幾乎都無保留多餘之空間去設置升降設備，且以無障礙住宅設計基準而言，電梯機廂深度應要有足夠進出停放輪椅之空間，故若要設置無障礙昇降設備，就空間設置而言，實屬不易。

2. 提升無障礙空間，並非所有住戶皆有意願配合：

原有住宅公寓大廈共用部分，若居住者為一樓或二樓之用戶，或使用族群年齡層較低者，或是未來使用之維修成本，使設置無障礙設施意願降低，且不願配合支付改善無障礙設施之相關費用，若社區無成立社區管理委員會，則更增加改善無障礙設施之困難度。

四、在公寓大廈管理申請報備業務上，請詳述公寓大廈管理委員會主任委員（或管理負責人）有那些事項依規定應向直轄市、縣（市）主管機關報備。（25 分）

**參考題解**

（一）依規定應向直轄市、縣（市）主管機關報備。

1. （公寓-8）

依第八條第一項公寓大廈周圍上下、外牆面、樓頂平臺及不屬專有部分之防空避難設備，其變更構造、顏色、設置廣告物、鐵鋁窗或其他類似之行為，除應依法令規定辦理外，該公寓大廈規約另有規定或區分所有權人會議已有決議，經向直轄市、縣（市）主管機關完成報備有案者，應受該規約或區分所有權人會議決議之限制。

2. （公寓-18）

依第十八條第二項第一款規定提列之公共基金，起造人於該公寓大廈使用執照申請時，應提出繳交各直轄市、縣（市）主管機關公庫代收之證明；於公寓大廈成立管理委員會或推選管理負責人，並完成依第五十七條規定點交共用部分、約定共用部分及其附屬設施設備後向直轄市、縣（市）主管機關報備，由公庫代為撥付。同款所稱比例或金額，由中央主管機關定之。

3. （公寓-26）

依第二十六條第一項非封閉式之公寓大廈集居社區其地面層為各自獨立之數幢建築物，且區內屬住宅與辦公、商場混合使用，其辦公、商場之出入口各自獨立之公寓大廈，各該幢內之辦公、商場部分，得就該幢或結合他幢內之辦公、商場部分，經其區分所有權人過半數書面同意，及全體區分所有權人會議決議或規約明定下列各款事項後，以該辦公、商場部分召開區分所有權人會議，成立管理委員會，並向直轄市、縣（市）主管機關報備。

4. （公寓-28）

依第二十八條第一項公寓大廈建築物所有權登記之區分所有權人達半數以上及其區分所有權比例合計半數以上時，起造人應於三個月內召集區分所有權人召開區分所有權人會議，成立管理委員會或推選管理負責人，並向直轄市、縣（市）主管機關報備。

單元

# 5 地方特考四等

## 107 年特種考試地方政府公務人員考試試題／營建法規概要

一、請說明建築技術規則訂定的依據、適用範圍，並說明各級政府之建築主管機關。（25 分）

**參考題解**

（一）依據（技則總-1）

本規則依建築法（以下簡稱本法）第九十七條規定訂之。

（二）適用範圍（技則總-2、建築法-3）

1. 本規則之適用範圍，依本法第三條規定。但未實施都市計畫地區之供公眾使用與公有建築物，實施區域計畫地區及本法第一百條規定之建築物，中央主管建築機關另有規定者，從其規定。
2. 本法適用地區如左：

   一、實施都市計畫地區。

   二、實施區域計畫地區。

   三、經內政部指定地區。

前項地區外供公眾使用及公有建築物，本法亦適用之。

第一項第二款之適用範圍、申請建築之審查許可、施工管理及使用管理等事項之辦法，由中央主管建築機關定之。

（三）各級政府之建築主管機關（建築法-2）

主管建築機關，在中央為內政部；在直轄市為直轄市政府；在縣（市）為縣（市）政府。

在第三條規定之地區，如以特設之管理機關為主管建築機關者，應經內政部之核定。

二、防火構造之建築物其主要構造需要具有一定的防火時效。請問何謂防火時效？並說明主要構造包括那些部分？如何判定具 1 小時防火時效的柱？（25 分）

**參考題解**

（一）防火時效：（技則設-1）

建築物主要結構構件、防火設備及防火區劃構造遭受火災時可耐火之時間。

（二）主要構造（建築法-8）

本法所稱建築物之主要構造，為基礎、主要樑柱、承重牆壁、樓地板及屋頂之構造。

（三）1 小時防火時效的柱（技則設-71）

短邊寬度在四十公分以上並符合左列規定者：

1. 鋼筋混凝土造或鋼骨鋼筋混凝土造。
2. 鋼骨混凝土造之混凝土保護層厚度在六公分以上者。
3. 鋼骨造而覆以鐵絲網水泥粉刷，其厚度在九公分以上（使用輕骨材時為八公分）或覆以磚、石或空心磚，其厚度在九公分以上者（使用輕骨材時為八公分）。
4. 其他經中央主管建築機關認可具有同等以上之防火性能者。

三、請依都市計畫法規定，說明何謂都市計畫事業？並說明公共設施保留地的取得方式有那幾種？（25 分）

**參考題解**

（一）都市計畫事業：（都計-8）

係指依本法規定所舉辦之公共設施、新市區建設、舊市區更新等實質建設之事業。

（二）公共設施保留地的取得：（都計-48）

依本法指定之公共設施保留地供公用事業設施之用者，由各該事業機構依法予以徵收或購買；其餘由該管政府或鄉、鎮、縣轄市公所依左列方式取得之：

一、徵收。

二、區段徵收。

三、市地重劃。

四、請依建築師法規定，說明建築師受委託辦理建築物監造應遵守之規定。（25 分）

**參考題解**

建築物監造（建築師-18）

建築師受委託辦理建築物監造時，應遵守左列各款之規定：

一、監督營造業依照前條設計之圖說施工。

二、遵守建築法令所規定監造人應辦事項。

三、查核建築材料之規格及品質。

四、其他約定之監造事項。

## 107 年特種考試地方政府公務人員考試試題／施工與估價概要

一、近年外牆磁磚發生剝落導致傷人事故頻傳，請就材料、施工、設計、管理等層面對磁磚發生剝落的可能原因進行分析，並進一步說明施工管理層面上應注意的重點及可改善的方向。（25 分）

**參考題解**

（一）磁磚發生剝落的可能原因分析

| 發生因素 | 內容 |
|---|---|
| 材料 | 不同材質、工法未選用適配接著材料。 |
| 施工 | 養護不足、黏著劑厚度不足、磁磚敲壓不足等。 |
| 設計 | 磁磚選擇不當（背溝不良）、未設置收縮縫等。 |

（二）施工管理層面上應注意

| TM 介面 | MM 介面 | MC 介面 |
|---|---|---|
| 磁磚品質管理 | 設置伸縮縫 | 設置伸縮縫 |
| 黏著劑選用 | 確保接著面粗造 | 施工面應打毛 |
| 黏著劑塗抹厚度 | 確保接著面養護時間 | 確保混凝土養護時間 |
| 磁磚張貼後敲壓 | 確保接著面強度足夠 | 確保混凝土表面清潔 |
| 設置收縮縫 | 確保接著面清潔 | 避免混凝土搶水 |

（T：磁磚、M：打底材與黏著劑、C：混凝土。）

二、試繪圖說明工地標準貫入試驗的試驗方法。若有一工地現場進行上述試驗後得到 N 值＝40 的結果，請問這處工地可能屬於那種地質？（20 分）

**參考題解**

（一）標準貫入試驗方法

利用滑桿將夯錘（63.5kg/140lb）提高75cm，以自由落體夯擊標準分裂圓筒取樣器，先將取樣器打入土內 15cm，再開始計算每貫入 30cm 敲擊數（即 N 值）。

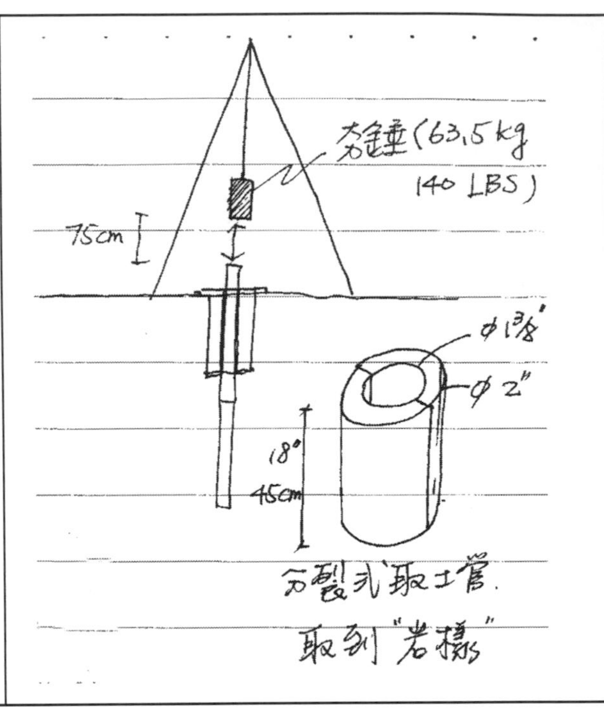


（二）N 值 = 40 的結果，可能屬於那種地質：

各種地質皆有可能，N 值僅表示土壤緊密（堅硬）程度，地質種類判斷應依取土管取得之岩樣判斷。以砂質與黏土為例

| | 砂質土 | 黏土 |
|---|---|---|
| N 值 40 | 緊密 | 堅硬 |

三、請繪圖說明獨立基礎及筏式基礎的形式，並詳述其結構特性及適用範圍。（20 分）

**參考題解**

依「建築物基礎構造設計規範」說明：

| 基礎形式 | 獨立基礎 | 筏式基礎 |
|---|---|---|
| 簡圖 | | |
| 特性 | 屬於淺基礎。<br>• 獨立基腳係用獨立基礎版將單柱 | 依狀況屬於淺基礎或深基礎。<br>• 筏式基礎係用大型基礎版或結合 |

| 基礎形式 | 獨立基礎 | 筏式基礎 |
| --- | --- | --- |
| | 之各種載重傳佈於基礎底面之地層。獨立基腳之載重合力作用位置如通過基礎版中心時，柱載重可由基礎版均勻傳佈於其下之地層。<br>• 柱腳如無地梁連接時，柱之彎矩應由基礎版承受，並與垂直載重合併計算，其合壓力應以實際承受壓力作用之面積計算之。偏心較大之基腳，宜以繫梁連接至鄰柱，以承受彎矩及剪力。 | 地梁及地下室牆體，將建築物所有柱或牆之各種載重傳佈於基礎底面之地層。<br>• 筏式基礎之筏基另可作為各種功能蓄水池（非飲用水）使用、回填劣質混凝土（調整建築物配重）等用途。 |
| 適用範圍 | 適用於上部結構物載重較小且淺層土壤承載性質良好地盤。 | 較適用於上部結構載物重大且淺層土壤軟弱地盤。 |

四、請繪圖説明外牆石材乾式工法中的插銷式及背擴孔式工法，並比較此兩種工法的適用性及優缺點。（20分）

**參考題解**

| 工法 | 插銷式 | 背擴孔式 |
| --- | --- | --- |
| 簡圖 | 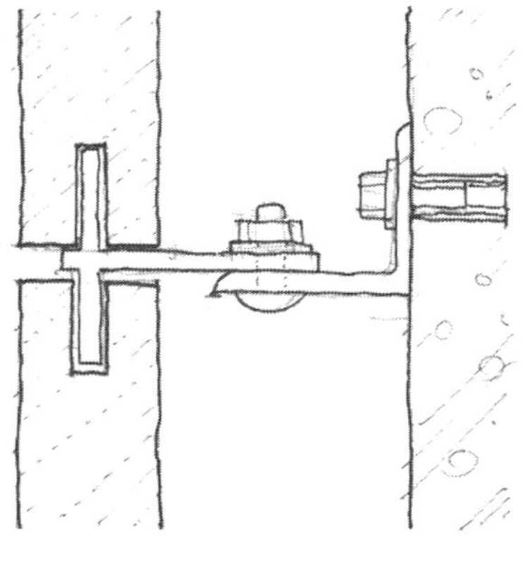 利用石材自身厚度於板周邊開孔（槽），以插銷固定之方式。 | 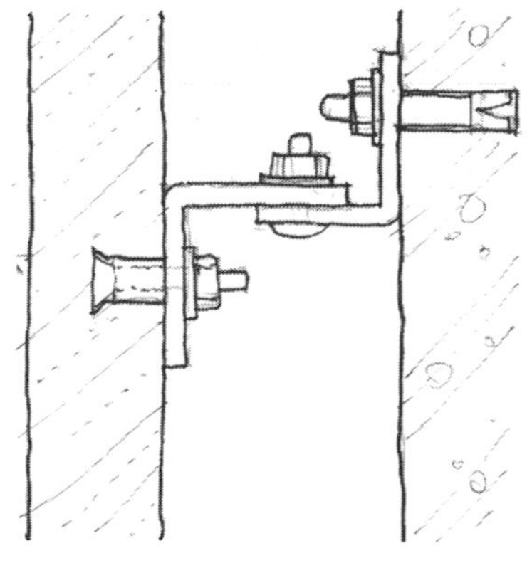 利用特殊設備於石材背面鑽孔後以螺栓擴張固定。 |

| 工法 | | 插銷式 | 背擴孔式 |
|---|---|---|---|
| 適用性 | | 適用較低樓層。<br>適用配置變化較低立面。 | 適用各樓層。<br>配置適當變化立面。 |
| 優缺點 | 耐震位移 | 抗震能力較弱，容易應力集中破壞。 | 固定鐵件可提供部分位移性能。 |
| | 拉拔抵抗 | 拉拔抵抗能力較差。 | 拉拔抵抗能力較佳。 |
| | 使用黏結材 | 須使用黏結材固定。 | 無需使用黏結材。 |
| | 經濟 | 較為經濟。 | 費用較高。 |
| | 設計 | 變化較少。 | 配置分佈較靈活。 |
| | 施工安裝 | 簡便。 | 較困難。 |
| | 加工損耗 | 較高。 | 較低。 |
| | 外觀 | 鐵件容易外露，需填縫處理。<br>因此易因填縫造成表面汙染。 | 可使用開放接縫。 |
| | 排水 | 易積水潮濕。 | 無積水問題。 |
| | 耐久性 | 耐久性較低。 | 耐久性較高。 |
| | 安全性 | 安全性較低。 | 安全性較高。 |
| | 維護 | 石材更替困難。 | 石材更替困難。背栓品質不易檢測。 |

五、何謂「直接工程費」與「間接工程費」？請寫出在建築工程中「直接工程費」與「間接工程費」的主要項目內容。（15分）

**參考題解**

（一）直接工程費

規劃階段推估相關經費之基準。一般指實際執行建築興建之費用，或可說為總工程經費扣除間接工程費後即為直接工程費。直接工程成本已特別列舉公有建築相關之工程項目如下：

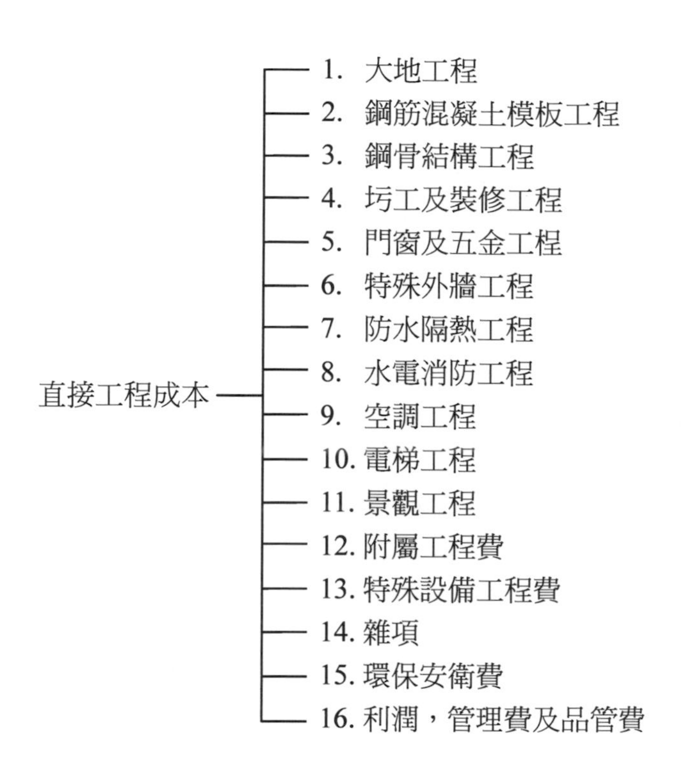


（二）間接工程費

為工程監造管理之成本，包括工程（行政）管理費、工程監造費、階段性營建管理及顧問費、環境監測費、安全衛生費及空氣污染防制費等。其項目如下：

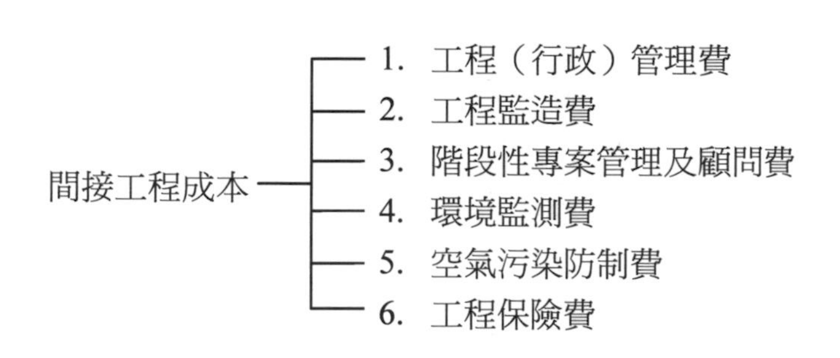

## 107 年特種考試地方政府公務人員考試試題／工程力學概要

一、圖一陰影面積為一半徑 150 mm 之半圓形區域裁剪掉 100 mm × 50 mm 之矩形區域，求此面積分別對 $x, y$ 軸之二次面積矩。此面積之幾何中心點之座標為何？過此幾何中心點平行 $x$ 軸之二次面積矩為何？（25 分）

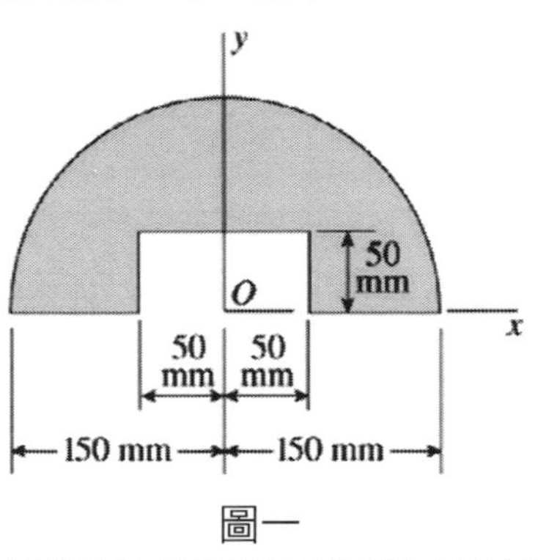


圖一

**參考題解**

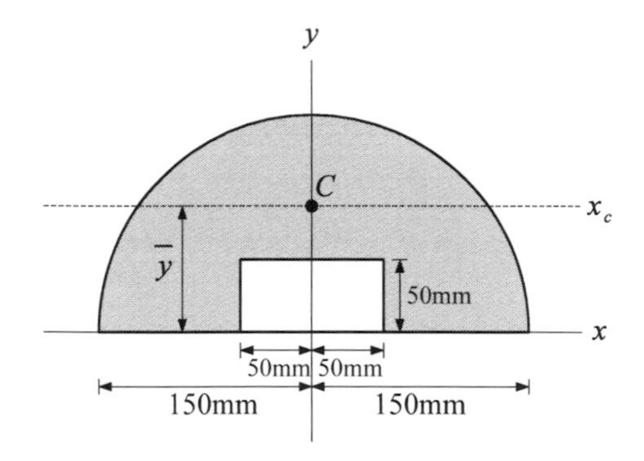


（一）對 $x$ 軸的二次面積矩

$$I_x = \frac{1}{2}\left(\frac{1}{4}\pi r^4\right) - \frac{1}{3}bh^3 = \frac{1}{2}\left(\frac{1}{4}\pi \times 150^4\right) - \frac{1}{3}(100)(50)^3 = 194637243\ mm^4$$

（二）對 $y$ 軸的二次面積矩

$$I_y = \frac{1}{2}\left(\frac{1}{4}\pi r^4\right) - \frac{1}{12}hb^3 = \frac{1}{2}\left(\frac{1}{4}\pi \times 150^4\right) - \frac{1}{12}(50)(100)^3 = 194637243\ mm^4$$

（三）形心位置

1. 半圓形面積：$A_1 = \frac{1}{2}\pi r^2 = \frac{1}{2}\pi \times 150^2 = 35343\ mm^2$

半圓形形心位置：$y_1 = \dfrac{4}{3}\dfrac{r}{\pi} = \dfrac{4}{3} \times \dfrac{150}{\pi} = 63.7\ mm$

2. 矩形面積：$A_2 = -bh = -100 \times 50 = -5000\ mm^2$

   矩形形心位置：$y_2 = \dfrac{h}{2} = \dfrac{50}{2} = 25\ mm$

3. $\bar{y} = \dfrac{y_1 A_1 + y_2 A_2}{A_1 + A_2} = \dfrac{(63.7)35343 + (25)(-5000)}{35343 + (-5000)} = 70.1\ mm$

（四）對 $x_c$ 軸的二次面積矩：由平行軸定理反推

$I_x = I_{xc} + Ad^2 \Rightarrow 194637243 = I_{xc} + (35343 - 5000) \times 70.1^2$

$\therefore I_{xc} = 45531438\ mm^4$

二、圖二 $ABC$ 為半徑 $r = 1$ m 之半圓形均勻構件，假設構件斷面尺寸遠小於半徑 $r$，兩端承受大小相等方向相反之拉力 $P = 100$ N，求 $\theta = 30°$的 $B$ 點上之軸力、剪力和彎矩為何？若構件斷面為半徑 $r' = 0.01$ m 之圓形斷 面，求 $B$ 點上由於軸力與彎矩所造成之最大拉應力為何？（25 分）

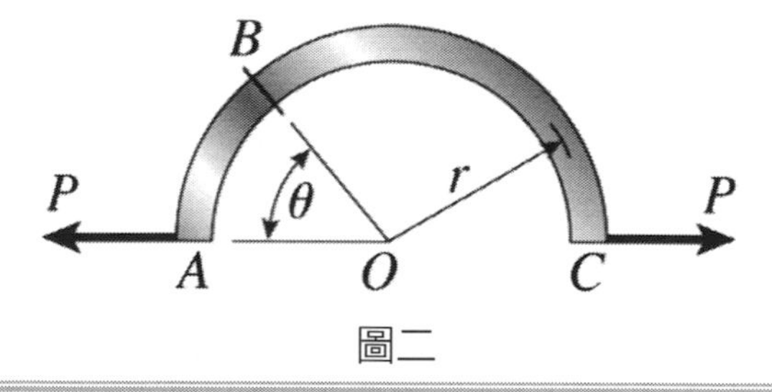


圖二

**參考題解**

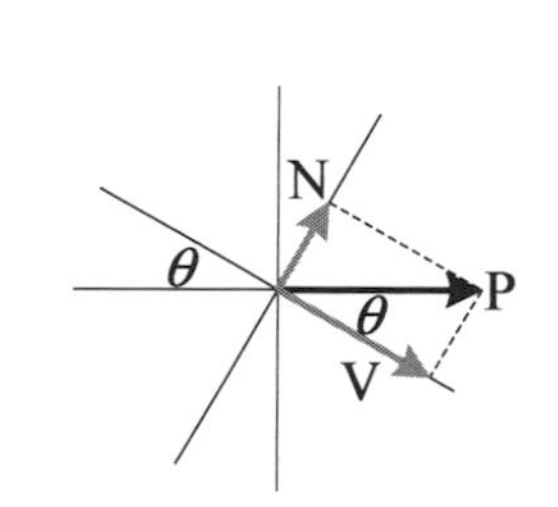


（一）B 點處的軸力、剪力和彎矩

1. 彎矩：$M = Pr\sin\theta = 100 \times 1 \times \sin 30° = 50\ N-m$

2. 軸力：$N = P \times \sin\theta = 100 \times \sin 30° = 50\ N$

3. 剪力：$V = P \times \cos\theta = 100 \times \cos 30° = 50\sqrt{3}\ N$

（二）軸力與彎矩造成之最大拉應力

$$\sigma = \frac{N}{A} + \frac{My}{I} = \frac{50}{\pi \times 0.01^2} + \frac{(50)(0.01)}{\frac{1}{4}\pi \times 0.01^4}$$

$$= 159155 + 63661977$$

$$= 63821132 Pa \approx 63.82\ Mpa$$

三、如圖三所示，三根桿件組成之桁架 $ABC$，桿件 $AB$ 之長度為 $L$=3 m，於 $C$ 點承受向右及向下之二力；大小均為 $P = 700$ kN，已知三根桿件材料之楊氏係數均為 $E = 200$ GPa，斷面積均為 $A = 4000\ \text{mm}^2$，求 $B$ 點之水平位移量以及 $C$ 點之水平與垂直位移量？（25 分）

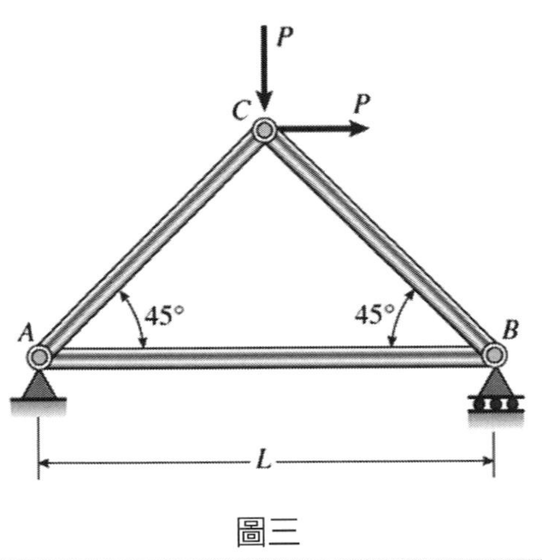


圖三

**參考題解**

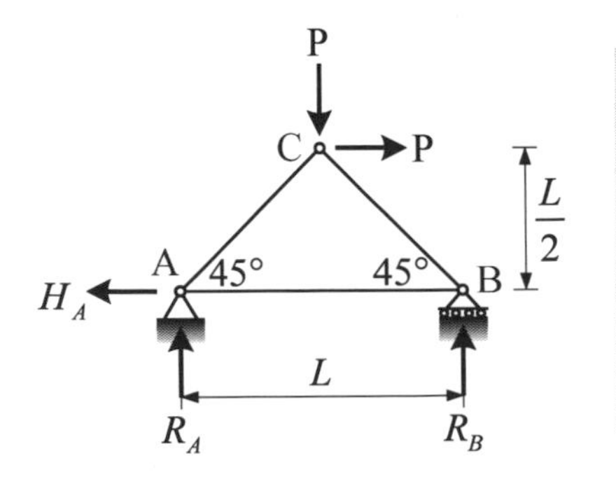


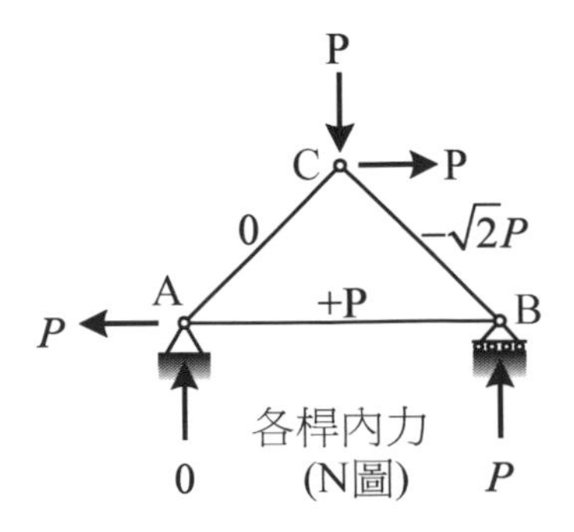

（一）支承反力

$$\sum M_A = 0 \text{，} P \times \frac{L}{2} + P \times \frac{L}{2} = R_B \times L \quad \therefore R_B = P \ (\uparrow)$$

$$\sum F_x = 0 \text{，} H_A = P \ (\leftarrow)$$

$$\sum F_y = 0 \text{，} R_A + R_B = P \quad \therefore R_A = 0$$

（二）以節點法可得各桿內力如上右圖所示

（三）B 點水平位移量 $\Delta_{BH} = \delta_{AB} = \frac{PL}{EA} = \frac{700(3)}{200(4000)} = 2.625 \times 10^{-3} m \ (\rightarrow)$

（四）C 點水平位移量 $\Delta_{CH}$ 及垂直位移量 $\Delta_{CV}$ 可以單位力法求得

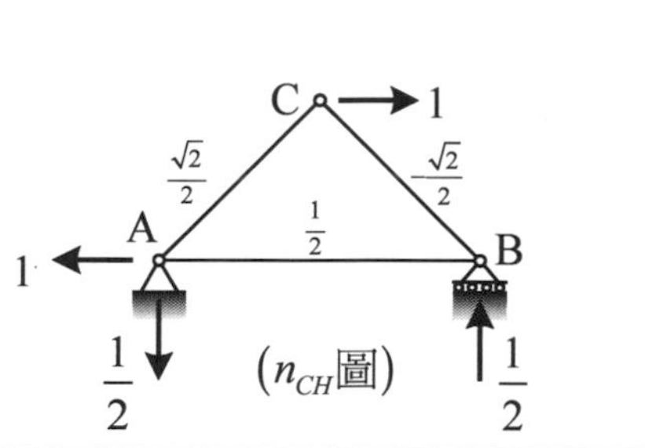


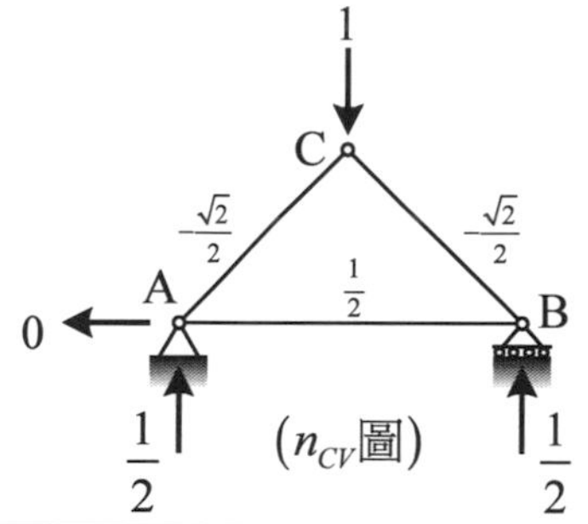


| 桿件 | N | $n_{CH}$ | $n_{CV}$ | $L$ | $n_{CH}NL$ | $n_{CV}NL$ |
|---|---|---|---|---|---|---|
| AC | 0 | $\frac{\sqrt{2}}{2}$ | $-\frac{\sqrt{2}}{2}$ | $\frac{\sqrt{2}}{2}L$ | 0 | 0 |
| BC | $-\sqrt{2}P$ | $-\frac{\sqrt{2}}{2}$ | $-\frac{\sqrt{2}}{2}$ | $\frac{\sqrt{2}}{2}L$ | $\frac{\sqrt{2}}{2}PL$ | $\frac{\sqrt{2}}{2}PL$ |
| AB | $P$ | $\frac{1}{2}$ | $\frac{1}{2}$ | $L$ | $\frac{1}{2}PL$ | $\frac{1}{2}PL$ |
| $\sum$ | | | | | $\left(\frac{1}{2}+\frac{\sqrt{2}}{2}\right)PL$ | $\left(\frac{1}{2}+\frac{\sqrt{2}}{2}\right)PL$ |

$$\Delta_{CH} = \sum n_{CH}\frac{NL}{EA} = \left(\frac{1}{2}+\frac{\sqrt{2}}{2}\right)\frac{PL}{EA} = \left(\frac{1}{2}+\frac{\sqrt{2}}{2}\right)\frac{700(3)}{200(4000)} = 3.169 \times 10^{-3} m \ (\rightarrow)$$

$$\Delta_{CV} = \sum n_{CV}\frac{NL}{EA} = \left(\frac{1}{2}+\frac{\sqrt{2}}{2}\right)\frac{PL}{EA} = \left(\frac{1}{2}+\frac{\sqrt{2}}{2}\right)\frac{700(3)}{200(4000)} = 3.169 \times 10^{-3} m \ (\downarrow)$$

四、重 100 N 之均勻圓盤，置於水平面上，由三根繩索 $AD$、$BD$、$CD$ 支撐，$A$、$B$、$C$ 三點位於圓盤邊緣如圖四，三根繩索與鉛錘線 $OD$ 之夾角均為 30°，求平衡時三根繩索之拉力分別為何？（25 分）

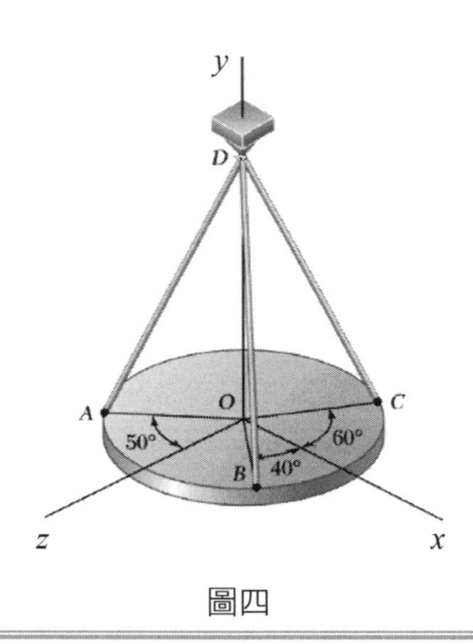


圖四

**參考題解**

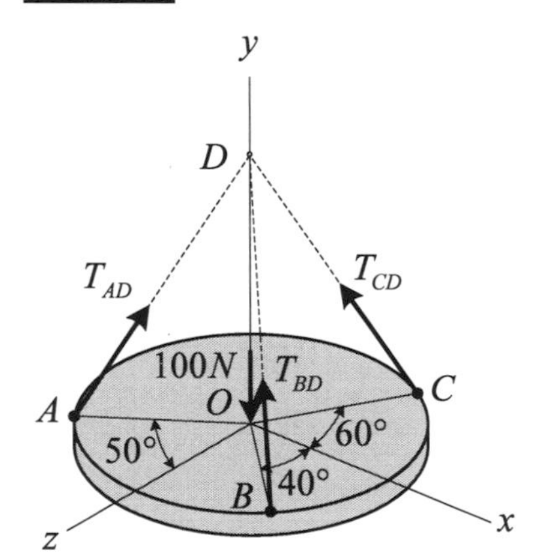


（一）AD、BD、CD 繩索的向量表示式

$$\vec{T}_{AD} = T_{AD}\left[\cos 40^\circ\vec{i} + \cos 30^\circ\vec{j} - \cos 50^\circ\vec{k}\right] = T_{AD}\left[0.766\vec{i} + 0.866\vec{j} - 0.643\vec{k}\right]$$

$$\vec{T}_{BD} = T_{BD}\left[-\cos 40^\circ\vec{i} + \cos 30^\circ\vec{j} - \cos 50^\circ\vec{k}\right] = T_{BD}\left[-0.766\vec{i} + 0.866\vec{j} - 0.643\vec{k}\right]$$

$$\vec{T}_{CD} = T_{CD}\left[-\cos 60^\circ\vec{i} + \cos 30^\circ\vec{j} + \cos 30^\circ\vec{k}\right] = T_{CD}\left[-0.5\vec{i} + 0.866\vec{j} + 0.866\vec{k}\right]$$

（二）共點力平衡

1. $\sum F_x = 0$，$0.766T_{AD} - 0.766T_{BD} - 0.5T_{CD} = 0$
2. $\sum F_y = 0$，$0.866T_{AD} + 0.866T_{BD} + 0.866T_{CD} = 100$
3. $\sum F_z = 0$，$-0.643T_{AD} - 0.643T_{BD} + 0.866T_{CD} = 0$

聯立上三式可得 $\begin{cases} T_{AD} = 49.2N \\ T_{BD} = 17.1N \\ T_{CD} = 49.2N \end{cases}$

## 107 年特種考試地方政府公務人員考試試題／建築圖學概要

一、投影幾何與光影作圖：（每小題 10 分，共 30 分）

某建築物量體其透視圖、平面圖（上視圖）、東向立面圖如下列圖示。依此：

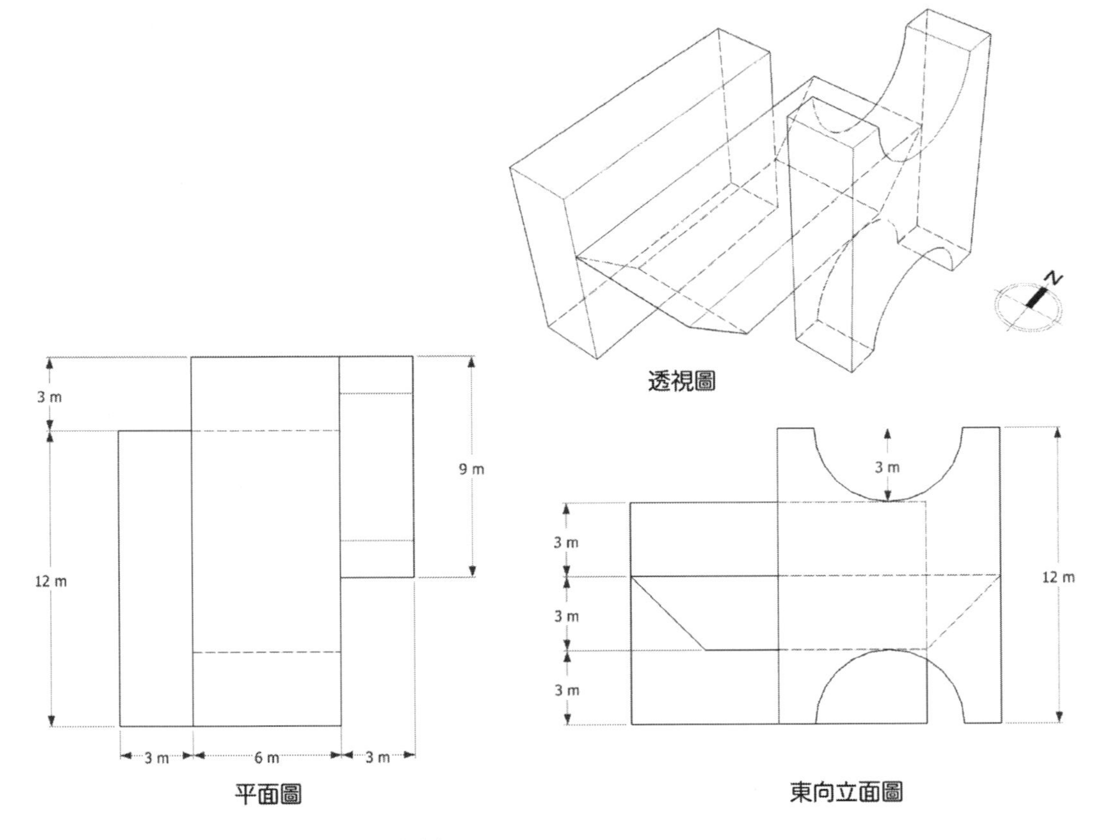


（一）請繪製西向立面圖，比例 1/100。

（二）請繪製西南向之等角立體圖，比例 1/100。

（三）假設太陽位於東南方，高度角 60°。請繪製具陰影的平面配置圖（包含落在建築量體表面與地面之陰影），以鉛筆著色示意陰影，比例 1/100。

**參考題解**

（一）

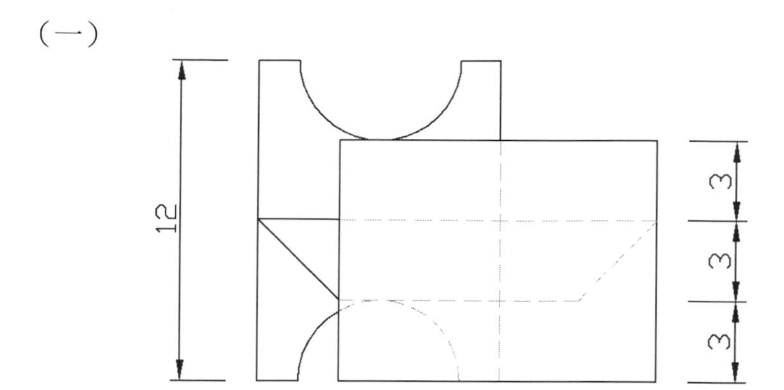


（二）

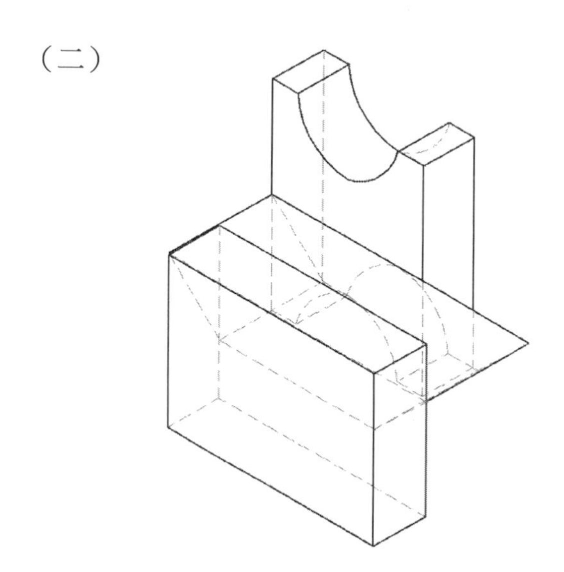

（三）

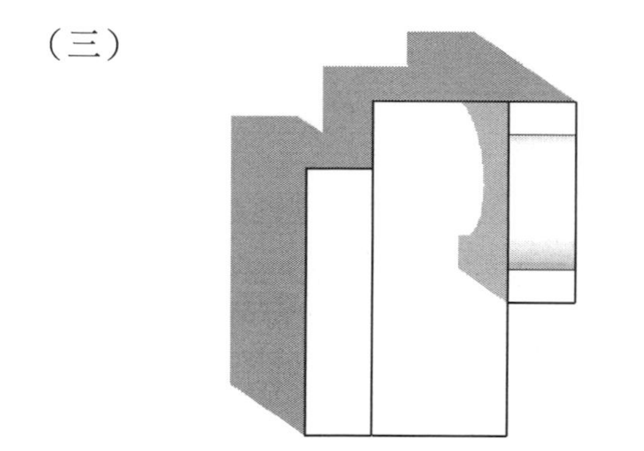

二、某無障礙廁所空間及尺寸（室內高 280；單位：公分）如下圖所示。請依據建築物無障礙設施設計規範，配置馬桶、洗手台、鏡子及必要設施，安排入口門扇，繪製無障礙廁所平面大樣圖（比例 1/20）及剖面大樣圖（比例 1/20）進行充分說明（下圖所示之牆厚均為粉刷後 15 公分）。（20 分）

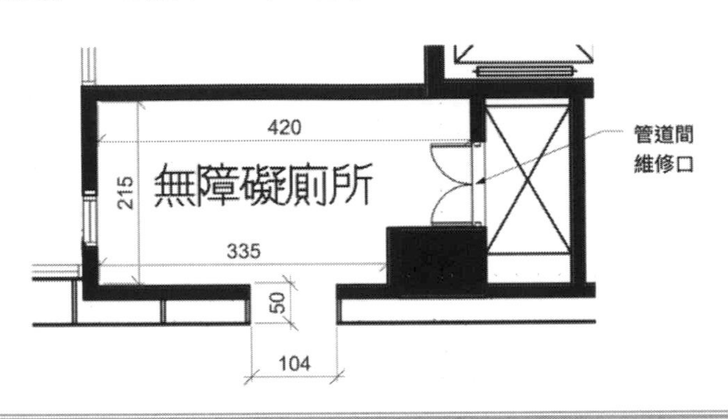


**參考題解**

平剖面大樣圖

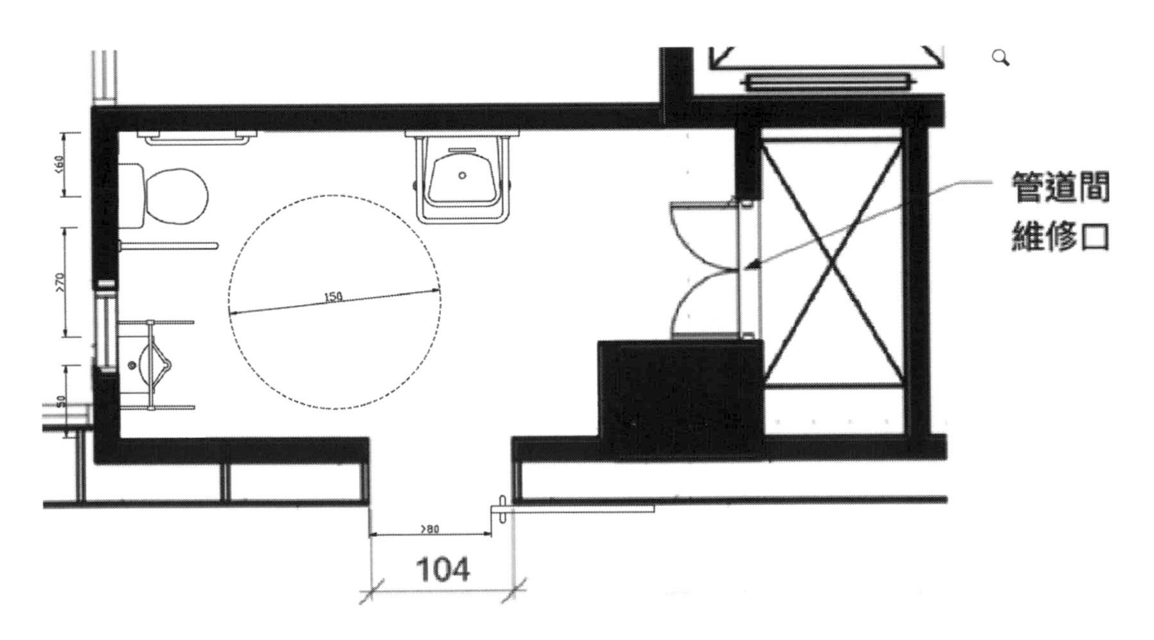

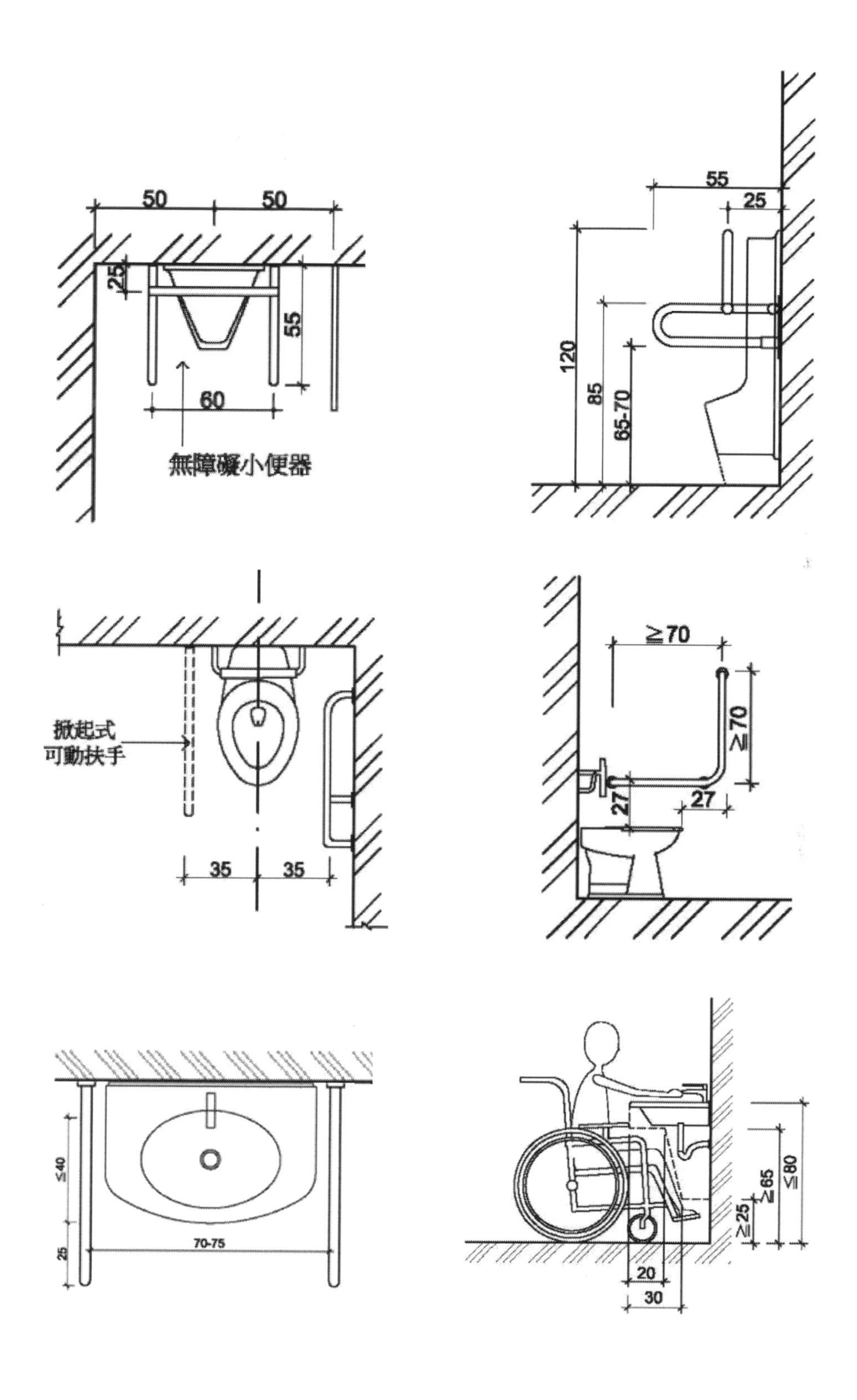
50
50
25
55
60
無障礙小便器
55
25
120
85
65-70
掀起式
可動扶手
35
35
≧70
≧70
27
27
≦40
25
70-75
≧25
≧65
≦80
20
30

三、繪圖：（每小題 10 分，共 30 分）某住宅之平面圖及剖面圖如下列圖示（尺寸單位：公分）。依此：

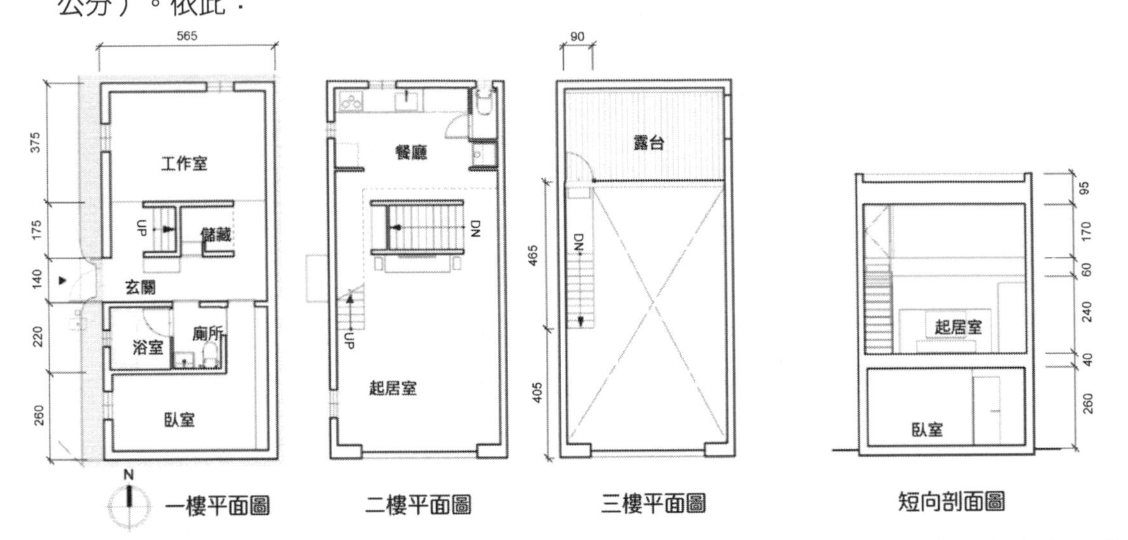


（一）請自訂剖面線繪製長向剖面圖，呈現一到二樓梯間、二樓起居室、餐廳之間的關係，比例 1/100。

（二）請由平面圖推論開口部，自訂臺度、高度，繪製四向立面圖，比例 1/100。

（三）二到三樓樓梯為鋼架構木踏板直梯，樓板為鋼筋混凝土，請繪製設計施工圖（含欄杆扶手）：剖面圖，比例 1/20。

**參考題解**

（一）

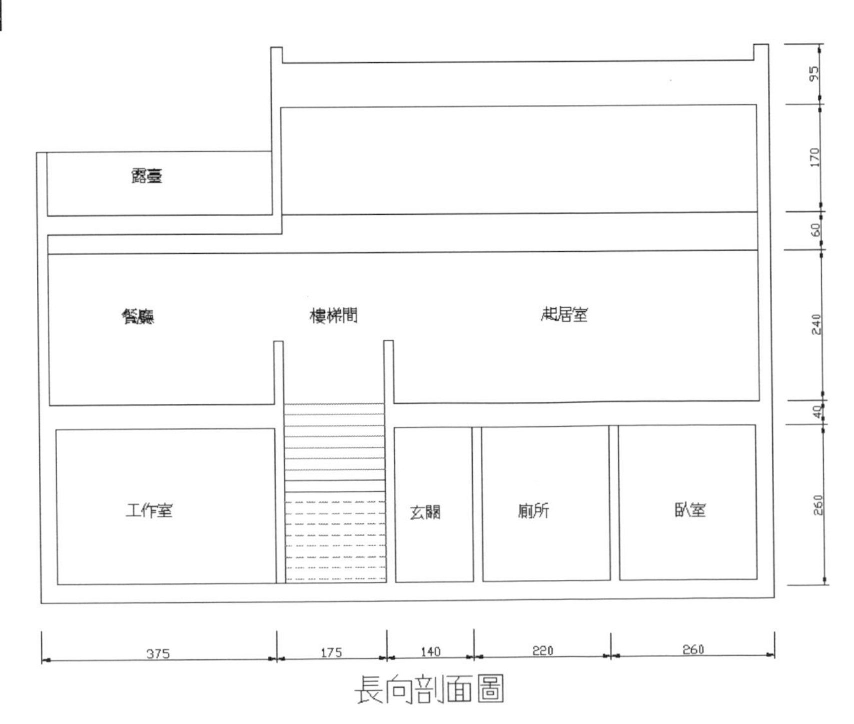


長向剖面圖

（二）

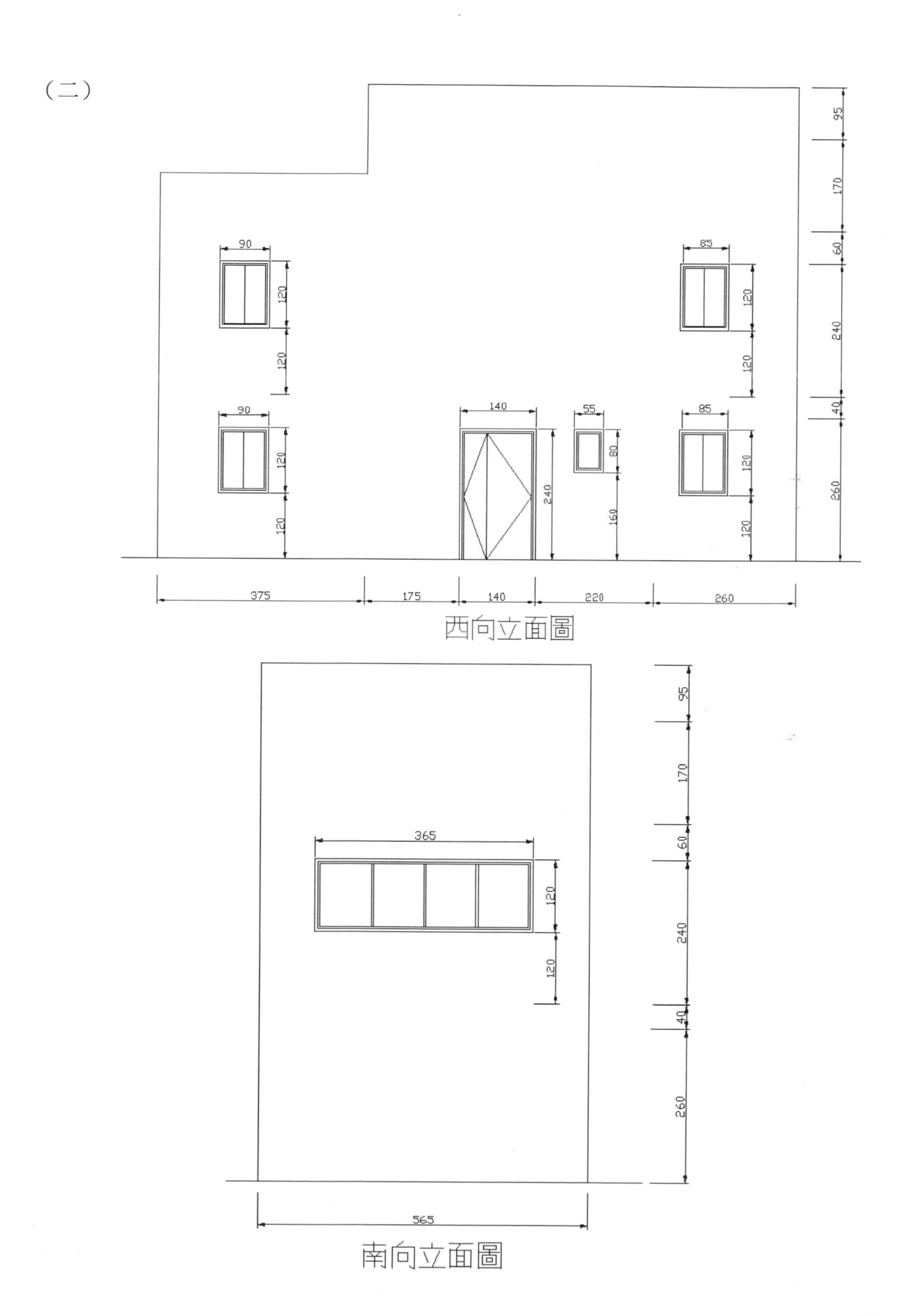


西向立面圖

南向立面圖

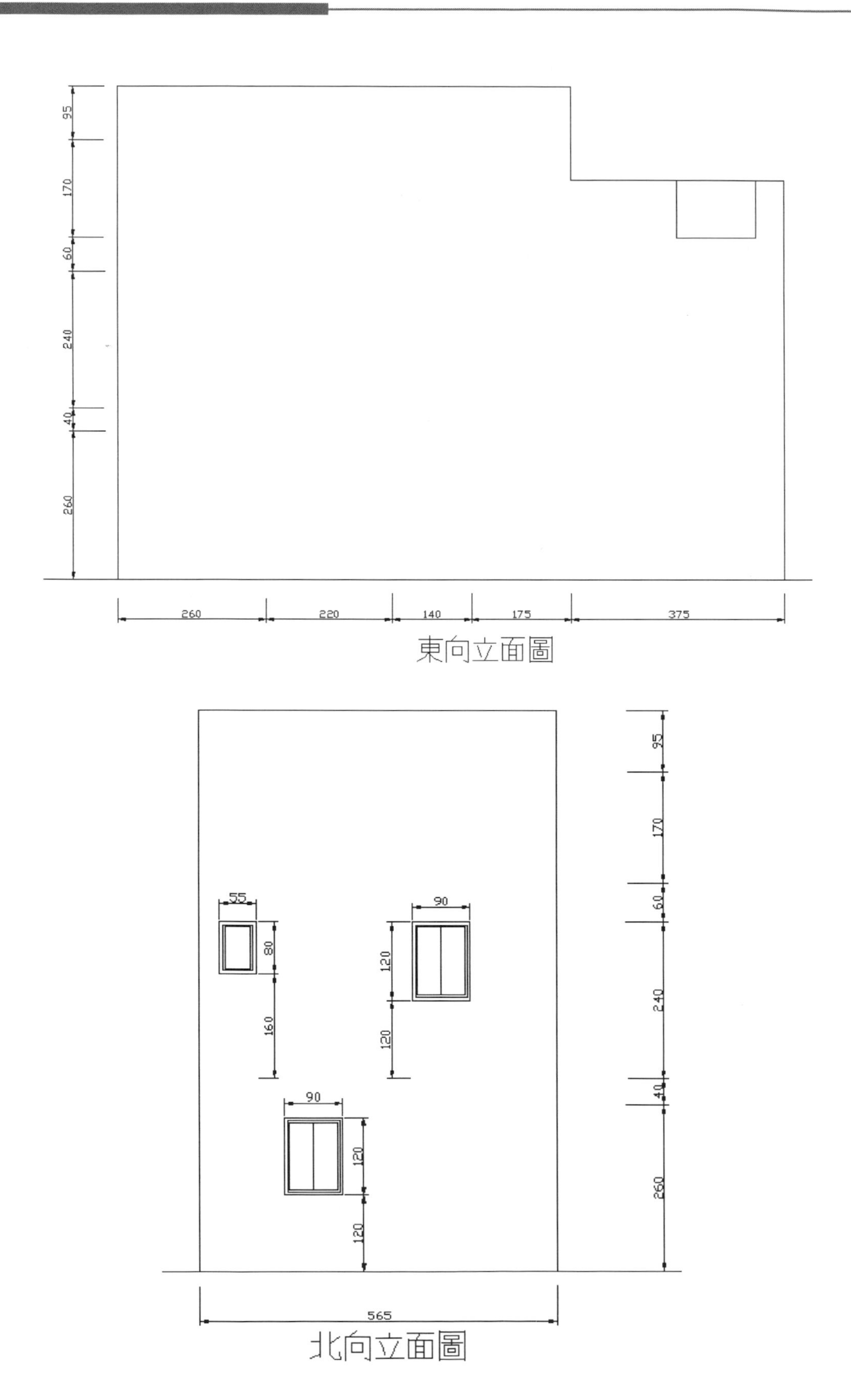
95
170
60
240
40
260
260
220
140
175
375
東向立面圖
95
170
60
240
40
260
55
80
160
90
120
120
90
120
120
565
北向立面圖

（三）

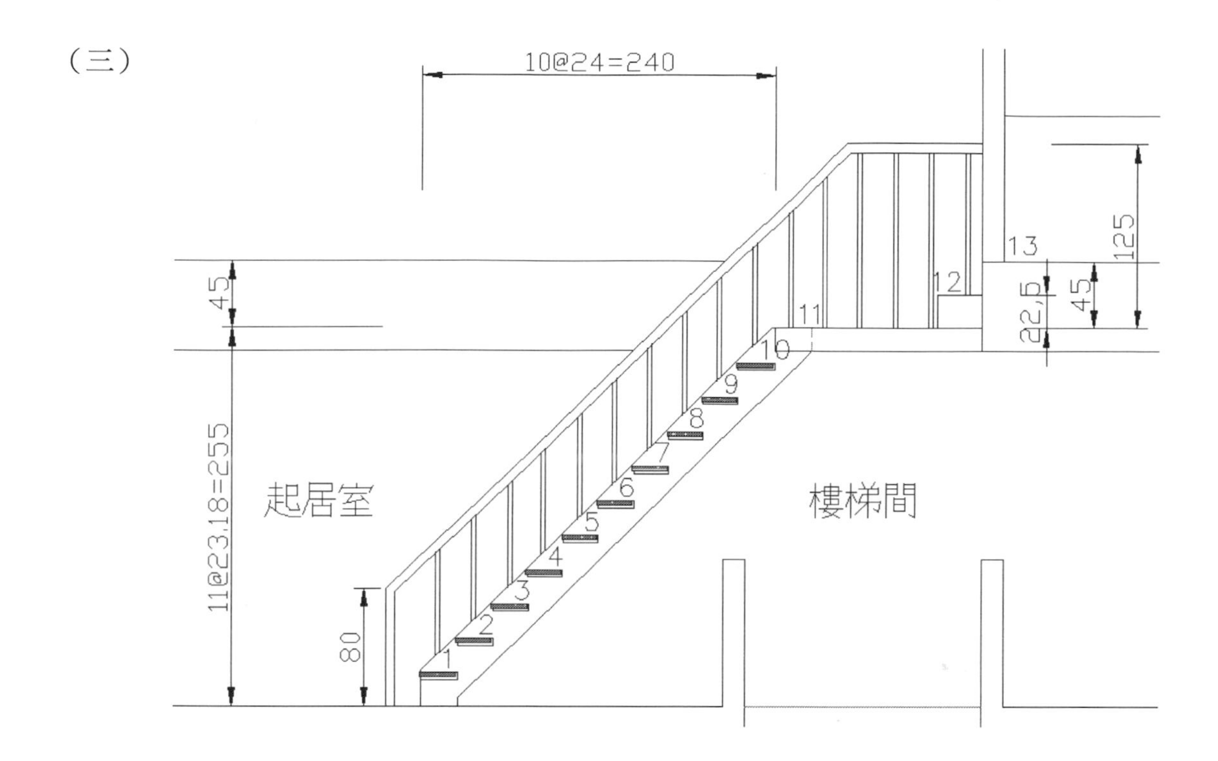


> 四、申論：（每小題 10 分，共 20 分）
>
> 建築資訊建模 BIM（Building Information Modeling）已經逐漸取代 2D 繪圖及 3D 建模軟體。前項題目所需繪製的各式圖面，可用單一個 BIM 模型達成。
>
> （一）請說明單一 BIM 模型可產生多種建築圖面及相關文件的原理及特性。
>
> （二）請比較 BIM 模型與 2D 繪圖及 3D 模型的優劣。

**參考題解**

（一）1. BIM 基本原理：

利用建築模型資訊等資料庫，實現各工程專業對工程電子圖檔的生成、變更、審批、歸檔，並保證工程電子圖檔的及時性、一致性和可追溯性，其技術原理如下：

| 技術原理 | 內容 |
| --- | --- |
| 物件導向 | 門、窗、牆、柱、梁、板、桌、椅、燈等都是一個物件（object）並具有 3D 的具體實體（物件）及特徵資料。 |
| 物件參數化 | 物件的屬性資料都可以繼承類別的資料，這些屬性資料以參數及參數值來表達（運算）。 |
| 資料連動性 | 屬性資料與視窗作業物件及時同步 |

| 技術原理 | 內容 |
|---|---|
| 圖形視覺化 | 模型資訊以視窗作業即表達與運算 |
| 資料交換標準化 | 繼承物件的屬性的標準 |
| 其他 | 延伸專業分析模式的聯結 |

2. BIM 基本特性：

模型參數具雙向聯繫性和即時性、全面傳遞變動的特。並以建築物生命週期運用至以下階段：

（1）設計階段：

①可精確輸出 2D 圖說。

②同步進行跨領域整合設計。

③同步檢核設計內容之一致性。

④估價與設計可同時進行。

⑤提昇能源與永續設計績效。

（2）施工階段：

①設計模型可快速協助預鑄組件之施作。

②設計可快速連動調整相關參數。

③施工前檢核預防設計錯誤或漏項。

④設計與施工規劃可同步進行。

⑤協助施工技術之改善。

⑥設計與施工可同步進行採購。

（3）運營階段：

①協助進行設施之測試與資訊之移交。

②良好之設施管理。

③設施操作與管理系統之整合。

（二）

| 項目 | | BIM 模型 | 2D 繪圖 | 3D 模型 |
|---|---|---|---|---|
| 設計階段 | 規劃設計 | 中 | 優 | 優 |
| | 設計圖說 | 中 | 優 | 優 |
| | 數量檢核 | 優 | 中 | 劣 |
| | 專業分析 | 優 | 中 | 中 |

| 項目 | | BIM 模型 | 2D 繪圖 | 3D 模型 |
|---|---|---|---|---|
| 施工階段 | 施工圖面 | 優 | 中 | 劣 |
| | 變更設計 | 優 | 中 | 劣 |
| | 施工檢核 | 優 | 中 | 劣 |
| | 技術檢核 | 優 | 中 | 劣 |
| | 採購發包 | 優 | 中 | 劣 |
| 營運階段 | 設施驗收 | 優 | 中 | 劣 |
| | 設備維護 | 優 | 中 | 劣 |
| | 整合管理 | 優 | 中 | 劣 |
| | 模型資料沿用 | 優 | 中 | 劣 |

# 參考書目

一、全國法規資料庫　法務部
二、公共工程技術資料庫　公共工程委員會
三、中國國家標準　標準檢驗局
四、建築結構系統　鄭茂川　桂冠出版社
五、建築結構力學　鄭茂川　台隆書店
六、營造法與施工（上冊、下冊）吳卓夫等　茂榮書局
七、營造與施工實務（上冊、下冊）　石正義　詹氏書局
八、建築工程估價投標　王玨　詹氏書局
九、建築圖學（設計與製圖）崔光大　巨流圖書公司
十、建築製圖　黃清榮　詹氏書局
十一、綠建材解說與評估手冊　內政部建築研究所
十二、綠建築解說與評估手冊　內政部建築研究所
十三、綠建築設計技術彙編　內政部建築研究所
十四、建築設備概論　莊嘉文　詹氏書局
十五、建築設備（環境控制系統）周鼎金　茂榮圖書有限公司
十六、圖解建築物理概論　吳啟哲　胡氏圖書
十七、圖解建築設備學概論　詹肇裕　胡氏圖書

附件一

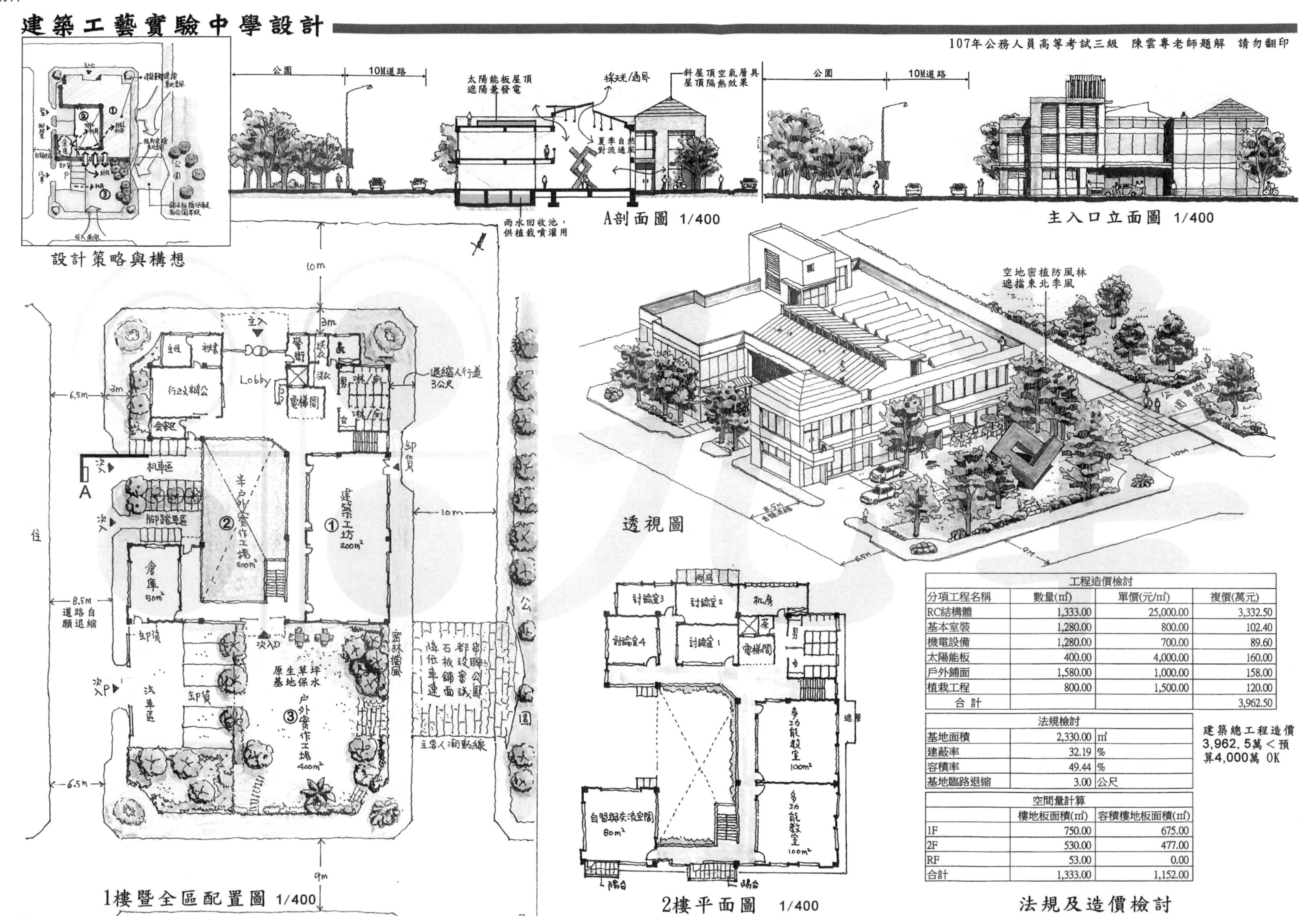


| 工程造價檢討 | | | |
|---|---|---|---|
| 分項工程名稱 | 數量(㎡) | 單價(元/㎡) | 複價(萬元) |
| RC結構體 | 1,333.00 | 25,000.00 | 3,332.50 |
| 基本室裝 | 1,280.00 | 800.00 | 102.40 |
| 機電設備 | 1,280.00 | 700.00 | 89.60 |
| 太陽能板 | 400.00 | 4,000.00 | 160.00 |
| 戶外鋪面 | 1,580.00 | 1,000.00 | 158.00 |
| 植栽工程 | 800.00 | 1,500.00 | 120.00 |
| 合計 | | | 3,962.50 |

| 法規檢討 | | |
|---|---|---|
| 基地面積 | 2,330.00 | ㎡ |
| 建蔽率 | 32.19 | % |
| 容積率 | 49.44 | % |
| 基地臨路退縮 | 3.00 | 公尺 |

| 空間量計算 | | |
|---|---|---|
| | 樓地板面積(㎡) | 容積樓地板面積(㎡) |
| 1F | 750.00 | 675.00 |
| 2F | 530.00 | 477.00 |
| RF | 53.00 | 0.00 |
| 合計 | 1,333.00 | 1,152.00 |

# 都市中的文創園區



## 申論題

廣場定義

- 1.是城市居民的客廳也是城市空間重要組成元素
- 2.為城市居民提供
  - 政治集會
  - 交通集散
  - 居民休憩
  - 商業活動
  - 文化推廣
  - 節日慶典
  
  等活動之開放性公私部門空間

廣場分類

- 1.公共集會廣場
  - 市民廣場
  - 紀念廣場
  - 生活廣場
  - 休憩廣場
- 2.交通廣場
- 3.文化/歷史古蹟廣場
- 4.商業廣場-露天集市/夜市
- 5.徒步街道

**以台北市政府前廣場為例**

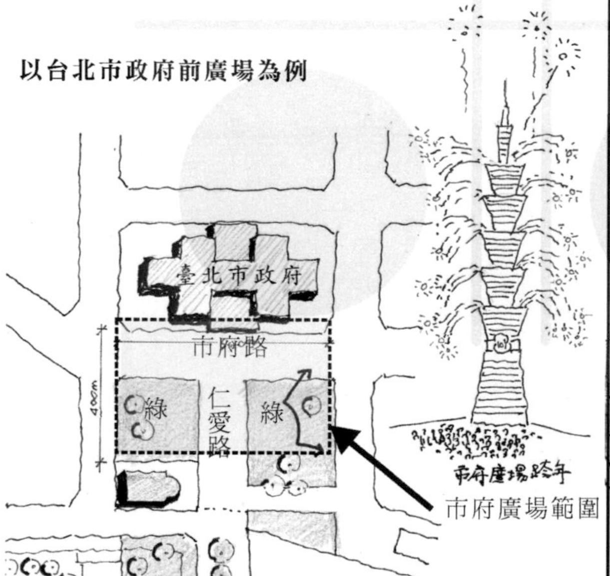

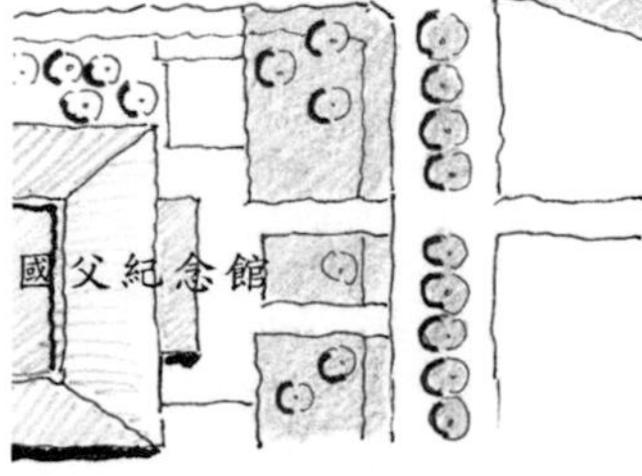

臺北市政府

市府路

綠 仁愛路 綠

市府廣場範圍

國父紀念館

1. 市府廣場成功因素：
市府於重要慶典節日將市府路仁愛路部分交管封閉整併原有左右二綠地，成功地在有限之台北市精華區內創造可容納上萬人之大型展演廣場。
2. 未來期待：
本區域內應增設一些地景公共藝術以加強本廣場之文化藝術氛圍。

剖面圖

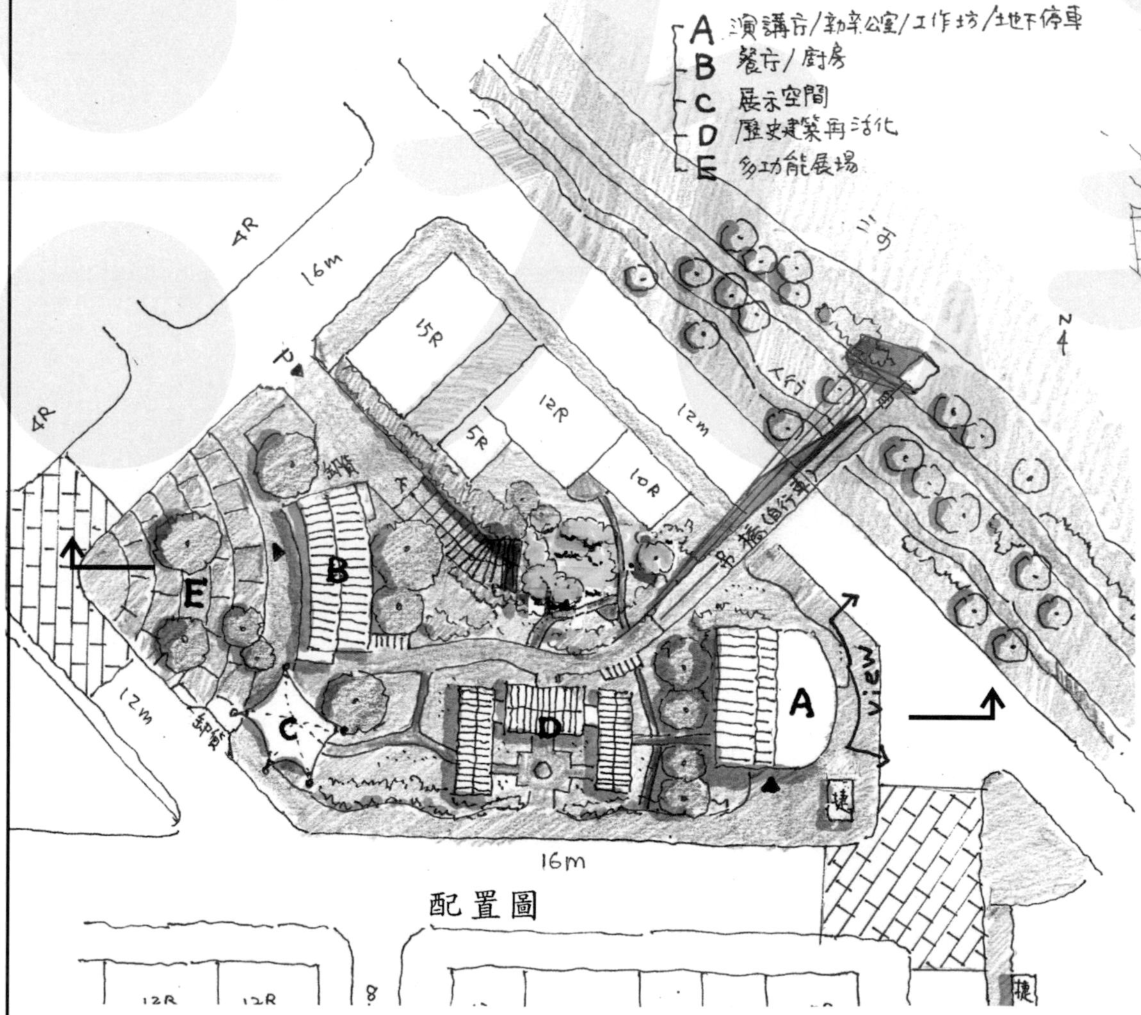

A 演講廳/辦公室/工作坊/地下停車
B 餐廳/廚房
C 展示空間
D 歷史建築再活化
E 多功能展場

配置圖

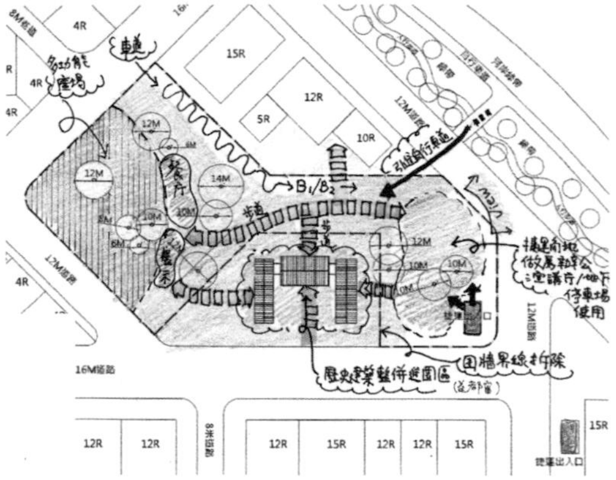

規劃設計說明

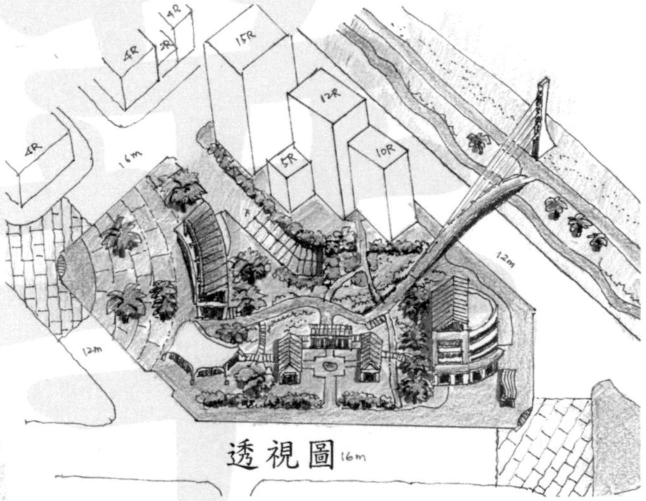

透視圖

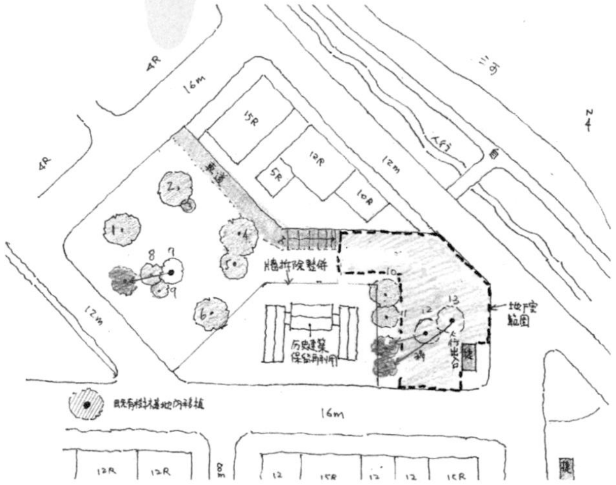

基地整理暨移樹計畫

附件四

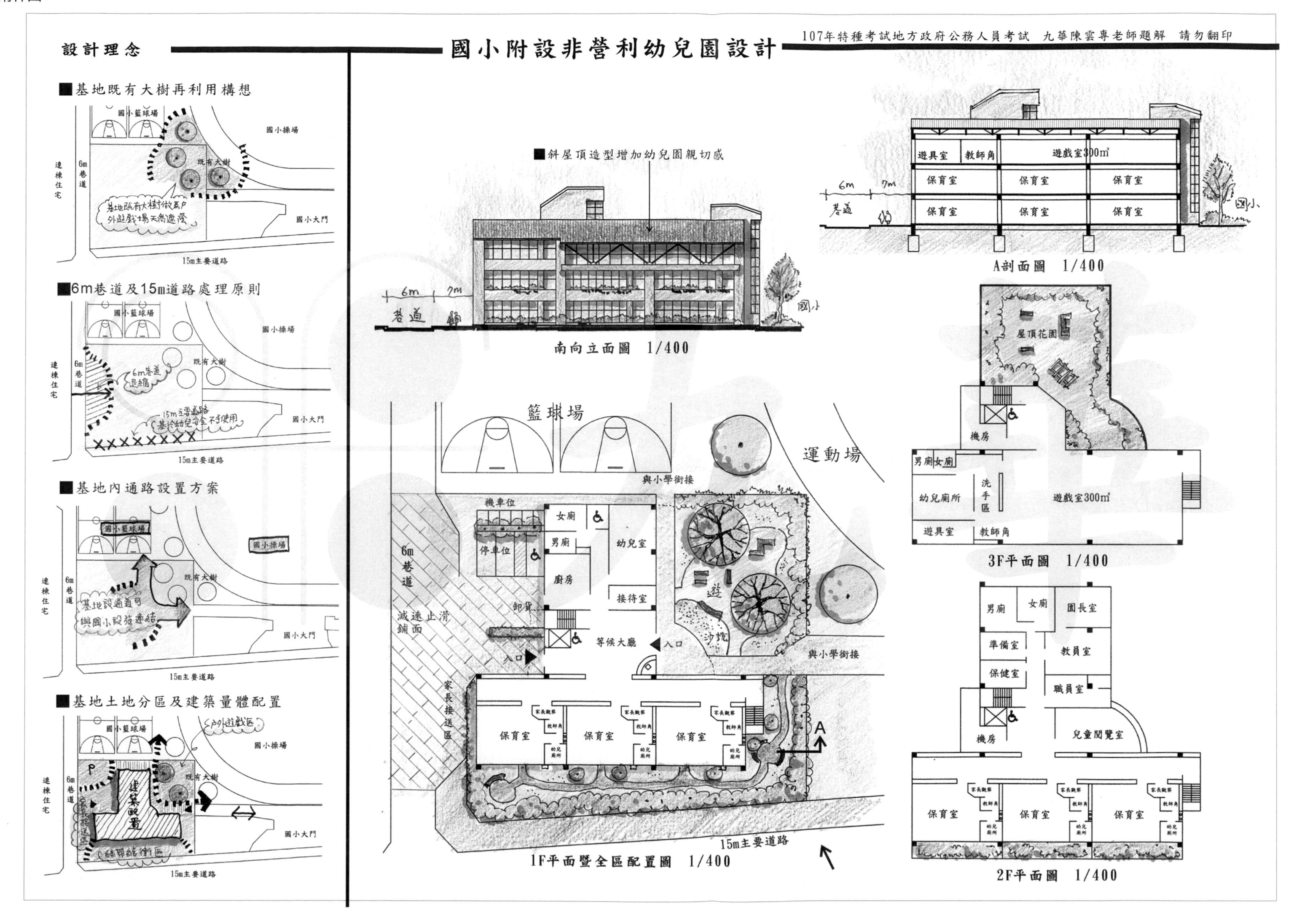

設計理念
國小附設非營利幼兒園設計
107年特種考試地方政府公務人員考試 九華陳雲專老師題解 請勿翻印
■基地既有大樹再利用構想
■6m巷道及15m道路處理原則
■基地內通路設置方案
■基地土地分區及建築量體配置
■斜屋頂造型增加幼兒園親切感
南向立面圖 1/400
A剖面圖 1/400
3F平面圖 1/400
2F平面圖 1/400
1F平面暨全區配置圖 1/400
國小籃球場
國小操場
既有大樹
國小大門
15m主要道路
連棟住宅
6m巷道
遊具室
教師角
遊戲室300㎡
保育室
屋頂花園
機房
男廁
女廁
幼兒廁所
洗手區
園長室
準備室
教員室
保健室
職員室
兒童閱覽室
籃球場
運動場
與小學銜接
機車位
停車位
幼兒室
廚房
接待室
卸貨
等候大廳
入口
減速止滑鋪面
家長接送區
沙坑

附件三

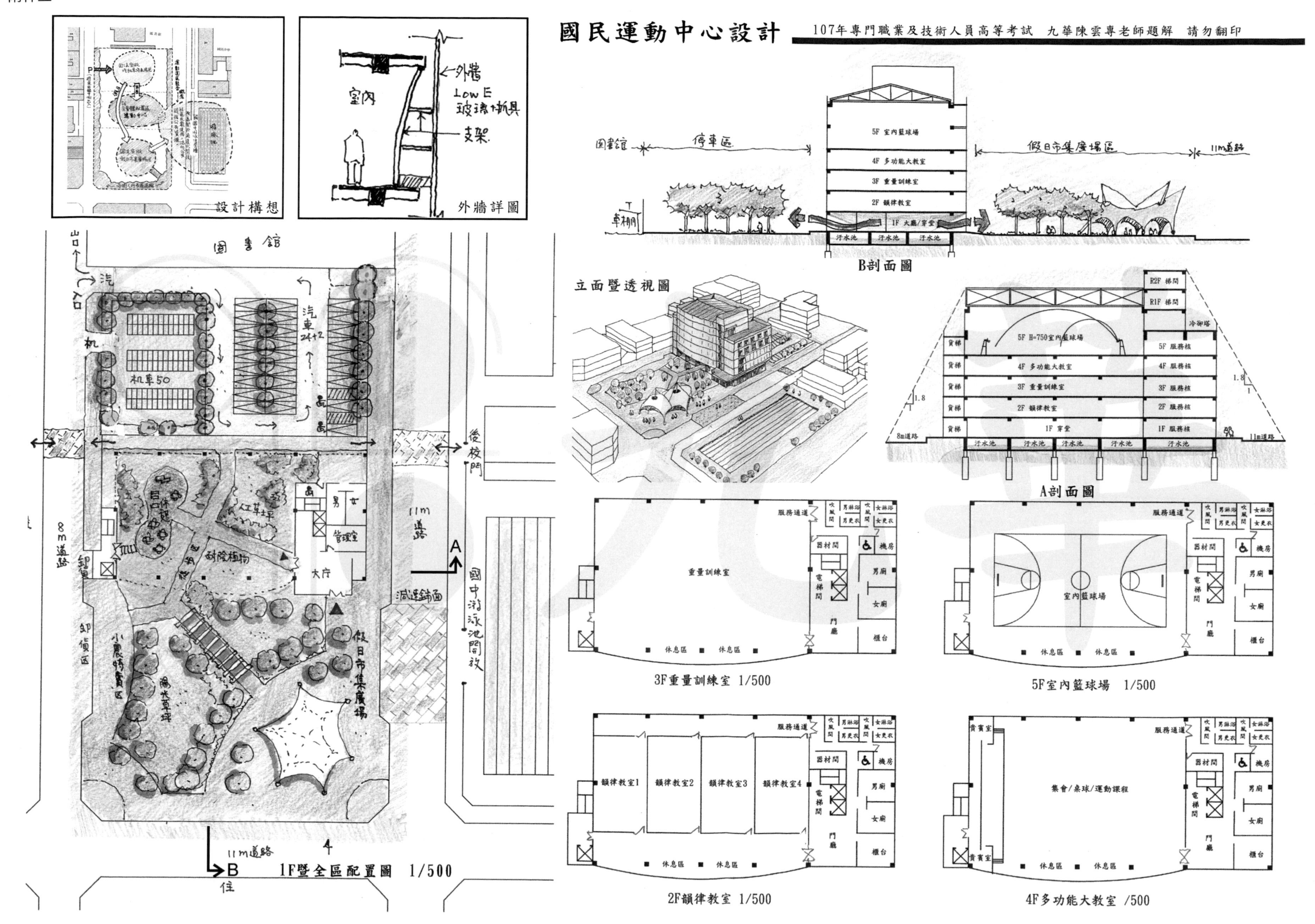

國民運動中心設計
107年專門職業及技術人員高等考試 九華陳雲專老師題解 請勿翻印
設計構想
外牆詳圖
室內
外牆
Low E 玻璃帷幕
支架
B剖面圖
圖書館
停車區
假日市集廣場區
11m道路
車棚
5F 室內籃球場
4F 多功能大教室
3F 重量訓練室
2F 韻律教室
1F 大廳/穿堂
汙水池
立面暨透視圖
A剖面圖
R2F 梯間
R1F 梯間
冷卻塔
5F H=750室內籃球場
5F 服務核
4F 多功能大教室
4F 服務核
3F 重量訓練室
3F 服務核
2F 韻律教室
2F 服務核
1F 穿堂
1F 服務核
貨梯
8m道路
11m道路
1F暨全區配置圖 1/500
出
入口
汽車 24+2
機車50
後校門
11m道路
8m道路
卸貨區
小農特賣區
假日市集廣場
耐陰植物
大廳
管理室
男
女
減速鋪面
國中游泳池開放
住
3F重量訓練室 1/500
重量訓練室
服務通道
器材間
電梯間
機房
男廁
女廁
門廳
櫃台
休息區
5F室內籃球場 1/500
室內籃球場
2F韻律教室 1/500
韻律教室1
韻律教室2
韻律教室3
韻律教室4
4F多功能大教室 /500
集會/桌球/運動課程
貴賓室

# 都數設計抄作班

Since 1975
九華建築
www.johwa.com.tw

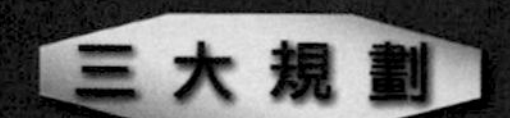

## 三大規劃

1. 策略→對的時間做對的事情→事半功倍(一半時間，雙倍效能)
2. 競爭→程度教學→取代雞兔同籠(程度教學，高手競技)
3. 完善輔導→規劃與個人服務(按步達成目標，解惑除錯，完全掌握

## 家教班特點

1. 適合要準備初次國考的你，手把手教學，從一張白紙帶你畫到全圖，有效分配4小時，短時間內提升表現法及配置功力，讓你輕鬆應對國家考試！
2. 小班制，一對多授課，一班5-7人，能充分顧慮每一位學生的需求。
3. 每週老師親手改圖，評分修改，有效掌握進度。

### 第一階段

前置作業 閱讀題目
① 閱讀繪圖題目標示關鍵字
② 打格子
③ 安排整體版面平面設計
④ 圖文並茂回答申論題

基地分析 圖面安排
① 讀題反應解題策略並決策
② 土地分區使用規劃
③ 人本交通動線系統設計
④ 開放空間系統架構規劃
⑤ 建築物與街道關係設計

### 第二階段

設計概念 繪製圖面
① 尺度模矩標註於基地圖
② 土地適宜性與功能分區草案
③ 動線及開放空間疊圖整合
④ 量體配置與開放空間調整
⑤ 透視圖剖面圖草案勾勒

圖面整理 完成交卷
① 計劃分析圖完稿
② 配置圖完稿彩現
③ 剖面透視立面圖完稿
④ 各圖說以文字說明設計
⑤ 圖面與題目檢視

講解1小時 操作2小時

## 家教班上課對象

1. 剛畢業的學生
2. 第一次參加術科考試
3. 沒有手繪經驗的同學

## 課程內容說明

有效分配建築設計4小時，每2小時為一個單元，分為兩個階段，每個單元上課時間為上課1小時，練習2小時。

課程小班教學，人數限制，提早報名
上課時間:每年6月
每週六18:00～21:00
連續四週
上課地點:台北市南昌路1段161號2樓
報名專線:02-23517261-4

▲學費請洽詢櫃台

台北市私立九鐸建築短期補習班　台北市南昌路1段161號2樓　02-23517261~4

台北市私立九鐸建築短期補習班　核准文號：(91)北市教六字第09130304500號

@551bcozj

# 建築國考題型整理系列

考試必備

博客來. 金石堂. 誠品網路書店及全國各大書局均有販賣

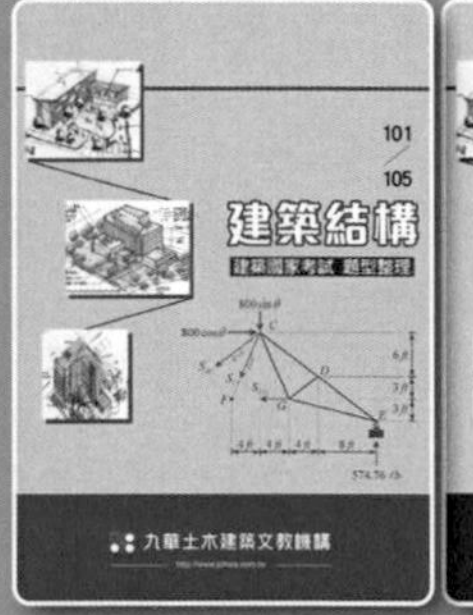

## 精編題型分類 考題一網打盡

- 新出版完整收錄：
  - 105~109年營建法規、建築環境控制國考考題(完整解析)
  - 107~110年建築設計國考考題
  - 90~109年敷地計畫與都市設計國考考題
- 分科收錄術科 84~107年建築設計
  學科101~105年國考考題
- 同類型題目集中收錄，按章節分門別類

購書專線：02-23517261~4
銀行名稱：永豐銀行-南門分行（銀行代號807-1077）
帳　　號：107-001-0019686-9
戶　　名：九樺出版社
售價請洽櫃枱

NEW

## 年度題解系列

106~109年題解

# 讀者回函卡

年　　　月　　　日

※ 請寄回讀者回函卡。讀者如考上國家相關考試，**我們會頒發恭賀獎金。**

**讀者姓名：**

手機：　　　　　　　　　　　　市話：

地址：　　　　　　　　　　　　E-mail：

學歷：□高中　□專科　□大學　□研究所以上

職業：□學生　□工　□商　□服務業　□軍警公教　□營造業　□自由業　□其他________

**購買書名：**

您從何種方式得知本書消息？

□九華網站　□粉絲頁　□報章雜誌　□親友推薦　□其他________

您對本書的意見：

| | | | | | |
|---|---|---|---|---|---|
| 內　容 | □非常滿意 | □滿意 | □普通 | □不滿意 | □非常不滿意 |
| 版面編排 | □非常滿意 | □滿意 | □普通 | □不滿意 | □非常不滿意 |
| 封面設計 | □非常滿意 | □滿意 | □普通 | □不滿意 | □非常不滿意 |
| 印刷品質 | □非常滿意 | □滿意 | □普通 | □不滿意 | □非常不滿意 |

※讀者如考上國家相關考試，**我們會頒發恭賀獎金**。如有新書上架也盡快通知。謝謝！

□□□-□□

廣告回信
台北郵局登記證
台北廣字第04586號

1 0 0 - 7 8

台北市中正區南昌路一段161號2樓

台北市私立九華土木建築工商短期職業補習班

收

# 107 建築國家考試試題詳解

編 著 者：九華土木建築補習班
發 行 者：九樺出版社
地　　址：台北市南昌路一段 161 號 2 樓
網　　址：http://www.johwa.com.tw
電　　話：(02) 2351－7261~4
傳　　真：(02) 2391－0926
定　　價：新台幣　750　元
出版日期：中華民國一一一年十一月出版
版　　次：二版
I S B N ：978-626-95108-6-3
官方客服：LINE ID：@johwa
總 經 銷：全華圖書股份有限公司
地　　址：23671 新北市土城區忠義路 21 號
電　　話：(02) 2262-5666
傳　　真：(02) 6637-3695、6637-3696
郵政帳號：0100836-1 號
全華圖書：http://www.chwa.com.tw
全華網路書店：http://www.opentech.com.tw

版權所有　翻印必究